热区乡村振兴战略研究
（2020）

金　丹　陈诗高　赵松林　主著

张慧坚　丁　莉　龚　城　赵军明　孙海燕　黄浩伦　副主著

中国农业科学技术出版社

图书在版编目（CIP）数据

热区乡村振兴研究.2020／金丹，陈诗高，赵松林著. --北京：中国农业科学技术出版社，2021.6

ISBN 978-7-5116-5320-8

Ⅰ.①热…　Ⅱ.①金…②陈…③赵…　Ⅲ.①农村-社会主义建设-研究报告-中国-2020　Ⅳ.①F320.3

中国版本图书馆 CIP 数据核字（2021）第 102297 号

责任编辑	穆玉红　姚　欢
责任校对	马广洋
责任印制	姜义伟　王思文

出 版 者	中国农业科学技术出版社
	北京市中关村南大街 12 号　邮编：100081
电　　话	（010）82106630（编辑室）　（010）82109702（发行部）
	（010）82109709（读者服务部）
传　　真	（010）82106636
网　　址	http://www.castp.cn
经 销 者	各地新华书店
印 刷 者	北京建宏印刷有限公司
开　　本	185 mm×260 mm　1/16
印　　张	15.75
字　　数	380 千字
版　　次	2021 年 6 月第 1 版　2021 年 6 月第 1 次印刷
定　　价	68.00 元

《热区乡村振兴研究（2020）》
编 委 会

主　著：金　丹　　陈诗高　　赵松林

副主著：张慧坚　　丁　莉　　龚　城

　　　　赵军明　　孙海燕　　黄浩伦

前　言

习近平总书记在主持十九届中央政治局第八次集体学习时强调，乡村振兴战略是新时代做好"三农"工作的总抓手，要始终把解决好"三农"问题作为全党工作重中之重。自实施乡村振兴战略以来，全国农村经济运行平稳，农村和谐稳定，民生事业持续改善，乡村振兴的新动能新活力不断增强。而面对"两个一百年"奋斗目标、"十四五"崭新开局和进入农业农村高质量发展的新阶段，面临着新的压力和挑战，我国热带地区农业农村发展中的诸多不平衡不充分问题逐步显现。通过对我国热带地区"三农"问题的深入研究，为乡村建设行动建言献策，进一步服务乡村振兴战略的高质量发展，意义重大。

地理学上的热带地区是指处于南北回归线之间，地处赤道两侧，位于南北纬23°26′之间的地区。而中国热带、南亚热带地区具独特的气候条件，地势地形以及土壤土质，具有发展热带作物的独特条件和优势。为更好促进该区域发展，笔者以气候学中关于气候带的两级制划分标准，即年积温在5 000~10 000℃、日均温≥10℃的天数240~360天、最冷月平均气温4~10℃等温度指标，对该地区进行划分，习惯上将这一区域称为"热区"。这些地区主要分布在海南和台湾全省，福建、广东、广西、云南、湖南、江西南部，四川、贵州干热河谷地带，以及西藏墨脱、察隅、波密的低海拔地区，总面积约53.8万平方千米，占中国国土面积的5.6%。该地区生物多样性突出，是国家重要的物种资源宝库，具有稀缺性、唯一性和不可替代性。

中国热带农业科学院热区乡村振兴研究创新团队围绕党中央关于推进乡村振兴的国家战略，面向中国热区，通过个案调查与问卷调查等方式深入海南、广东、广西、云南、四川、福建、江西、湖南、贵州等省区农业农村生产一线，在热区农村人居环境、热区乡村治理、热区人才振兴、热区产业振兴、热区区域协调与布局5个方面获得了大量的一手资料与数据，通过对这些数据资料的统计、分析和研究，完成了系列研究报告，为乡村建设行动建言献策，进一步助力热区乡村振兴战略的全面开展。

本书由五篇组成，各篇内容介绍如下。

第一篇中国热区乡村产业振兴研究，由陈诗高、丁莉主笔完成。主要从热区乡村产业振兴的现状入手，挖掘热区乡村产业振兴存在的问题，发现热区乡村产业振兴短板及需求，总结热区乡村产业振兴涌现出来的典型经验和案例，尝试提出热区特色产业发展的对策建议，为谋划热区乡村产业振兴提供参考。

第二篇热区农村人居环境整治长效机制研究，由金丹主笔完成。通过对个案访谈和数据资料的整理、加工和分析，完成了我国热区9省（区）农村人居环境的时态、现状、问题梳理，总结了七大经验模式，提出了对策建议与长效机制建构等，为热区农村人居环境整治提供了经验与建议。

第三篇热区乡村人才振兴研究，由金丹主笔完成。通过个案访谈和问卷调查，发现热区人才振兴中存在"村里留不住人""吸引不来人"、干部队伍老龄化及待遇偏低等问题，挖掘出热区乡村人才振兴的三大典型案例，最后提出热区乡村人才振兴的对策与建议，为乡村人才发展提供了思路和经验。

第四篇热区乡村治理模式构建的社会基础研究，由龚城、金丹主笔完成。从热区的生产基础、热区的空间基础、热区的文化基础入手，对热区9省（区）的乡村治理现状进行深入的分析，发现基层党组织建设和德治、自治、法治建设各有不同，通过数据和现场调研的资料分析，总结出基层党组织存在"内卷化"风险、组织建设形式化与吸纳能力弱、法治资金落地难等问题，同时提出了相应的对策与建议，为热区日常的乡村治理提供可供参考的依据。

第五篇热区乡村区域布局与协调发展研究，由张慧坚、赵军民、黄浩伦、孙海燕主笔完成。主要通过对海南及热区的区域布局与协调发展研究现状进行描述与定量分析，同时通过典型调查及问卷调查，总结了海南乡村区域布局中的典型案例及其经验，对海南农业农村区域布局中存在的问题进行梳理，并对海南农业农村区域布局进行了展望，提出了相关对策建议。

本书凝聚着热区乡村振兴研究人员的智慧和思考，内容全面、数据翔实可靠，具有较强的指导性和预测性。

本书的出版得到了2020—2021年度中国热带农业科学院基本科研业务费热区乡村振兴研究创新团队经费的支持，具体包括热区乡村人居环境整治长效机制研究（1630072020004）、热区乡村人才振兴研究（1630072020003）、热区乡村治理模式及体系构建（1630072020005）、热区乡村区域布局与协调发展研究（1630072020001）、热区乡村特色产业振兴研究（1630072020002）等项目。热区乡村振兴研究创新团队成员金丹、陈诗高、张慧坚、龚城、杨丹、刘晓光、丁莉、李海南、陈玲、周瑶婵等参加了项目调研、数据分析研究、书稿撰写及文字校对等工作，一并致谢。希望本书能够为有关部门、研究人员及乡村产业从业者提供第一手资料，共享热区乡村振兴研究成果。书中不足之处，敬请批评指正。

著 者

2021 年 6 月 21 日

目　　录

第一篇　中国热区乡村产业振兴研究

第一节　前　言

一、研究意义

热区有其独特的光热、水、土地、生态等自然资源禀赋，有其农业产业发展独特历史发展脉络，摸清中国热区农村产业情况，分析热区农业产业振兴存在短板、挖掘需求，探索热区农村产业振兴路径，对推进我国乡村产业振兴具有重要的现实意义。现有的农业经济理论大多是基于大农业发展而来，而热区乡村产业具有其独特性，套用大农业产业发展理论来指导热区乡村产业发展有其局限性，可能会出现水土不服的情况。在大农业理论基础上发展而来的农业产业政策，不可避免地会忽略热区的独特性，导致在指导热区实际农业产业发展时，可能背离热区实际，导致农业政策对实际生产的吻合度、指导性、灵活性不足，因此进行热区特色农业产业发展的理论需求探讨，使之与热区农业产业资源禀赋相契合，具有重要的理论意义。

二、研究方法、数据来源、研究过程

1. 研究方法

本书主要选择理论研究、案例研究、实践研究和定量分析等方法。实证研究，应用产业竞争力比较研究，分析我国热区农业产业发展的局限性，以及与国际先进热区国家相比存在的优势和短板。案例涵盖广东农垦走出去、台湾精致农业、海南特色高效农业等模式，也包含一个镇、一个公司、一户农户的案例，揭示热区农村产业发展需要结合时代特征，发展"互联网+"农业，需要根据本地资源禀赋优劣势发展特色产业，揭示了发展一二三产业融合对农业产业发展的意义。

2. 数据来源

《中国统计年鉴》《农业统计年鉴》《热区各省统计年鉴》《全国热带、亚热带作物生产情况》，以及海关数据、行业协会数据、电商销售数据等各类数据。

3. 技术路线

本书综合选择了实证研究、案例研究、理论分析等方法，技术路线详见图1-1。①学习和研究农业产业发展理论、农业产业竞争力比较理论和农业产业链等理论，分析

这些理论在热区特色产业发展运用的合理性和可能性；②系统梳理中国热区乡村特色产业发展存在的各种问题，归纳总结其基本特征，寻找理论和实际相结合的切入点；③针对热区产业的独特性，分析现有农业产业政策在热区产业发展中存在的局限性，形成热区特色产业发展的政策建议。

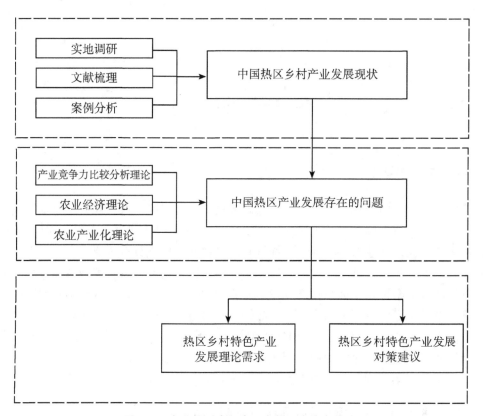

图1-1　中国热区农业产业发展研究技术路线

第二节　乡村产业振兴内涵

工业革命的兴起，加速了城市化进程，各种资源要素涌进城市，促进了城市的蓬勃发展，与此同时由于各种要素从乡村流失，特别是人力资本，乡村出现空心化、产业凋零、边缘化、人口老龄化等现象，乡村开始走向衰败，城乡发展极度不平衡。为了统筹城乡协同发展，振兴乡村，世界主要发达国家都实施过类似于我国乡村振兴战略的乡村振兴计划，乡村振兴成为各国家发展的必经阶段，而实施乡村振兴绕不开产业振兴。

自20世纪30年代起，发达国家纷纷开启乡村振兴计划，例如日本实施"造村运动"、德国实施"村庄更新"、荷兰实施"土地整理"、韩国实施"新村运动"、美国实施"乡村小城镇建设"等各种形式乡村振兴计划。产业振兴是乡村振兴的基础，各国乡村振兴计划都直接或者间接涉及乡村产业，例如日本的"一村一品"，韩国的"农户副业企业""新村工厂"以及"农村工业园区"，法国的"一体化农业"，加拿大的"农村协作伙伴"荷兰实施变单一的农业发展路径为多目标体系的乡村建设等都涉及产业振兴。我国乡村振兴同样源自乡村凋零。2017年，农村青壮年劳动力的78.7%进城务工。2013—2017年，农村人口平均每年减少1 000万。此外，城市化进程中农村大量"精英"转变为城市人口。农村经济停滞不前，乡村产业缺少人力支撑，农业产业衰退，农村出现"空心化""边缘化""老龄化"等现象，城乡呈二元结构，城乡发展差距呈拉大趋势，乡村振兴提上日程。2018年，乡村振兴战略被党的十九大列为"七大战略"之一，以"产业兴旺，生态宜居，乡风文明，治理有效，生活富裕"20个字为总体方针，其中产业兴旺排在首位，是乡村振兴的基础。2019年，国务院出台《关于促进乡村产业振兴的指导意见》（简称《意见》），自此我国乡村产业振兴拉开了序幕。

一、乡村产业振兴概念

《意见》认为，乡村产业振兴是指乡村产业根植于县域，以农业农村资源为依托，以农民为主体，以农村一二三产业融合发展为路径，地域特色鲜明、创新创业活跃、业态类型丰富、利益联结紧密，是提升农业、繁荣农村、富裕农民的产业。

二、乡村产业振兴研究现状

孙婧雯等（2020）从路径角度，探究共享共赢特色化发展路径。徐小容等（2020）从职业教育角度，分析了职业教育对产业振兴的推动及支撑作用。王舫等（2020）从文化角度，深入挖掘民族文化内涵，把民族文化与产业相结合，实现一二三产业融合，提升产业的附加值。朱海波和聂凤英（2020）从政策角度，探究脱贫攻坚政策与乡村产业振兴之间的关系，认为要做好两者之间的无缝有效衔接，为产业振兴提供连贯的政策支撑。朱天义和张立荣（2020）从组织角度，分析了不同压力体制下如何构建农业产业组织，助推农业产业振兴。夏霖（2020）、宋慧斌（2014）、邱杨（2003）等，从国外产业经验借鉴角度，探究了日本、韩国、澳大利亚等国家农业产业振兴的经验，为我国乡村产业振兴提供了一定的借鉴。现有研究探索了产业振兴的路径，也从教育、文化、政策、农业组织、国内外案例等多个角度进行了有益的探索，这些都是围绕大农业开展，较少有文献涉及热区乡村产业振兴。热区农业产业具有优越的光热条件，也存在农产品易损耗等不足，相较大农业有其独特性。本文拟从乡村产业振兴角度出发，基于农业产业发展理论、农业产业竞争力比较理论和农业产业链理论等探究热区特色产业振兴问题。

第三节 中国热区乡村特色产业发展现状

一、中国热区乡村特色产业发展现状

（一）中国热区乡村特色产业生产现状

1. 中国热区乡村特色产业总体生产情况

作为热带农产品生产大国，近年来中国热区特色产业的生产情况总体良好，热区特色产业规模呈扩大趋势，见表1-1。2019年，全国热区热带、南亚热带作物种植总面积达6 799.9万亩（1亩≈667平方米，15亩=1公顷，全书同），较2017年提高3.41%；热区热带、南亚热带作物种植总产量达3 203.8万吨，较2017年提高3.11%。由于统计口径调整，从2017年开始，不再统计柑橘橙、柠檬和其他水果、腰果、其他香辛料、茶叶、甘蔗、反季节瓜菜、南亚热作花卉等，故2017年及以后数据与往年数据不可比。

表1-1 2009—2019年中国热区特色产业总体生产情况

年份	种植面积（万亩）	面积同比增长（%）	总产量（万吨）	产量同比增长（%）
2009	12 794.1	—	18 575.6	—
2010	12 996.5	1.58	18 139.0	-2.35
2011	13 382.2	2.97	18 376.6	1.31
2012	14 119.6	5.51	19 525.0	6.25
2013	13 892.4	-1.61	20 658.8	5.81
2014	14 213.6	2.31	20 778.4	0.58
2015	15 324.0	7.81	20 428.8	-1.68
2016	14 631.9	-4.52	20 180.3	-1.22
2017	6 575.6	—	3 107.3	—
2018	6 859.7	4.32	3 182.2	2.41
2019	6 799.9	-0.87	3 203.8	0.68

数据来源：历年《全国热带、南亚热带作物生产情况》。

与此同时，随着市场一体化进程不断深化，我国主要热带作物生产呈现出持续向海南、广东、云南等优势区域集中的发展态势，热作资源配置和区域布局更趋合理，如图1-2所示。从各省热带作物种植面积的变化看，2009—2019年，海南、广东、云南、重庆4省（市）热带作物种植面积占全国热带作物种植总面积的比重均呈增加趋势，其中云南增幅最大，占比由2009年的19.85%提高到2019年的26.86%，增加7.01个百分点；海南增幅次之，占比由2009年的11.46%提高到2019年的19.33%，增加7.87个百分点；广东、重庆增幅相对较小，分别增加0.84个百分点、0.15个百分点。而广西、福建、四川、贵州、湖南5省（区）热带作物种植面积占全国热带作物种植

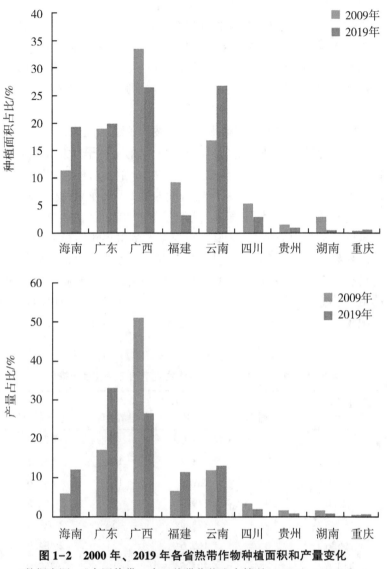

图1-2 2000年、2019年各省热带作物种植面积和产量变化

（数据来源：《全国热带、南亚热带作物生产情况（2009、2019）》）

总面积的比重均呈下降趋势，其中降幅最大的是广西，占比由2009年的33.59%下降为2019年的26.55%，减少7.04个百分点；其次是福建，占比由2009年的9.23%下降为2019年的3.25%，减少5.98个百分点；四川、湖南、贵州3省热带作物种植面积占比相对较低，增幅也相对较小，分别减少2.59个百分点、2.75个百分点和0.56个百分点。再从各省热带作物产量的变化看，2009—2019年，海南、广东、福建、云南、重庆5省（市）热带作物种植产量占全国热带作物种植总产量的比重均呈增加趋势，其中增幅最大的是广东，占比从2009年的17.22%上升到2019年的33.13%，增加15.90个百分点；其次是海南和福建，占比分别由2009年的6.11%、6.74%上升到2019年的12.22%、11.56%，分别增加6.11个百分点、4.82个百分点；云南、重庆增幅相对较小，分别增加 1.09 个百分点和 0.10 个百分点。而广西、四川、湖南、贵州 4 省（区）热带作物种植产量占全国热带作物种植总产量的比重均呈下降趋势，其中广西降幅最大，占比从 2009 年的 51.15% 下降为 2019 年的 26.64%，减少 24.51 个百分点；湖南和四川降幅次之，占比分别从 2009 年的 1.65%、3.41% 下降为 2019 年的 0.24%、0.21%，分别减少 1.41 个百分点、1.36 个百分点；贵州降幅相对较小，减少 0.75 个百分点。

最后，热区特色产业结构不断调整优化，荔枝、龙眼、肉桂、八角、天然橡胶和橡胶等优势特色主导品种进一步巩固提升，杧果、火龙果、柚子和澳洲坚果等市场需求增长较快的名特优新稀产品快速发展，见表 1-2。2019 年，荔枝、龙眼、柚子、澳洲坚果、肉桂、八角等热带作物的种植面积均位居世界第 1，火龙果种植面积世界排名第 2，天然橡胶、杧果种植面积位居世界第 3。从产量看，2019 年，荔枝、龙眼、柚子、肉桂、八角等产量世界排名均为第 1，剑麻、火龙果产量世界排名第 2，杧果、澳洲坚果、槟榔产量位居世界第 3，天然橡胶产量世界排名第 4。另外，我国部分热带作物生产在单产水平上也具有一定的优势地位。2019 年，剑麻、荔枝、龙眼、肉桂的单产水平世界排名均为第 1，香蕉、柚子、咖啡单产水平位居世界第 2，但种植面积和产量世界排名较高的天然橡胶、杧果的单产水平与全球最高单产水平仍有一定差距，世界排名分别为第 7 和第 9。

表 1-2 2019 年中国主要热带作物生产情况及其世界排名

品种	种植面积（万亩）	面积世界排名	总产量（万吨）	产量世界排名	单产（千克/亩）	单产世界排名
天然橡胶	1 718.0	3	81.0	4	71.6	9
椰子	51.8	23	23.2	15	546.5	9
木薯	422.9	15	259.8	15	631.6	24
剑麻	28.0	9	9.0	2	362.5	1
菠萝	94.3	4	173.3	5	2 529.6	
香蕉	495.6	6	1 165.6	2	2 464.9	2
荔枝	713.6	1	201.6	1	350.9	1
龙眼	419.7	1	177.2	1	513.5	1
杧果	484.2	3	278.2	3	855.2	7
柚子	317.1	1	458.4	1	1 847.3	2
火龙果	86.5	2	129.7	2	1 848.8	
澳洲坚果	367.5	1	4.9	3	52.7	
咖啡	140.3	34	14.5	14	133.1	2
肉桂	387.1	1	10.0	1	37.1	
八角	550.5	1	22.3	1	42.8	
槟榔	172.8	5	28.7	3	230.0	4

数据来源：《全国热带、南亚热带作物生产情况（2019）》。

2. 中国主要热区特色产业生产情况

（1）天然橡胶

天然橡胶是我国重要的战略物资和工业原料，2019年我国天然橡胶种植面积达1718万亩，占全部热区热带、南亚热带作物种植总面积的25.27%；种植产量达80.99万吨，占全部热区热带、南亚热带作物种植总产量的2.53%；平均单产71.6千克/亩，世界排名第9位，居于天然橡胶生产国协会（ANRPC）第6位（次于越南、马来西亚、泰国、印度尼西亚和印度）。我国天然橡胶种植主要分布在海南、云南、广东3个省份，另外广西也有少量种植。其中，种植面积和产量最多的是云南，2019年该省天然橡胶种植面积约占全国总种植面积的49.88%，种植产量约占全国种植总产量的56.61%；其次是海南，2019年该省天然橡胶种植面积和产量分别占全国的46.01%和40.85%，如图1-3所示。

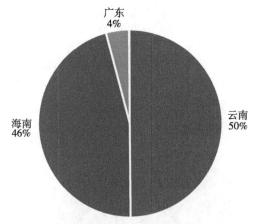

图1-3 我国天然橡胶种植区域分布（2019年）
（数据来源：《全国热带、南亚热带作物生产情况（2019）》）

从近10年看，2009—2019年，我国天然橡胶种植面积从1456.02万亩增长至1718万亩，年均增长1.67%；产量从64.34万吨增长至80.99万吨，年均增长2.23%；单产水平略有下降，从79.11千克/亩下降至71.6千克/亩，如图1-4所示。分省份看，2009—2019年，云南、海南和广东的天然橡胶种植面积和产量都有不同幅度的增加，而广西天然橡胶生产则呈现出萎缩趋势；另外，除广东外，其余省（区）的天然橡胶单产水平均出现下降，这与其开割面积大幅减小及橡胶树淘汰有一定关系。

（2）椰子

椰子是我国重要的木本油料作物，经济价值极高，可综合利用的品种多达几百余种。2019年我国椰子种植面积为51.8万亩，占全部热区热带、南亚热带作物种植总面积的0.76%；种植产量为23.2万吨，占全部热区热带、南亚热带作物种植总产量的0.72%；平均单产546.5千克/亩，世界排名第9位。我国椰子种植主要集中在海南，2019年该省椰子种植面积约占全国种植总面积的99.84%，种植产量约占全国种植总产量的99.90%；另外广东、云南也有零星种植，如图1-5所示。

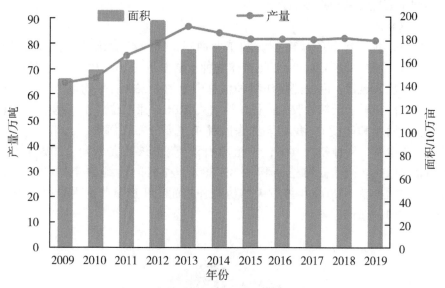

图 1-4　2009—2019 年我国天然橡胶种植面积和产量变化趋势
（数据来源：历年《全国热带、南亚热带作物生产情况》）

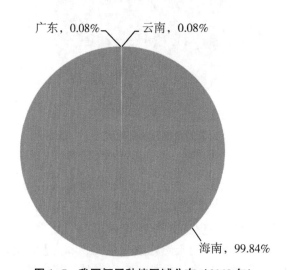

图 1-5　我国椰子种植区域分布（2019 年）
（数据来源：《全国热带、南亚热带作物生产情况（2019）》）

近 10 年来，由于种椰子收入不及油棕、橡胶，也不如可可、胡椒，大片椰园被改植其他作物，我国椰子种植面积和产量连年下降。2009—2019 年，我国椰子种植面积由 61.5 万亩下降至 51.88 万亩，年均下降 1.69%；产量由 23 912.44 万个下降至 23 183.2 万个，年均下降 0.31%；单产水平由 614.08 个/亩下降至 546.5 个/亩，年均下降 1.16%。分省份看，云南椰子种植规模缩减幅度最大，其种植面积年均降幅高达 27.81%，种植产量降幅高达 13.63%；广东次之，其椰子种植面积年均降幅达 14.87%，种植产量降幅高达 24.67%，单产水平年均降幅高达 10.70%；海南缩减相对较小，其

椰子种植面积年均降幅为 1.50%，种植产量降幅为 0.23%，如图 1-6 所示。

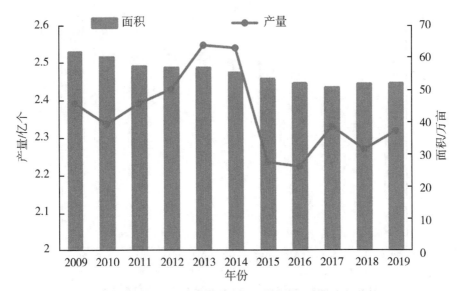

图 1-6　2009—2019 年我国椰子种植面积和产量变化趋势
（数据来源：历年《全国热带、南亚热带作物生产情况》）

（3）槟榔

槟榔是我国重要的热带经济作物，99% 以上的槟榔种植分布在海南省，经过多年发展，槟榔产业已经成为海南省重要的经济支柱产业。2019 年我国槟榔种植面积为 172.8 万亩，占全部热区热带、南亚热带作物种植总面积的 2.54%；种植产量为 28.7 万吨，占全部热区热带、南亚热带作物种植总产量的 0.90%；平均单产 230 千克/亩，世界排名第 4 位。

近 10 年来，受国内槟榔市场价格高涨影响，我国槟榔产业快速发展，槟榔种植面积及产量均大幅增加。2009—2019 年，我国槟榔种植面积从 98.73 万亩迅速扩大至 170.9 万亩，年均增长 5.76%；种植产量从 14.36 万吨增长到 28.7 万吨，年均增长 7.17%，如图 1-7 所示。但是，由于槟榔的生长周期较长，以及种植者很少对劣质低产地进行更新，我国槟榔的单产水平近年来有所下降，从 2009 年的 265.21 千克/亩下降至 2019 年的 230 千克/亩，年均下降 1.41%，应当引起重视。

（4）热带水果

我国热带水果主要有香蕉、菠萝、荔枝、龙眼、杧果、火龙果、百香果、牛油果、椰子及少量的柚子、杨桃、红毛丹、西番莲、番石榴、黄皮果等。2019 年我国热带水果种植面积为 2 761.4 万亩，占全部热区热带、南亚热带作物种植总面积的 40.61%；种植产量为 2 738.2 万吨，占全部热区热带、南亚热带作物种植总产量的 85.47%。我国热带水果种植主要分布在热带和亚热带地区的海南、广东、广西、云南、四川、福建，另外贵州、湖南、重庆等省市也有零星种植。其中，"两广"地区是我国热带水果的重要产区，2019 年该地区热带水果种植面积达 1 731.1 万亩，占全国种植总面积的 62.69%；种植产量达 1 641.5 万吨，占全国种植总产量的 59.95%；其次是云南，种植

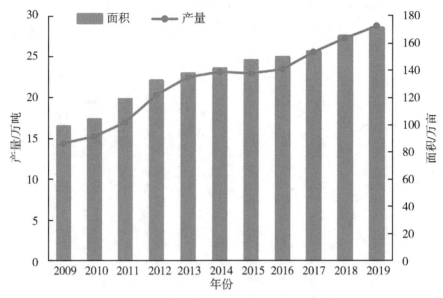

图 1-7 2009—2019 年我国槟榔种植面积和产量变化趋势

（数据来源：历年《全国热带、南亚热带作物生产情况》）

面积和产量分别占全国总和的 11.80% 和 12.23%，如图 1-8 所示。

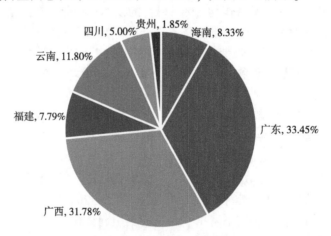

图 1-8 我国热带水果种植区域分布（2019 年）

（数据来源：《全国热带、南亚热带作物生产情况（2019）》）

分品种看，荔枝是我国种植面积最大的热带水果，其次是香蕉和杧果，2019 年这 3 种水果的种植面积达 1 693.4 万亩，占全部热带水果种植总面积的 61.32%。香蕉是我国种植产量最大的热带水果，其次是柚子和杧果，2019 年这 3 种水果的种植产量达 1 902.2 万吨，占全部热带水果总产量的 69.47%。菠萝是我国单产水平最高的热带水果，其次是香蕉和番石榴，2019 年这 3 种水果的单产水平分别达到 2 529.6 千克/亩，2 464.9 千克/亩和 2 209.8 千克/亩，见表 1-3。

表 1-3　2019 年中国主要热带水果生产情况

水果产品	种植面积（万亩）	产量（万吨）	单产（千克/亩）
菠萝	94.3	173.3	2 529.6
香蕉	495.6	1 165.6	2 464.9
荔枝	713.6	201.6	350.9
龙眼	419.7	177.2	513.5
杧果	484.2	278.2	855.2
柚子	317.1	458.4	1 847.3
杨桃	13.4	21.7	1 741.7
红毛丹	1.4	0.4	278.6
西番莲	90.6	72.8	962.8
番石榴	25.2	50.0	2 209.8
火龙果	86.5	129.7	1 848.8
黄皮果	19.8	9.2	523.0

数据来源：《全国热带、南亚热带作物生产情况（2019）》。

　　分省份看，广东是我国菠萝、香蕉、荔枝、龙眼、杨桃、番石榴和黄皮果种植面积最大的省份，同时也是菠萝、香蕉、荔枝、龙眼、杨桃、番石榴、火龙果和黄皮果种植产量最大的省份，还是菠萝、香蕉和龙眼单产水平最高的省份；广西是我国杧果、西番莲和火龙果种植面积最大的省份，同时也是杧果和西番莲种植产量最大的省份；海南是我国红毛丹种植面积、产量和单产水平最高的省份；福建则是我国柚子种植面积、产量和单产水平最高的省份。

　　近 10 年来，我国热带水果种植面积和产量总体均呈稳定增长态势。2009—2019 年，我国热带水果种植面积从 2 262.61 万亩增加至 2 761.4 万亩，年均增长 2.01%；种植产量从 1 514.99 万吨增加至 2 738.2 万吨，年均增长 6.10%，如图 1-9 所示。产量增长速度明显高于种植面积增长速度 4.01 个百分点，这说明我国热带水果产量增长多靠单产拉动，即得益于技术进步、品种改良等因素，而非种植规模的外延式扩大。

　　与此同时，由于就地生产、就地销售的原因，我国热带水果生产呈现出不断向广东、广西、云南、海南等优势集中地集聚的发展态势。从各省热带水果种植面积的变化看，2009—2019 年，湖南、贵州和福建 3 省的热带水果种植面积占比均有不同幅度的下降，其中降幅最大的是湖南，占比从 2009 年的 6.12% 缩减至 2019 年的 0.38%，减少 5.73 个百分点；其次是福建，占比从 2009 年的 11.48% 缩减至 2019 年的 7.79%，减少 3.69 个百分点。而云南、海南、广西、四川、重庆和西藏等省（区、市）的热带水果种植面积占比则有不同幅度的上升，其中增幅最大的是云南，占比由 2009 年的 6.92% 上升至 2019 年的 11.80%，增加 4.88 个百分点；其次是海南，占比由 2009 年的 6.58% 上升至 2019 年的 8.33%，增加 1.75 个百分点。广东作为我国最大的热带水果生产地，

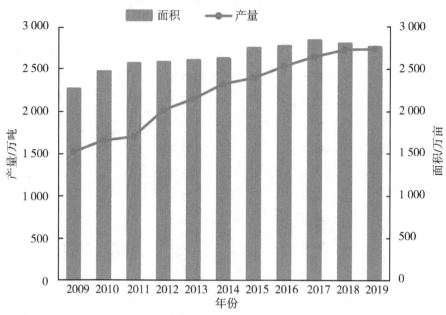

图1-9 2009—2019年我国热带水果种植面积及产量变化
（数据来源：历年《全国热带、南亚热带作物生产情况》）
注：热带水果统计范围不包括柑橘橙、柠檬和其他水果

2009—2019年间热带水果种植面积占全国种植总面积的比重相对稳定，保持在33.4%左右。再从各省热带水果产量的变化看，2009—2019年，广西、云南、福建、海南4省（区）的热带水果种植产量占比均呈增加趋势，其中增幅最大的是广西，占比由2009年的17.17%增加至2019年的24.04%，增加6.87个百分点；其次是云南，占比由2009年的8.37%增加至2019年的12.23%，增加3.86个百分点。而湖南、四川、广东、贵州4省的热带水果种植产量占比则有不同程度的下降，其中湖南降幅最大，占比从2009年的5.89%下降为2019年的0.24%，减少5.66个百分点；四川和广东降幅次之，占比分别从2009年的5.63%、37.49%下降为2019年的2.37%、35.90%，分别减少3.26个百分点、1.59个百分点。西藏、重庆热带水果种植面积和产量相对都比较低，变化幅度不大，如图1-10所示。

我国主产的热带水果主要有菠萝、香蕉、荔枝、龙眼、杧果、柚子、西番莲及火龙果。2019年，上述8种水果种植面积占全部热带水果种植总面积的97.83%，种植产量占全部热带水果总产量的97.03%。从各水果品种的变化趋势看，近10年来，菠萝、杧果、柚子、西番莲和火龙果等市场需求增长较快的水果的种植面积呈不断扩大趋势，尤其是西番莲、火龙果和杧果，其种植面积增幅分别达到60.88%、42.64%和21.43%；而香蕉、荔枝和龙眼等国内传统优势水果的种植面积呈现出萎缩态势。这种变化既是水果产品市场需求因素驱动的结果，也与大量泰国、马来西亚、菲律宾等国外热带水果冲击并抢占我国南方水果市场有关。从各水果品种的产量变化看，近10年来各水果产品的种植产量均实现了不同程度的增长，其中增长最快的是西番莲，年均增幅高达

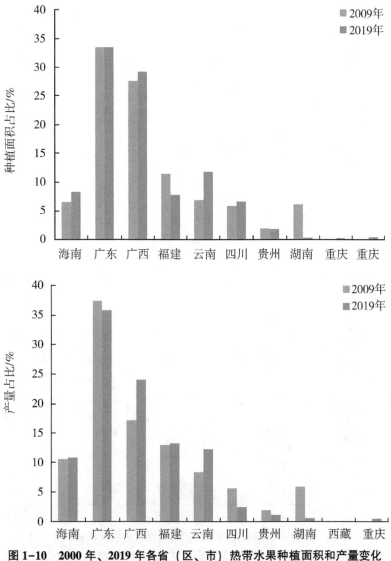

图1-10 2000年、2019年各省（区、市）热带水果种植面积和产量变化

（数据来源：《全国热带、南亚热带作物生产情况（2009、2019）》

注：本文热带水果统计范围不包括柑橘橙、柠檬和其他水果）

65.58%；其次是火龙果，年均增幅达到48.19%；柚子、杧果的增长速度也较快，年均增幅分别为22.72%和10.53%；香蕉、荔枝、龙眼和菠萝等传统优势水果的增长速度相对较慢，年均增幅均在10%以下。这里值得关注的是，西番莲和火龙果作为我国主产热带水果中种植面积和产量最小的水果，却是近10年来发展最快的热带亚热带水果。其中，西番莲的种植面积和产量分别增长了116.15倍、154.89倍，火龙果的种植面积和产量分别增长了34.88倍、51.06倍，成为我国热区产业调整结构比较理想的两种热带水果品种，如图1-11所示。

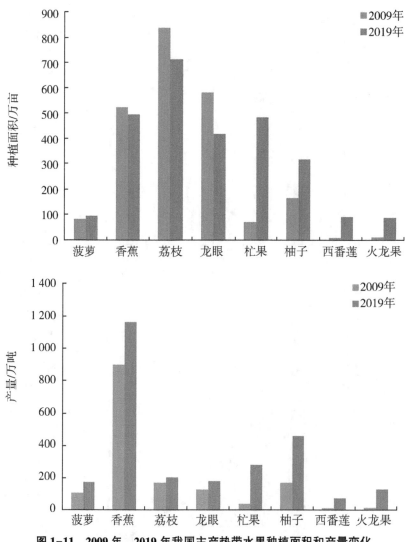

图 1-11 2009 年、2019 年我国主产热带水果种植面积和产量变化
（数据来源：《全国热带、南亚热带作物生产情况（2009、2019）》）

（5）香辛饮料

香辛饮料作物是世界重要的热带经济作物，其产品附加值高、需求量大，被广泛用于食品、医药等行业。我国香辛饮料作物主要包括咖啡、胡椒、肉桂和八角，经过多年发展，产业规模不断扩大，已成为我国热区农民脱贫致富的优势产业。2019 年，我国香辛饮料作物种植面积达 1 115.7 万亩，占全部热区热带、南亚热带作物种植总面积的16.41%；种植产量为 51.57 万吨，占全部热区热带、南亚热带作物种植总产量的1.61%。我国香辛饮料作物主要分布于海南、广东、广西和云南，还有少量分布于四川。其中，广西作为我国最主要的香辛饮料作物产区，2019 年种植面积和产量分别占到全国的 60.05%、38.05%；其次是云南，种植面积和产量分别占到全国的 20.56% 和42.17%；广东的香辛饮料作物种植面积和产量也相对较大，分别占全国的 16.25% 和

10.96%；而海南和四川两省的香辛饮料作物种植面积和产量占比相对较低，如图 1-12 所示。

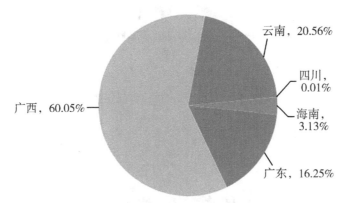

图 1-12　我国热带香辛饮料作物种植区域分布（2019 年）

（数据来源：《全国热带、南亚热带作物生产情况（2019）》）

分品种看，我国咖啡主要种植区分布在云南，海南，四川也有少量种植。2019 年，我国咖啡种植总面积达 140.3 万亩，其中云南种植面积为 138.8 万，占全国种植总面积的 98.93%；海南和四川种植面积分别为 1.4 万亩、0.1 万亩，分别占全国种植总面积的 1.00%、0.07%，如图 1-13 所示。2019 年，我国咖啡总产量为 14.55 万吨，其中云南种植产量为 14.5 万吨，占全国总产量的 99.66%，海南和四川种植产量分别为 0.04 万吨、0.01 万吨，分别占全国总产量的 0.30% 和 0.04%。2019 年，我国咖啡平均单产为 133.1 千克/亩，世界排名第 2 位。

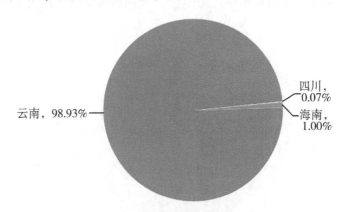

图 1-13　我国咖啡种植区域分布（2019 年）

（数据来源：《全国热带、南亚热带作物生产情况（2019）》）

我国的胡椒种植主要分布在海南和云南，是世界第 5 大胡椒生产国，2019 年，我国胡椒种植总面积为 37.8 万亩，其中海南种植面积达 33.5 万亩，占全国种植总面积的 88.62%，是我国少有的适宜胡椒生长的种植区；云南种植面积为 4.4 万亩，占全国种植总面积的 11.38%，如图 1-14 所示。2019 年，我国胡椒总产量为 4.78 万吨，其中海南种植产量为 4.50 万吨，占全国总产量的 94.12%；云南种植产量为 0.28 万吨，占全国总产量的 5.88%。2019 年，我国胡椒平均单产为 155.4 千克/亩。

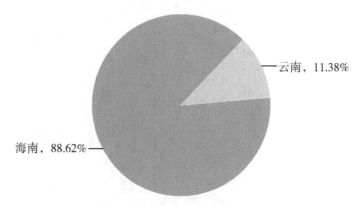

图 1-14　我国胡椒种植区域分布（2019 年）
（数据来源：《全国热带、南亚热带作物生产情况（2019）》）

肉桂是我国传统的常用名贵中药材，同时也是大众常用的辛香食用调料桂皮的来源之一。我国的肉桂种植主要分布于广东、广西和云南，其中以"两广"盛产的肉桂最为出名。2019 年，我国肉桂种植总面积为 387.1 万亩，其中广西种植面积达 230 万亩，占全国种植总面积的 59.42%；广东种植面积为 157 万亩，占全国种植总面积的 40.55%；云南种植面积为 0.1 万亩，占全国种植总面积的 0.03%，如图 1-15 所示。2019 年，我国肉桂总产量达 9.96 万吨，其中广东种植产量为 5.25 万吨，占全国总产量的 52.72%；广西种植产量为 4.7 万吨，占全国总产量的 47.21%；云南种植产量为 0.01 万吨，占全国总产量的 0.07%。2019 年，我国肉桂平均单产为 37.1 千克/亩，世界排名为第 1 位。

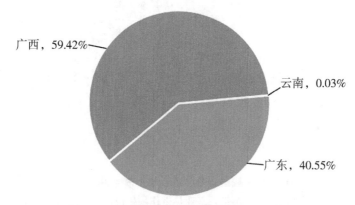

图 1-15　我国肉桂种植区域分布（2019 年）
（数据来源：《全国热带、南亚热带作物生产情况（2019）》）

八角是我国传统的调味辛香料，也是特产于我国广东、广西、云南等山区的主要热带辛香料品种。2019 年，我国八角种植总面积为 550.5 万亩，其中广西种植面积达 440 万亩，占全国种植总面积的 79.93%；云南种植面积为 86.2 万亩，占全国种植总面积的

15.66%；广东种植面积为 24.3 万亩，占全国种植总面积的 4.41%，如图 1-16 所示。2019 年，我国八角总产量为 22.29 万吨，其中广西种植产量达 14.93 万吨，占全国总产量的 66.95%；云南种植产量为 6.96 万吨，占全国总产量的 31.23%；广东种植产量为 0.41 万吨，占全国总产量的 1.82%。2019 年，我国八角平均单产为 42.8 千克/亩。

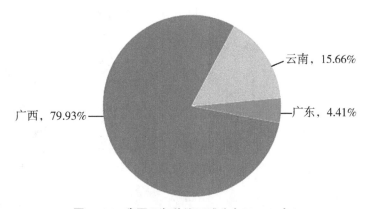

图 1-16　我国八角种植区域分布（2019 年）
（数据来源：《全国热带、南亚热带作物生产情况（2019）》）

近 10 年来，随着我国经济社会快速发展和人民生活水平不断提高，对改善生活品质所必需的咖啡等香辛饮料产品的需求迅速增长，我国香辛饮料作物生产规模不断扩大，种植面积和产量都有较大幅度的增长。2009—2019 年，我国香辛饮料作物种植面积从 557.34 万亩迅速扩大至 1 115.7 万亩，年均增长 6.81%；种植产量从 20.29 万吨增长到 51.58 万吨，年均增长 9.78%。从主要种植省份的变化趋势看，增长最快的是广东，其香辛饮料作物种植面积从 2009 年的 0.15 万亩扩大至 2019 年的 181.3 万亩，年均增长 103.34%，种植产量从 2009 年的 0.01 万吨增加至 2009 的 5.65 万吨，年均增长 88.18%；其次是云南，其香辛饮料作物种植面积年均增长 6.49%，种植产量年均增长 16.89%；广西增长也较快，其香辛饮料作物种植面积和产量年均增速均在 5% 左右；增长相对较慢的是海南，其香辛饮料作物种植面积一直维持在 34 万亩左右，种植产量从 2009 年的 3.76 万吨增加至 2019 年的 4.54 万吨，年均增长 1.89%。分品种看，如图 1-17 所示，近 10 年来我国咖啡、胡椒、肉桂和八角四大香辛饮料作物的种植面积和产量均实现了不同程度的增长，其中面积增幅最大的是咖啡，其种植面积从 2009 年的 45.41 万亩增加到 2019 年的 140.3 万亩，年均增长 11.94%；其次是八角和肉桂，其种植面积分别从 2009 年的 237.35 万亩、259.39 万亩增加到 2019 年的 550.5 万亩、387.1 万亩，年均增长速度分别为 8.78% 和 4.06%；胡椒生产规模基本保持稳定，从 2009 年的 35.19 万亩增加到 2019 年的 37.8 万亩，年均增长 0.72%。产量增幅最大的是肉桂，其种植产量从 2009 年的 2.54 万吨增加到 2019 年的 9.96 万吨，年均增长 14.65%；咖啡次之，其种植产量从 2009 年的 3.75 万吨增加到 2019 年的 14.55 万吨，年均增长 14.52%；八角产量增加也很迅速，从 2009 年的 10.17 万吨增加至 2019 年的 22.29 万吨，年均增长 8.16%；增幅相对较小的是胡椒，其种植产量从 2009 年的 3.83 万吨增加到 2019 年的 4.78 万吨，年均增长 2.25%。

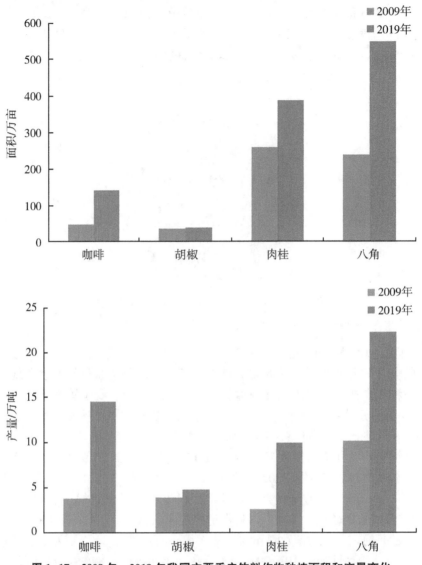

图1-17　2009年、2019年我国主要香辛饮料作物种植面积和产量变化

（数据来源：《全国热带、南亚热带作物生产情况（2009、2019）》）

（二）中国热区特色产业贸易现状

自党中央、国务院决定大规模开发热带特色产业资源以来，中国热带特色产业积极应对经济全球化和区域经济一体化所带来的冲击和挑战，立足于国家、市场和农民3个层面，保持了良好的发展势头。近年来，中国热带特色产业逐步从自产自销为主的格局开始走向国际市场。面对日益激烈的国际竞争环境和开放国内市场的压力，中国热带特色产业顶住了压力，进口金额和出口金额均有一定发展。

从进口金额来看，2015年中国热带特色产业进口金额为1 600 089万美元，2019年中国热带特色产业进口金额为2 203 917万美元，增长了603 828万美元，增长率为37.74%，如图1-18所示。

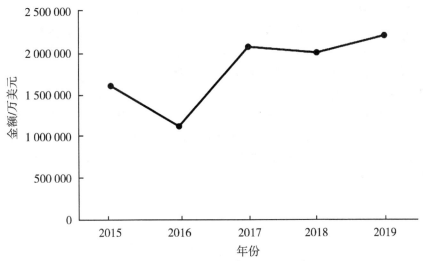

图1-18 2015—2019年中国热带特色产业进口金额
（数据来源：农业农村部农垦局）

从出口金额来看，2015年中国热带特色产业出口金额为188 855万美元，2019年中国热带特色产业出口金额为119 353万美元，比2018年增加了7 787万美元，增长率为6.98%，如图1-19所示。

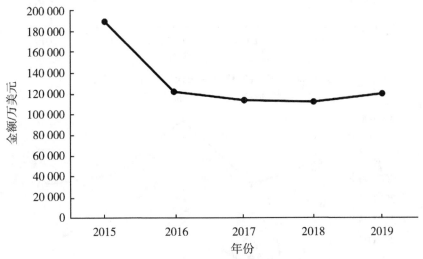

图1-19 2015—2019年中国热带特色产业出口金额
（数据来源：农业农村部农垦局）

1. 天然橡胶、椰子、槟榔

（1）天然橡胶

1993年中国天然橡胶消费首次超过日本成为世界第二大天然橡胶消费国。随着2001年中国加入世界贸易组织，全球跨国公司轮胎制造业橡胶制品开始在中国设厂并进行产业转移，带动了中国天然橡胶消费量的快速增长，这也意味着中国天然橡胶进口量的快速增长，并在当年首次超过美国成为世界第一大天然橡胶消费国。

2015 年中国天然橡胶进口量为 2 736 164 吨，2019 年中国天然橡胶进口量为 2 453 757 吨，减少了 282 407 吨。从进口金额看，2015 年中国天然橡胶进口金额为 391 693 万美元，2019 年中国天然橡胶进口金额为 337 282 万美元，减少了 54 412 万美元。进口量和进口金额的减少，主要是受下游需求低迷，造成需求不足。

2019 年中国天然橡胶的主要进口国为泰国、越南、印度尼西亚和马来西亚，中国从这 4 个国家进口的天然橡胶量占中国天然橡胶进口总量的九成以上。由于人工和种植成本的提高，马来西亚近年来橡胶种植面积不断下滑，其出口量也在不断减少，如图 1-20、图 1-21 所示。

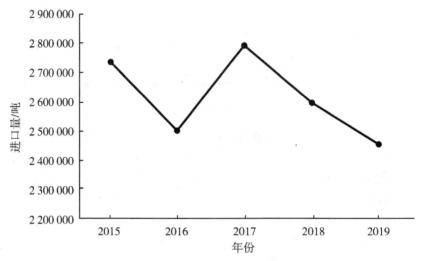

图 1-20　2015—2019 年中国天然橡胶进口数量

（数据来源：农业农村部农垦局）

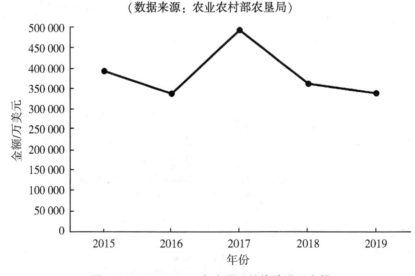

图 1-21　2015—2019 年中国天然橡胶进口金额

（数据来源：农业农村部农垦局）

2015 年中国天然橡胶出口量为 4 700 吨，2019 年中国天然橡胶出口量为 13 786 吨，增长了 9 086 吨，增长率为 193.31%。从出口金额看，2015 年中国天然橡胶出口金额为 921 万美元，2019 年中国天然橡胶出口金额为 2 100 万美元，增长了 1 179 万美元，增长率为 128.07%，如图 1-22、图 1-23 所示。

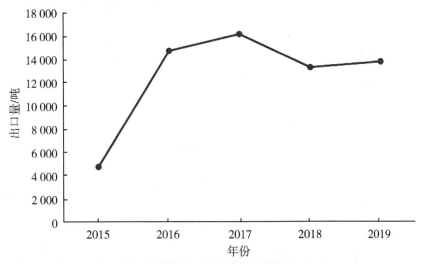

图 1-22　2015—2019 年中国天然橡胶出口量
（数据来源：农业农村部农垦局）

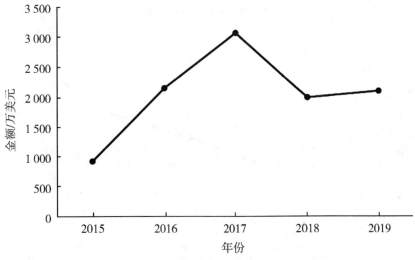

图 1-23　2015—2019 年中国天然橡胶出口金额
（数据来源：农业农村部农垦局）

（2）椰子

中国椰子贸易产品主要有椰子干、未去内壳（肉果皮）的椰子、其他椰子、干椰子肉。2015 年中国椰子进口量为 321 612 吨，2019 年中国椰子进口量为 673 219 吨，增长了 351 607 吨，增长率为 109.33%，如图 1-24 所示。从进口金额看，2015 年中国椰子进口金额为 13 637 万美元，2019 年中国椰子进口金额为 30 488 万美元，增加了 16 851 万美元，增长率为 123.56%，如图 1-25 所示。2019 年中国未去内壳（肉果皮）的椰子进口主要省份为海南、广东、上海、山东、福建、浙江、辽宁、北京等经济发达省份。中国椰子干的主要进口省份有福建、广东、上海、海南、江苏、山东、北京等。

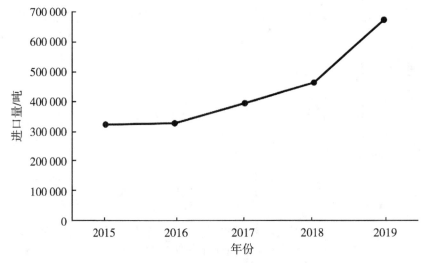

图 1-24 2015—2019 年中国椰子进口量
（数据来源：农业农村部农垦局）

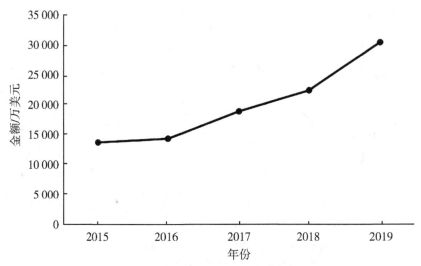

图 1-25 2015—2019 年中国椰子进口金额
（数据来源：农业农村部农垦局）

2019 年中国未去内壳（肉果皮）椰子的主要进口国家为泰国、印度尼西亚、印度、越南和菲律宾。中国椰子干的主要进口国家有菲律宾、印度尼西亚和越南。中国同时从泰国进口少量其他椰子产品。

2015 年中国椰子出口量为 14 吨，2019 年中国椰子出口量为 655 吨，增长了 641 吨，增长近 46 倍。从出口金额看，2015 年中国椰子出口金额为 0.37 万美元，2019 年中国椰子出口金额为 61.44 万美元，增长了 61 万美元，增长超过 165 倍。

2019 年中国出口的椰子产品为椰子干，主要出口国家和地区为美国、马来西亚、加拿大和中国香港。另外，中国还有部分其他椰子产品输送到中国澳门，如图 1-26、图 1-27 所示。

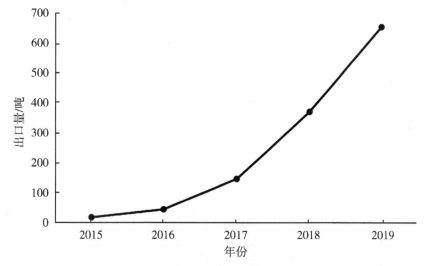

图 1-26　2015—2019 年中国椰子出口量
（数据来源：农业农村部农垦局）

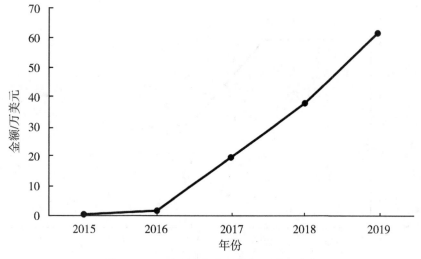

图 1-27　2015—2019 年中国椰子出口金额
（数据来源：农业农村部农垦局）

（3）槟榔

槟榔消费主要集中在亚洲地区，在亚州地区，咀嚼槟榔有着两千多年的历史；近年来，欧洲及北美地区也开始流行咀嚼槟榔。

如图 1-28、图 1-29 所示，2015 年中国槟榔进口量为 740 吨，2019 年中国槟榔进口量为 782 吨，增长了 42 吨，增长率为 5.65%。从进口金额看，2015 年中国槟榔进口金额为 144.92 万美元，2019 年中国槟榔进口金额为 101.88 万美元，尽管中国槟榔进口量在增加，但进口金额却出现了减少，这主要是因为槟榔价格下降，导致进口金额下降。

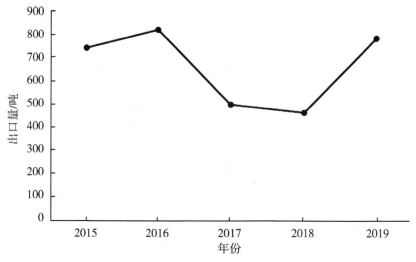

图 1-28　2015—2019 年中国槟榔进口量

（数据来源：农业农村部农垦局）

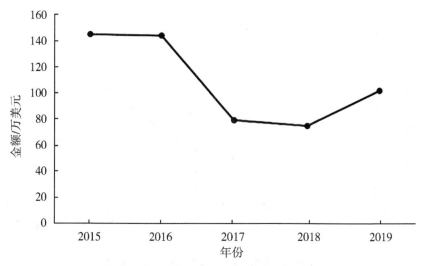

图 1-29　2015—2019 年中国槟榔进口金额

（数据来源：农业农村部农垦局）

如图1-30、图1-31所示，2015年中国槟榔出口量为19吨，2019年中国槟榔出口量为13.98吨，减少了5.02吨。从出口金额看，2015年中国槟榔出口金额为8.25万美元，2019年中国槟榔出口金额为6.38万美元，减少了1.87万美元。可以看出，中国槟榔进口量和出口量存在此消彼长的关系，当进口量增加时，中国槟榔出口量在减少。

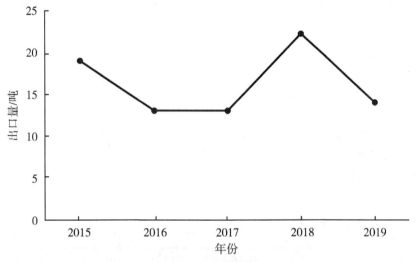

图1-30　2015—2019年中国槟榔出口量

（数据来源：农业农村部农垦局）

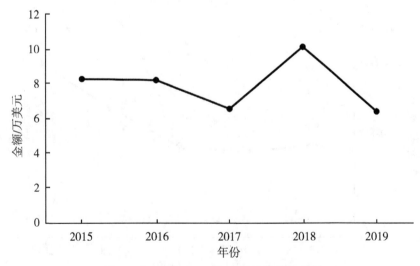

图1-31　2015—2019年中国槟榔出口金额

（数据来源：农业农村部农垦局）

2. 热带水果

中国热带水果进口规模较大，2015 年中国热带水果进口量为 2 174 488 吨，2019 年中国热带水果进口量为 4 316 206 吨，增长了 2 141 718 吨，增长率为 98.49%。从进口金额看，2015 年中国热带水果进口金额为 265 837.35 万美元，2019 年中国热带水果进口金额为 499 923.30 万美元，增长了 234 085.95 万美元，增长率为 88.06%，如图 1-32、图 1-33 所示。

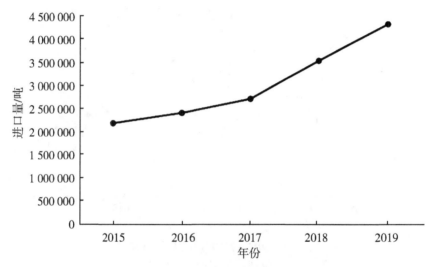

图 1-32 2015—2019 年中国热带水果进口量

（数据来源：农业农村部农垦局）

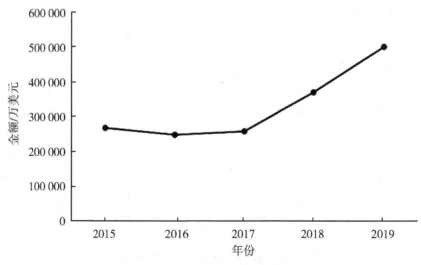

图 1-33 2015—2019 年中国热带水果进口金额

（数据来源：农业农村部农垦局）

　　中国热带水果出口规模有限，2015 年中国热带水果出口量为 94 866 吨，2019 年中国热带水果出口量为 126 008 吨，增长了 31 142 吨，增长率为 32.83%。从出口金额看，2015 年中国热带水果出口金额为 13 628.52 万美元，2019 年中国热带水果出口金额为 20 523.15 万美元，增长了 6 894.63 万美元，增长率为 50.59%，如图 1-34、图 1-35 所示。

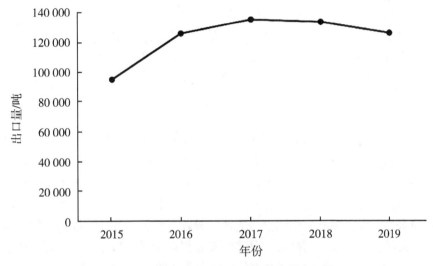

图 1-34　2015—2019 年中国热带水果出口量

（数据来源：农业农村部农垦局）

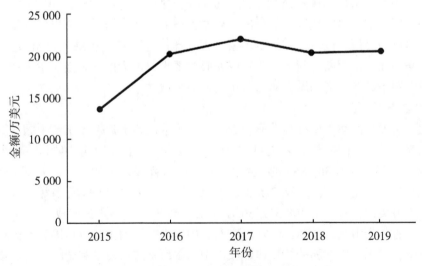

图 1-35　2015—2019 年中国热带水果出口金额

（数据来源：农业农村部农垦局）

虽然近5年热带水果进出口量都有较大幅度提升，但中国仍为热带水果净进口国家。2018年出口总量12.60万吨，进口总量431.62万吨，进口量约为出口总量的34倍，中国热带水果进出口量呈现巨大差距。就中国主产的热带水果品种看，2019年香蕉进口量194万吨，是出口量的78倍；火龙果进口量43.57万吨，是出口量的85倍；龙眼进口量45.66万吨，是出口量的123倍；菠萝进口量18.6万吨，是出口量的32倍；荔枝进口量3.25万吨，是出口量的2倍；香蕉、荔枝、龙眼、火龙果虽然在中国产量较大，但仍然处于净进口状态，特别是香蕉和龙眼，进口量分别占中国香蕉和龙眼总产量的13.34%、22.43%，而中国一直是荔枝的主要出口国，但近年来随着需求的增长荔枝进口发展迅速，荔枝的进口量已经超过了出口量，2019年荔枝净进口5.91万吨。近5年来中国热带水果贸易逆差呈不断扩大趋势，自2015年来，中国热带水果仅在2016年贸易逆差有所减小，其余年份贸易逆差均不断扩大，2019年贸易逆差达到最大值为479 400.15万美元。

从中国热带水果进口来源看，东盟国家是中国热带水果主要进口来源，几种进口量较大的品种，香蕉、杧果、山竹、荔枝、龙眼、红毛丹、火龙果几乎全部来自东盟国家，其中香蕉和杧果有少部分进口来自南美洲，番荔枝进口主要来源中国台湾，鳄梨进口全部来自美洲国家。在这些主要热带水果进口来源国中，菲律宾主要向中国出口香蕉、菠萝和木瓜，泰国主要向中国出口龙眼、榴莲、山竹、荔枝、红毛丹等，越南主要向中国出口龙眼、火龙果、荔枝等，马来西亚主要向中国出口山竹。香蕉是中国产量最大的热带亚热带水果，同时也是中国进口量最大的热带亚热带水果，其进口量约65.84%来自菲律宾，72.46%来自东盟，还有少量来自厄瓜多尔等国家。菠萝进口主要来自菲律宾，约占进口总量的76.99%，其次从中国台湾、泰国也有少量进口。荔枝和龙眼的进口则主要来自泰国和越南，约占总荔枝龙眼进口量的99%。中国热带水果主要出口到中国香港及澳门地区，部分出口到欧美国家，其中鳄梨全部出口到俄罗斯；香蕉主要出口国为美国、俄罗斯、日本、蒙古国和印度尼西亚；杧果主要出口国为越南、韩国、马来西亚、俄罗斯、新加坡等；鲜龙眼主要出口地为中国香港、中国澳门地区和美国，而龙眼干、龙眼肉和罐头的出口市场较为分散。

3. 木薯

中国木薯贸易产品主要有鲜木薯、木薯干、木薯淀粉。近5年来，中国木薯进口量呈下降趋势。2015年中国木薯进口量为10 601 847吨，2019年中国木薯进口量为5 213 064吨，减少了5 388 883吨，约占2015年木薯进口量的一半。从进口金额看，2015年中国木薯进口金额为275 842.37万美元，2019年中国木薯进口金额为167 284.81万美元，减少了108 557.56万美元，比2015年减少约四成。2019年中国木薯主要进口省份为山东、江苏、广东、广西。中国木薯干的主要进口国为泰国、印度尼西亚、越南，其中来自泰国的数量和金额占中国木薯干进口总量和金额的六成以上，如图1-36、图1-37所示。

如图1-38、图1-39所示，中国木薯出口规模同样有限，2015年中国木薯出口量为1 611吨，2019年中国木薯出口量为686吨，减少了924吨，比2015年出口减少近六成。从出口金额看，2015年中国木薯出口金额为145.65万美元，2019年中国木薯出

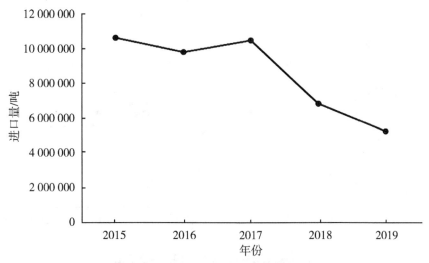

图 1-36　2015—2019 年中国木薯进口量
（数据来源：农业农村部农垦局）

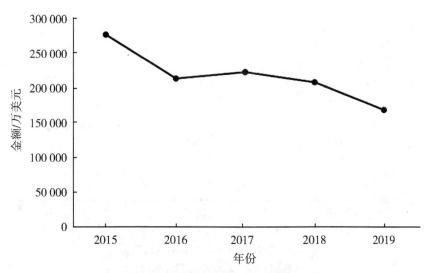

图 1-37　2015—2019 年中国木薯进口金额
（数据来源：农业农村部农垦局）

口金额为 53.79 万美元，减少了 91.86 万美元，减少幅度达到 63.07%。中国木薯主要出口地区为广东、广西、海南、上海等。中国木薯以木薯淀粉加工产品为主，销往欧美等发达国家。

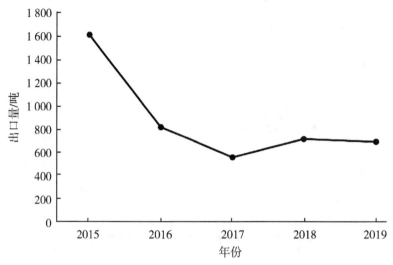

图1-38　2015—2019年中国木薯出口量

（数据来源：农业农村部农垦局）

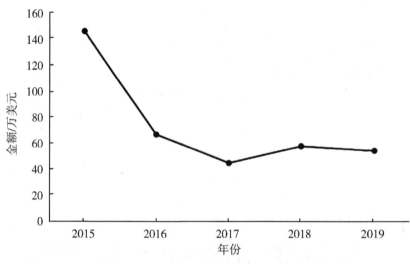

图1-39　2015—2019年中国木薯出口金额

（数据来源：农业农村部农垦局）

4. 棕榈油

由于国人的饮食结构导致国内食用油自给率不足四成，加之"粮油争地"的矛盾日益凸显，国内油料生产缓慢，中国油料消费依赖国外的情况越来越严重。中国棕榈油主要贸易产品为初榨的棕榈油、棕榈液油（熔点为19~24℃，未经化学改性）、棕榈硬脂（熔点为44~56℃，未经化学改性）、其他棕榈液油分离品、初榨的棕榈仁油或巴巴苏棕榈果油、其他棕榈油或巴巴苏棕榈果油及其分离品。

近 5 年来，中国棕榈油进口量显著增加。2015 年中国棕榈油进口量为 5 268 049 吨，2019 年中国棕榈油进口量为 8 481 003 吨，增加了 3 212 955 吨，增长率达到 60.99%。从进口金额看，2015 年中国棕榈油进口金额为 348 206.03 万美元，2019 年中国棕榈油进口金额为 474 914.33 万美元，增长了 126 708.30 万美元，增长率为 36.39%，如图 1-40、图 1-41 所示。中国棕榈油主要进口省份为天津、山东、广东、江苏等，主要从印度尼西亚、泰国、马来西亚等国家进口。随着"一带一路"倡议的不断推进，中国企业开始在东南亚和非洲等地建设棕榈园。

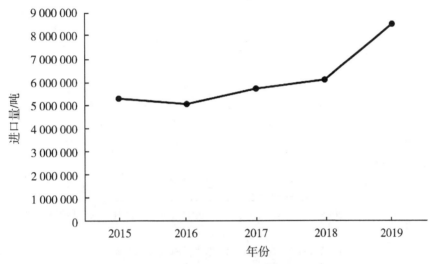

图 1-40　2015—2019 年中国棕榈油进口量
（数据来源：农业农村部农垦局）

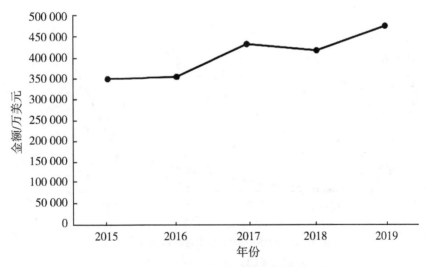

图 1-41　2015—2019 年中国棕榈油进口金额
（数据来源：农业农村部农垦局）

　　2015 年中国棕榈油出口量为 185 吨，2019 年中国棕榈油出口量为 215 668 吨，增加了 215 483 吨，中国棕榈出口量大幅增加的原因主要是其他棕榈液油分离品、初榨的棕榈仁油或巴巴苏棕榈果油两类产品的出口量剧增。从出口金额看，2015 年中国棕榈油出口金额为 22.81 万美元，2019 年中国棕榈油出口金额为 13 728.62 万美元，增加了 13 705.81 万美元，增幅超 600 倍，如图 1-42、图 1-43 所示。出口金额的大幅增加同样是由于其他棕榈液油分离品、初榨的棕榈仁油或巴巴苏棕榈果油等产品出口增加。

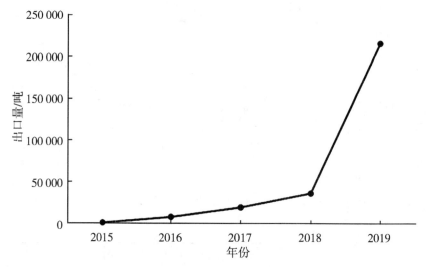

图 1-42　2015—2019 年中国棕榈油出口量

（数据来源：农业农村部农垦局）

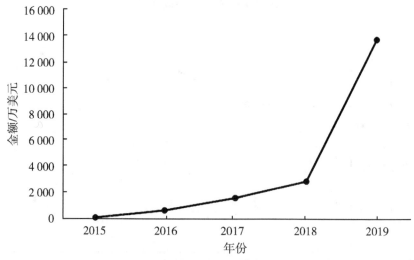

图 1-43　2015—2019 年中国棕榈油出口金额

（数据来源：农业农村部农垦局）

5. 咖啡

　　咖啡是重要的热带特色产业和重要的饮料作物。中国咖啡贸易产品主要有未焙炒未浸除咖啡因的咖啡、未焙炒已浸除咖啡因的咖啡、已焙炒未浸除咖啡因的咖啡、已焙炒已浸除咖啡因的咖啡、咖啡的浓缩精汁、以咖啡浓缩精汁或以咖啡为基本成分的制品。

近5年来，中国咖啡进口波动较大。2015年中国咖啡进口量为44 355吨，2019年中国咖啡进口量为103 280吨，增加了58 925吨，增长率达到132.85%。从进口金额看，2015年中国咖啡进口金额为17 373.85万美元，2019年中国咖啡进口金额为44 962.06万美元，增长了27 588.21万美元，增长率为158.79%。如图1-44、图1-45所示。2019年中国咖啡进口以罗布斯塔咖啡为主，主要进口产品为未焙炒未浸除咖啡因的咖啡和以咖啡浓缩精汁或以咖啡为基本成分的制品。

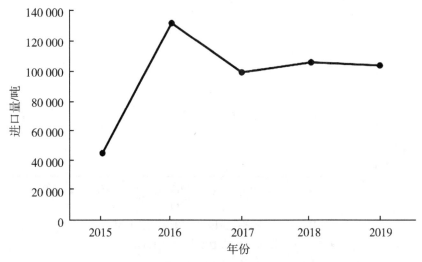

图1-44 2015—2019年中国咖啡进口量
（数据来源：农业农村部农垦局）

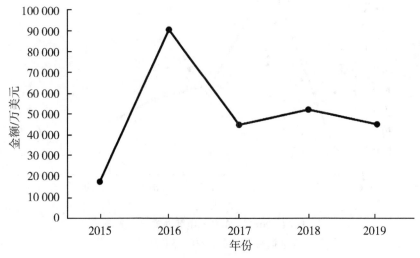

图1-45 2015—2019年中国咖啡进口金额
（数据来源：农业农村部农垦局）

近 5 年来，中国咖啡出口量同样波动较大。2015 年中国咖啡出口量为 58 677 吨，2019 年中国咖啡出口量为 77 785 吨，增加了 19 109 吨，增长率为 32.57%。从出口金额看，2015 年中国咖啡出口金额为 20 850.83 万美元，2019 年中国咖啡出口金额为 21 290.98 万美元，增加了 440.15 万美元，增长率为 2.11%。如图 1-46、图 1-47 所示。中国咖啡主要出口省份为云南，产品主要销往欧洲、美国、日本、韩国及新加坡等 20 多个国家和地区，其中，雀巢和麦斯威尔两大国际巨头采购量较大。

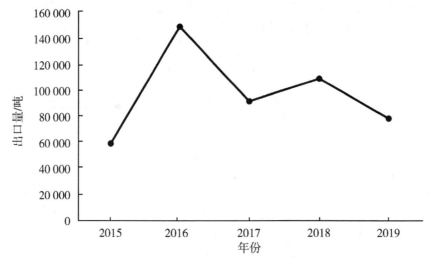

图 1-46　2015—2019 年中国咖啡出口量

（数据来源：农业农村部农垦局）

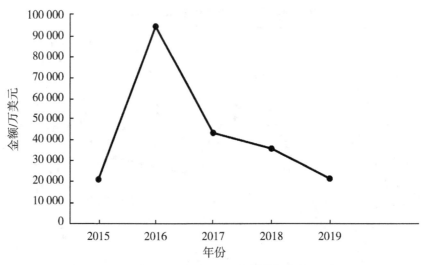

图 1-47　2015—2019 年中国咖啡出口金额

（数据来源：农业农村部农垦局）

6. 可可

中国可可贸易产品主要有整粒或破碎的可可豆，生的或焙炒的；可可荚，壳，皮及

废料；未脱脂可可膏；全脱脂或部分脱脂可可膏；可可脂，可可油；未加糖或其他甜物
质的可可粉；含糖或其他甜物质的可可粉。

近5年来，中国可可呈增长趋势。2015年中国可可进口量为74 487吨，2019年中
国可可进口量为120 948吨，增加了46 461吨，增长率达到62.38%。从进口金额看，
2015年中国可可进口金额为21 479.21万美元，2019年中国可可进口金额为
34 050.11万美元，增长了12 570.90万美元，增长率为58.53%。如图1-48、图1-49
所示。2019年中国可可主要从马来西亚、加纳、印度尼西亚进口。

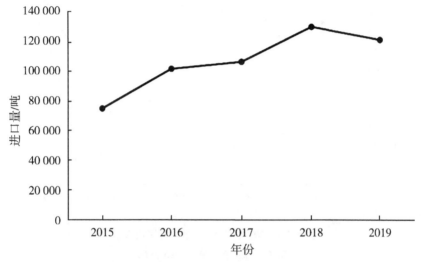

图1-48　2015—2019年中国可可进口量
（数据来源：农业农村部农垦局）

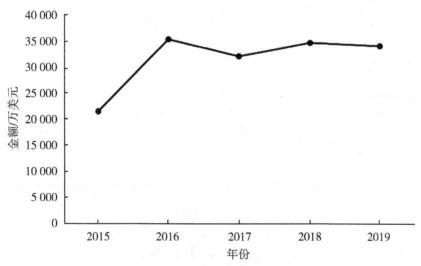

图1-49　2015—2019年中国可可进口金额
（数据来源：农业农村部农垦局）

近5年来，中国可可出口量虽有波动，但均维持在21 000吨以上。2015年中国可

可出口量为 21 714 吨，2019 年中国可可出口量为 24 476 吨，增加了 2 763 吨，增长率为 12.72%。从出口金额看，2015 年中国可可出口金额为 7 415.37 万美元，2019 年中国可可出口金额为 6 960.21 万美元，略有减少。如图 1-50、图 1-51 所示。2019 年中国可可主要出口产品为可可脂和可可粉，主要出口到中国香港、德国、荷兰、菲律宾、英国、日本等。

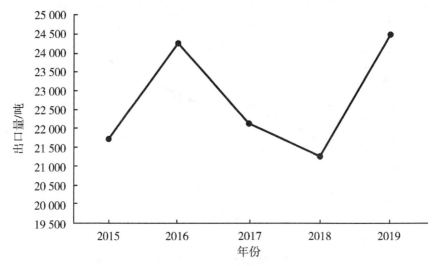

图 1-50　2015—2019 年中国可可出口量

（数据来源：农业农村部农垦局）

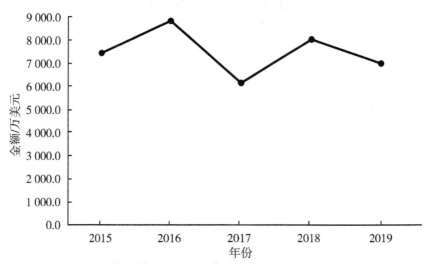

图 1-51　2015—2019 年中国可可出口金额

（数据来源：农业农村部农垦局）

7. 香料

中国香料主要贸易品种为未磨胡椒、已磨胡椒、其他未磨肉桂及肉桂花、已磨肉桂及肉桂花、未磨的肉豆蔻。

近 5 年来，中国香料进口量呈增长趋势。2015 年中国香料进口量为 4 165 吨，2019 年中国香料进口量为 14 416 吨，增加了 10 251 吨，增长率达到 246.14%，进口量的增加主要得益于未磨胡椒和其他未磨肉桂及肉桂花两种产品的进口猛增。从进口金额看，2015 年中国香料进口金额为 4 351.73 万美元，2019 年中国香料进口金额为 4 327.89 万美元，减少了 23.84 万美元，如图 1-52、图 1-53 所示。

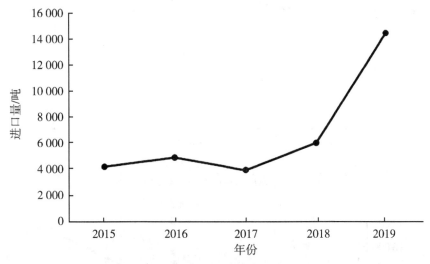

图 1-52　2015—2019 年中国香料进口量
（数据来源：农业农村部农垦局）

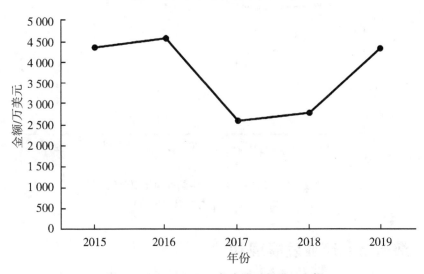

图 1-53　2015—2019 年中国香料进口金额
（数据来源：农业农村部农垦局）

近 5 年来，中国香料出口量在波动中增长。2015 年中国香料出口量为 40 937 吨，2019 年中国香料出口量为 60 178 吨，增加了 19 781 吨，增长率为 48.97%。从出口金额看，2015 年中国香料出口金额为 11 287.53 万美元，2019 年中国香料出口金额为 17 582.28 万美元，增加了 6 294.74 万美元，增长率为 55.77%，如图 1-54、图 1-55 所示。

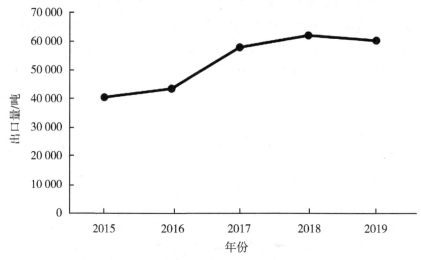

图 1-54 2015—2019 年中国香料出口量
（数据来源：农业农村部农垦局）

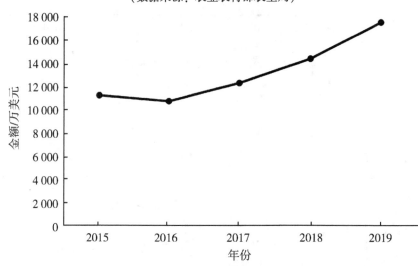

图 1-55 2015—2019 年中国香料出口金额
（数据来源：农业农村部农垦局）

二、海南特色产业发展现状

（一）海南特色产业生产现状

1. 冬季瓜菜

海南是国家重要的冬季瓜菜生产基地，瓜果菜生产具有得天独厚的优势，特别是冬季瓜果菜上市时间及季节差优势比较突出。同时，海南也是全国首个生态示范省。近年来，海南省委、省政府高度重视冬季瓜菜产业发展，把冬季瓜菜生产流通作为海南农业的主导产业，作为保障民生、保障供给和促进农民增收的重要工作，全力推进海南建成全国重要的"菜篮子"和"果盘子"。

（1）总体情况

总体而言，海南省瓜菜种植面积和产量整体呈现上升态势。其中，海南省蔬菜种植面积从 2009 年的 202 226 公顷上升至 2019 年的 256 501 公顷，累计增长 26.8%，年均增长 2.4%；产量从 2009 年的 410 万吨上升至 2019 年的 568 万吨，累计增长 38.5%，年均增长 3.3%；单产则从 2009 年的 20.27 吨/公顷上升至 2019 年的 22.14 吨/公顷，累计增长 9.2%，年均增长 0.9%，如图 1-56 所示。

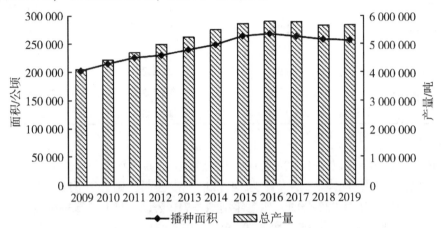

图 1-56　海南省 2009—2019 年蔬菜种植情况

（数据来源：《海南省统计年鉴》）

海南省瓜类种植面积从 2009 年的 31 038 公顷上升至 2019 年的 34 768 公顷，累计增长 12.0%，年均增长 1.1%；产量从 2009 年的 82.46 万吨上升至 2019 年的 123.23 万吨，累计增长达 49.4%，年均增长 4.1%，如图 1-57 所示。单产则从 2009 年的 26.57 吨/公顷上升至 2019 年的 35.44 吨/公顷，累计增长 33.4%，年均增长 2.9%。

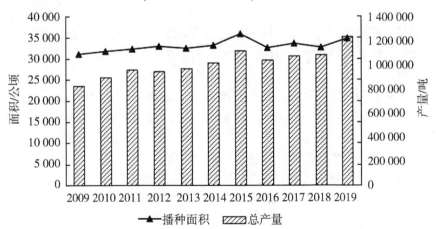

图 1-57　海南省 2009—2019 年瓜类种植情况

（数据来源：《海南省统计年鉴》）

（2）种植品种情况

从种植品种来看，海南省蔬菜种植主要包括椒类、豇豆、四季豆、茄子、冬瓜、黄瓜等，见表1-4。

表1-4　2019年海南省蔬菜种植结构

品类	播种面积（公顷）	单产（千克/公顷）	总产量（万吨）
椒类	41 374	24 535	101.51
豇豆	21 720	25 686	55.79
四季豆	8 656	19 138	16.57
茄子	11 098	22 228	24.67
冬瓜	8 230	62 588	51.51
黄瓜	8 894	27 222	24.21
其他蔬菜	156 530	18 752	293.52
合计	256 501	22 135	567.78

数据来源：《海南省统计年鉴》。

其中，椒类播种面积为41 374公顷，比上年增加478公顷，增长1.17%；总产量101.51万吨，与上年基本持平；单产为24 535千克/公顷，比上年下降1.17%。

豇豆播种面积为21 720公顷，比上年增加1 710公顷，增长8.55%；总产量55.79万吨，比上年增加4.64万吨，增长9.07%；单产为25 686千克/公顷，比上年增长0.49%。

四季豆播种面积为8 656公顷，比上年增加145公顷，增长1.70%；总产量16.57万吨，比上年增加0.67万吨，增长4.21%；单产为19 138千克/公顷，比上年增长2.41%。

茄子播种面积为11 098公顷，比上年下降1.70%；但总产量达24.67万吨，比上年增加1.05万吨，增长4.45%；单产为22 228千克/公顷，比上年增加1 310千克/公顷，增长6.26%。

冬瓜播种面积为8 230公顷，比上年大幅增加1 224公顷，增长达17.47%；总产量51.51万吨，比上年增加7.74万吨，增长17.68%；单产为62 588千克/公顷，比上年增长0.17%。

黄瓜播种面积为8 894公顷，比上年增加813公顷，增长10.06%；总产量24.21万吨，比上年增加2.75万吨，增长12.81%；单产为27 222千克/公顷，比上年增长2.52%。

海南省瓜类种植主要包括西瓜、香瓜、哈密瓜等，见表1-5。

其中，西瓜播种面积为14 741公顷，比上年增加264公顷，增长1.82%；总产量50.88万吨，比上年增加2.93万吨，增长6.11%；单产为34 520千克/公顷，比上年增加1 395千克/公顷，增长4.21%。

香瓜播种面积为1 454公顷，比上年减少342公顷，减少19.04%；总产量为3.05万吨，比上年减少0.66万吨，减少了17.79%；单产为20 973千克/公顷，比上年上涨 1.48%。

哈密瓜播种面积为 13 659 公顷，比上年增加 3 034 公顷，大幅增长 28.56%；总产量为 55.66 万吨，比上年大幅增加 15.43 万吨，涨幅达 38.35%；单产为 40 751 千克/公顷，比上年增长 7.61%。

表 1-5   2019 年海南省瓜类种植结构

品类	播种面积（公顷）	单产（千克/公顷）	总产量（万吨）
西瓜	14 741	34 520	50.88
香瓜（甜瓜）	1 454	20 973	3.05
哈密瓜	13 659	40 751	55.66
其他果用瓜	4 915	27 746	13.64
合计	34 768	35 444	123.23

数据来源：《海南省统计年鉴》。

（3）种植区域情况

从种植区域看，海南省的瓜菜种植基本都分布在沿海地区，也就是海南岛环岛地区，中部地区瓜菜种植情况较少。

万公顷以上蔬菜种植主要分布在乐东县、澄迈县、海口市、昌江县、文昌市、儋州市、东方市、琼海市、陵水县、三亚市、定安县、临高县、屯昌县和万宁市。其中，乐东县、澄迈县、海口市 3 个地区蔬菜的种植面积分别为 29 766 公顷、28 748 公顷、25 854 公顷，合计占海南省蔬菜种植总面积的 1/3 左右；乐东县、澄迈县、海口市 3 个地区蔬菜的产量分别为 542 423 吨、782 925 吨、492 449 吨，合计占海南省蔬菜总产量的 1/3 左右，见表 1-6。

表 1-6   2019 年海南省蔬菜种植分布情况

市县	播种面积（公顷）	面积占比（%）	总产量（吨）	产量占比（%）
海口市	25 854	10.1%	492 449	8.7%
三亚市	11 886	4.6%	437 107	7.7%
五指山市	2 975	1.2%	41 956	0.7%
文昌市	20 415	8.0%	444 970	7.8%
琼海市	14 658	5.7%	498 176	8.8%
万宁市	11 039	4.3%	318 008	5.6%
定安县	11 788	4.6%	265 809	4.7%
屯昌县	11 239	4.4%	195 125	3.4%
澄迈县	28 748	11.2%	782 925	13.8%
临高县	11 247	4.4%	242 059	4.3%
儋州市	16 378	6.4%	367 530	6.5%
东方市	14 689	5.7%	271 520	4.8%

市县	播种面积 （公顷）	面积占比 （%）	总产量 （吨）	产量占比 （%）
乐东县	29 766	11.6%	542 423	9.6%
琼中县	3 826	1.5%	33 453	0.6%
保亭县	4 268	1.7%	85 688	1.5%
陵水县	12 482	4.9%	225 055	4.0%
白沙县	3 405	1.3%	36 203	0.6%
昌江县	21 839	8.5%	397 316	7.0%

数据来源：《海南省统计年鉴》。

千公顷以上瓜类种植主要分布在乐东县、东方市、陵水县、万宁市、文昌市、昌江县和澄迈县。其中，乐东县、东方市、陵水县 3 个地区瓜类的种植面积分别为 8 549 公顷、7 805 公顷、6 377 公顷，合计占海南省瓜类种植总面积的 2/3 左右；乐东县、东方市、陵水县 3 个地区瓜类的产量分别为 288 478 吨、319 247 吨、210 810 吨，合计占海南省瓜类总产量的 2/3 左右，见表 1-7。可以看出，海南省瓜类种植集中度较高。

表 1-7　2019 年海南省瓜果种植分布情况

市县	播种面积 （公顷）	面积占比 （%）	总产量 （吨）	产量占比 （%）
海口市	552	1.6%	14 120	1.1%
三亚市	897	2.6%	34 713	2.8%
五指山市	3	0.0%	45	0.0%
文昌市	2 837	8.2%	128 903	10.5%
琼海市	47	0.1%	1 765	0.1%
万宁市	3 272	9.4%	98 883	8.0%
定安县	48	0.1%	1 354	0.1%
屯昌县	115	0.3%	2 327	0.2%
澄迈县	1 014	2.9%	28 920	2.3%
临高县	198	0.6%	7 290	0.6%
儋州市	687	2.0%	25 846	2.1%
东方市	7 805	22.4%	319 247	25.9%
乐东县	8 549	24.6%	288 478	23.4%
琼中县	1	0.0%	30	0.0%
保亭县	0	0.0%	0	0.0%
陵水县	6 377	18.3%	210 810	17.1%
白沙县	37	0.1%	970	0.1%
昌江县	2 329	6.7%	68 603	5.6%

数据来源：《海南省统计年鉴》。

2. 热带水果

海南地处热带季风区，气候温和，终年无霜雪，日照时间长，雨量充沛，具有发展热带水果的优越自然条件，多种水果可以常年生产，这使得海南省成为国家重要的热带水果生产基地。近年来，海南省充分发挥热带资源优势，大力发展名、优、特、新、稀热带水果生产，使热带水果生产成为了海南的支柱产业和新的经济支柱。

（1）总体情况

总体而言，2019 年海南省热带水果种植面积为 230 万亩，比 2009 年下降 26.01 万亩，累计下降 10.16%；但总产量达 295.8 万吨，比 2009 年增加 27.84 万吨，累计增长 10.39%。

（2）种植品种情况

从种植品种看，海南省的热带水果主要包括菠萝、荔枝、香蕉、龙眼、杧果等。其中，杧果是海南种植规模最大的水果，2019 年种植面积为 56 934 公顷，相较于 2009 年增加了 10 635 公顷，累计增长 23.0%，年均增长 2.1%；2019 年收获面积为 52 454 公顷，相较于 2009 年增加了 13 670 公顷，累计增长 35.2%，年均增长 3.1%；2019 年总产量为 675 805 吨，相较于 2009 年增加 316 603 吨，累计增长 88.1%，年均增长 6.5%；2019 年单产为 12.9 吨/公顷，相较于 2009 年增加 3.6 吨/公顷，累计增长 39.1%，年均增长 3.4%，见表 1-8。

表 1-8　海南省 2009—2019 年杧果种植情况

年份	年末面积（公顷）	当年新种面积（公顷）	收获面积（公顷）	产量（吨）
2009	46 299	1 847	38 784	359 202
2010	44 278	565	39 442	370 172
2011	43 661	245	36 597	403 482
2012	46 017	964	39 230	411 243
2013	45 203	351	40 399	446 596
2014	46 862	1 619	40 129	452 518
2015	47 570	1 033	40 715	508 943
2016	48 256	1 737	41 833	537 810
2017	54 459	3 228	44 292	567 304
2018	56 687	3 072	52 119	682 889
2019	56 934	753	52 454	675 805

数据来源：《海南省统计年鉴》。

2019 年海南省菠萝种植面积为 16 135 公顷，相较于 2009 年增加了 1 578 公顷，累计增长 10.8%，年均增长 1.0%；2019 年收获面积为 12 826 公顷，相较于 2009 年增加 2 870 公顷，累计增长 28.8%，年均增长 2.6%；2019 年总产量为 451 885 吨，相较于 2009 年增加 155 331 吨，累计增长 52.4%，年均增长 4.3%；2019 年单产为 35.2 吨/公顷，相较于 2009 年增加 5.4 吨/公顷，累计增长 18.3%，年均增长 1.7%，见表 1-9。

表 1-9 海南省 2009—2019 年菠萝种植情况

年份	年末面积（公顷）	当年新种面积（公顷）	收获面积（公顷）	产量（吨）
2009	14 557	3 814	9 956	296 554
2010	14 157	2 803	9 869	297 352
2011	15 328	3 048	10 374	316 464
2012	15 725	3 607	11 293	342 721
2013	15 254	2 324	11 956	383 258
2014	15 372	2 137	11 647	373 075
2015	15 194	2 198	11 657	374 680
2016	15 903	1 736	12 426	398 031
2017	16 372	2 371	12 819	409 891
2018	16 683	1 941	13 540	439 997
2019	16 135	1 875	12 826	451 885

数据来源：《海南省统计年鉴》。

2019 年海南省荔枝种植面积为 20 444 公顷，相较于 2009 年减少 5 242 公顷，累计减少 20.4%，年均减少 2.3%；2019 年收获面积为 17 947 公顷，相较于 2009 年减少742 公顷，累计减少 4.0%，年均减少 0.4%；但 2019 年总产量达 172 660 吨，相较于2009 年增加 61 838 吨，累计增长 55.8%，年均增长 4.5%；2019 年单产为 9.6 吨/公顷，相较于 2009 年增加 3.7 吨/公顷，累计增长 62.2%，年均增长达 5.0%，见表 1-10。

表 1-10 海南省 2009—2019 年荔枝种植情况

年份	年末面积（公顷）	当年新种面积（公顷）	收获面积（公顷）	产量（吨）
2009	25 686	504	18 689	110 822
2010	23 770	221	18 328	134 969
2011	22 857	396	18 413	129 030
2012	22 947	308	18 598	146 941
2013	21 158	207	18 865	170 569
2014	20 555	207	18 261	182 340
2015	20 604	389	17 500	156 513
2016	19 351	156	17 923	153 533
2017	19 151	163	17 276	157 980
2018	20 423	795	18 376	189 435
2019	20 444	310	17 947	172 660

数据来源：《海南省统计年鉴》。

2019 年海南省香蕉种植面积为 33 273 公顷，相较于 2009 年减少 16 975 公顷，累计减少 33.8%，年均减少 4.0%；2019 年收获面积为 33 701 公顷，相较于 2009 年减少 11 430 公顷，累计减少 25.3%，年均减少 2.9%；2019 年总产量为 1 218 004 吨，相较于 2009 年减少 377 788 吨，累计减少 23.7%，年均减少 2.7%；2019 年单产为 36.1 吨/公顷，相较于 2009 年增加 0.8 吨/公顷，累计增长 2.2%，年均增长 0.2%，见表 1-11。

表 1-11　海南省 2009—2019 年香蕉种植情况

年份	年末面积（公顷）	当年新种面积（公顷）	收获面积（公顷）	产量（吨）
2009	50 248	19 493	45 131	1 595 792
2010	58 336	21 500	47 824	1 722 931
2011	64 149	25 756	52 988	1 886 498
2012	60 933	20 102	56 835	2 091 019
2013	53 183	17 236	54 076	2 027 519
2014	44 572	15 763	42 792	1 600 406
2015	39 038	9 433	38 652	1 400 951
2016	35 339	6 945	34 979	1 256 274
2017	34 389	7 629	34 948	1 271 723
2018	34 759	8 549	34 345	1 216 285
2019	33 273	8 506	33 701	1 218 004

数据来源：《海南省统计年鉴》。

2019 年海南省龙眼种植面积为 8 023 公顷，相较于 2009 年减少 2 813 公顷，累计减少 26.0%，年均减少 3.0%；2019 年收获面积为 6 714 公顷，相较于 2009 年增加 260 公顷，累计增加 2.0%，年均增加 0.4%；2019 年总产量为 54 917 吨，相较于 2009 年增加 20 530 吨，累计增加 59.7%，年均增长 4.8%；2019 年单产为 8.2 吨/公顷，相较于 2009 年增加 2.9 吨/公顷，累计增长 53.5%，年均增长 4.4%，见表 1-12。

表 1-12　海南省 2009—2019 年龙眼种植情况

年份	年末面积（公顷）	当年新种面积（公顷）	收获面积（公顷）	产量（吨）
2009	10 836	254	6 454	34 387
2010	10 023	128	6 611	35 155
2011	9 700	116	7 102	40 650
2012	9 569	90	7 016	42 370
2013	9 005	159	6 946	44 330
2014	9 047	242	7 213	48 060
2015	8 869	243	7 509	53 970

（续表）

年份	年末面积 （公顷）	当年新种面积 （公顷）	收获面积 （公顷）	产量 （吨）
2016	8 269	136	7 515	54 222
2017	7 913	199	7 517	55 985
2018	8 137	531	7 178	55 548
2019	8 023	135	6 714	54 917

数据来源：《海南省统计年鉴》。

（3）种植区域情况

从种植区域看，万公顷以上杧果种植主要集中在三亚市、东方市和乐东县，2019年种植面积分别为24 215公顷、14 534公顷、10 512公顷，分别占海南省杧果种植面积的42.5%、25.5%、18.5%，三市县合计占比近90%，可以看出海南省杧果种植的集中度很高。2019年三亚市、东方市和乐东县的杧果收获面积分别为22 926公顷、12 572公顷、10 146公顷，产量分别为369 738吨、103 310吨、127 567吨，分别占海南省杧果总产量的54.7%、15.3%、18.9%，三市县合计占比达88.9%，见表1-13。

表1-13　海南省杧果种植分布情况

市县	年末面积 （公顷）	当年新种面积 （公顷）	收获面积 （公顷）	总产量 （吨）
海口市	56	0	23	242
三亚市	24 215	0	22 926	369 738
五指山市	126	0.4	204	2 297
文昌市	10	1	10	82
琼海市	13	0	13	111
万宁市	147	37	94	1 111
定安县	29	1	27	242
屯昌县	50	1	42	435
澄迈县	39	0	38	486
临高县	0	0	0	0
儋州市	166	1	119	1 250
东方市	14 534	358	12 572	103 310
乐东县	10 512	167	10 146	127 567
琼中县	37	0	14	104
保亭县	729	31	672	11 025
陵水县	3 671	0	2 988	36 103
白沙县	105	2	92	1 419
昌江县	2 495	155	2 474	20 284

数据来源：《海南省统计年鉴》。

千公顷以上菠萝种植主要集中在万宁市、琼海市、海口市和文昌市，2019年种植面积分别为5 269公顷、3 217公顷、1 537公顷、1 453公顷，分别占海南省菠萝种植面积的32.7%、19.9%、9.5%、9.0%，四市县合计占比达71.1%，可以看出，海南省菠萝种植的集中度很高。2019年万宁市、琼海市、海口市和文昌市的菠萝收获面积分别为4 223公顷、2 655公顷、1 142公顷、1 088公顷，产量分别为153 871吨、113 807吨、51 365吨、34 724吨，分别占海南省菠萝总产量的34.1%、25.2%、11.4%、7.7%，四市县合计占比达78.3%，见表1-14。

表1-14　海南省菠萝种植分布情况

市县	年末面积（公顷）	当年新种面积（公顷）	收获面积（公顷）	总产量（吨）
海口市	1 537	77	1 142	51 365
三亚市	0	0	0	0
五指山市	1	0	0.4	12
文昌市	1 453	295	1 088	34 724
琼海市	3 217	1 036	2 655	113 807
万宁市	5 269	0	4 223	153 871
定安县	607	77	559	21 747
屯昌县	163	5	408	10 501
澄迈县	779	224	541	11 210
临高县	499	26	392	13 510
儋州市	491	40	262	8 387
东方市	53	3	14	438
乐东县	603	0	389	9 815
琼中县	55	0	40	579
保亭县	28	0	5	110
陵水县	262	0	255	2 069
白沙县	121	54	77	2 072
昌江县	997	36	776	17 669

数据来源：《海南省统计年鉴》。

千公顷以上荔枝种植主要集中在海口市、文昌市、陵水县、定安县、万宁市、琼海市和澄迈县，其中海口市、文昌市、陵水县三市县2019年种植面积分别为6 211公顷、2 631公顷、2 145公顷，分别占海南省荔枝种植面积的30.4%、12.9%、10.5%，三市县合计占比为53.7%，可以看出海南省荔枝种植的集中度较高。2019年海口市、文昌市、陵水县荔枝收获面积分别为4 630公顷、2 448公顷、2 119公顷，产量分别为43 038吨、27 665吨、19 232吨，分别占海南省荔枝总产量的24.9%、16.0%、11.1%，三市县合计占比为52.1%，见表1-15。

表 1-15　海南省荔枝种植分布情况

市县	年末面积 （公顷）	当年新种面积 （公顷）	收获面积 （公顷）	总产量 （吨）
海口市	6 211	20	4 630	43 038
三亚市	89	0	83	467
五指山市	139	0	252	2 615
文昌市	2 631	10	2 448	27 665
琼海市	1 450	4	1 367	12 989
万宁市	1 573	213	1 390	13 077
定安县	2 018	22	1 789	22 464
屯昌县	546	0.4	470	3 329
澄迈县	1 050	12	1 007	6 343
临高县	486	0	509	4 777
儋州市	646	0.2	585	5 045
东方市	0	0	0	0
乐东县	408	0	386	3 902
琼中县	187	0	163	1 418
保亭县	709	23	602	4 894
陵水县	2 145	0	2 119	19 232
白沙县	136	4	128	1 318
昌江县	21	0	19	88

数据来源：《海南省统计年鉴》。

千公顷以上香蕉种植主要集中在澄迈县、昌江县、乐东县、海口市、临高县、东方市、儋州市、琼海市，其中澄迈县、昌江县、乐东县三县 2019 年种植面积分别为 7 202 公顷、5 889 公顷、4 285 公顷，分别占海南省香蕉种植面积的 21.8%、17.8%、13.0%，三县合计占比为 52.6%，可以看出海南省香蕉种植的集中度较高。2019 年澄迈县、昌江县、乐东县香蕉收获面积分别为 9 365 公顷、4 864 公顷、4 480 公顷，产量分别为 313 862 吨、222 632 吨、197 000 吨，分别占海南省荔枝总产量的 26.2%、18.6%、16.4%，三县合计占比为 61.2%，见表 1-16。

表 1-16　海南省香蕉种植分布情况

市县	年末面积 （公顷）	当年新种面积 （公顷）	收获面积 （公顷）	总产量 （吨）
海口市	2 890	160	2 763	84 595
三亚市	321	43	291	11 238
五指山市	6	605	19 027	0
文昌市	523	69	461	10 867

（续表）

市县	年末面积 （公顷）	当年新种面积 （公顷）	收获面积 （公顷）	总产量 （吨）
琼海市	1 192	498	980	34 201
万宁市	479	0	416	8 224
定安县	420	60	333	14 009
屯昌县	439	20	232	5 879
澄迈县	7 202	2 215	9 365	313 862
临高县	2 853	475	2 705	94 771
儋州市	1 999	170	1 758	65 150
东方市	2 323	836	2 084	70 491
乐东县	4 285	3 135	4 480	197 000
琼中县	561	69	473	8 607
保亭县	422	3	402	11 965
陵水县	851	0	1 071	33 094
白沙县	362	97	418	12 391
昌江县	5 889	650	4 864	222 632

数据来源：《海南省统计年鉴》。

千公顷以上龙眼种植主要集中在乐东县和保亭县，两地 2019 年的龙眼种植面积分别为 2 231 公顷和 1 363 公顷，分别占海南省龙眼种植面积的 28.1% 和 17.1%，两地合计占比达 45.2%，可以看出，海南省龙眼种植的集中度较高。2019 年乐东县和保亭县龙眼收获面积分别为 2 054 公顷和 1 097 公顷，产量分别为 18 624 吨、9 563 吨，分别占海南省龙眼总产量的 34.2% 和 17.6%，两地合计占比达 51.8%，见表 1-17。

表 1-17　海南省龙眼种植分布情况

市县	年末面积 （公顷）	当年新种面积 （公顷）	收获面积 （公顷）	总产量 （吨）
海口市	478	15	156	1 599
三亚市	231	0	176	1 115
五指山市	151	0	281	1 901
文昌市	339	2	249	2 085
琼海市	74	0	65	491
万宁市	400	62	322	2 444
定安县	180	3	143	1 216
屯昌县	108	0	66	263
澄迈县	308	0	287	1 890

（续表）

市县	年末面积 （公顷）	当年新种面积 （公顷）	收获面积 （公顷）	总产量 （吨）
临高县	84	0	83	637
儋州市	420	1	348	2 393
东方市	552	0	447	3 634
乐东县	2 231	50	2 054	18 624
琼中县	144	0	131	691
保亭县	1 363	1	1 097	9 563
陵水县	306	0	281	2 668
白沙县	477	1	424	3 153
昌江县	177	0	104	552

数据来源：《海南省统计年鉴》。

3. 橡胶·槟榔·椰子"三棵树"

（1）总体情况

海南是我国橡胶林最为集中的地区之一，也是中国最重要的天然橡胶生产基地，同时也是中国的椰子主产区，占全国椰子种植面积的99%，被称为椰岛，而槟榔作为海南地方政府的长期扶贫手段，已经在海南深耕多年。橡胶·槟榔·椰子"三棵树"产业是海南省许多农民家庭收入的重要来源。

（2）种植品种情况

2019年海南省橡胶种植面积为526 897公顷，相较于2009年增加62 605公顷，累计增长13.5%，年均增长1.3%；2019年开割面积为381 301公顷，相较于2009年增加58 063公顷，累计增长18.0%，年均增长1.7%；2019年总产量为330 810吨，相较于2009年增加23 748吨，累计增长7.7%，年均增长0.7%，见表1-18。

表1-18　海南省历年橡胶种植情况

年份	年末面积 （公顷）	当年新种面积 （公顷）	收获面积 （公顷）	总产量 （吨）
2009	464 292	24 762	323 238	307 062
2010	490 392	29 571	343 133	346 366
2011	501 358	23 456	346 328	371 754
2012	525 724	27 558	372 932	395 052
2013	540 212	16 253	392 678	420 816
2014	542 307	18 380	389 293	391 212
2015	542 056	13 103	383 329	361 105
2016	540 934	3 214	379 368	351 437

（续表）

年份	年末面积 （公顷）	当年新种面积 （公顷）	收获面积 （公顷）	总产量 （吨）
2017	542 877	4 591	400 393	362 144
2018	528 351	8 008	381 113	350 677
2019	526 897	3 870	381 301	330 810

数据来源：《海南省统计年鉴》。

2019 年海南省槟榔种植面积为 115 171 公顷，相较于 2009 年增加 49 348 公顷，累计增长 75.0%，年均增长 5.8%；2019 年收获面积为 83 318 公顷，相较于 2009 年增加 47 231 公顷，累计增长 130.9%，年均增长率达 8.7%；2019 年总产量为 287 043 吨，相较于 2009 年增加 143 486 吨，产量翻了一番，年均增长率达 7.2%，见表 1-19。

表 1-19　海南省 2009—2019 年槟榔种植情况

年份	年末面积 （公顷）	当年新种面积 （公顷）	收获面积 （公顷）	总产量 （吨）
2009	65 823	3 223	36 087	143 557
2010	69 227	3 372	39 401	152 105
2011	79 232	9 154	48 191	169 163
2012	85 922	6 562	54 700	198 122
2013	90 884	5 421	60 163	223 330
2014	94 070	3 533	64 836	231 015
2015	98 051	2 644	67 568	229 221
2016	99 661	2 142	70 218	234 225
2017	102 530	2 835	73 872	255 114
2018	109 950	7 902	78 551	272 203
2019	115 171	5 555	83 318	287 043

数据来源：《海南省统计年鉴》。

2019 年海南省椰子种植面积为 34 527 公顷，相较于 2009 年减少 5 650 公顷，累计减少 14.1%，年均减少 1.5%；2019 年收获面积为 28 240 公顷，相较于 2009 年增加 981 公顷，累计增长 3.6%，年均增长 0.4%，变化较为平稳；2019 年总产量为 23 162 个，相较于 2009 年减少 535 个，总产量始终稳定在 2 万个以上，较为平稳，见表 1-20。

表 1-20　海南省 2009—2019 年椰子种植情况

年份	年末面积 （公顷）	当年新种面积 （公顷）	收获面积 （公顷）	总产量 （吨）
2009	40 177	113	27 259	23 697
2010	39 160	160	26 715	22 512
2011	37 823	160	28 967	23 765

（续表）

年份	年末面积 （公顷）	当年新种面积 （公顷）	收获面积 （公顷）	总产量 （吨）
2012	37 509	281	29 031	24 155
2013	36 067	181	28 432	24 194
2014	34 663	129	28 050	23 970
2015	33 326	180	27 005	20 851
2016	32 208	148	27 046	20 745
2017	31 424	1 227	27 231	21 770
2018	34 396	3 153	28 121	22 677
2019	34 527	820	28 240	23 162

数据来源：《海南省统计年鉴》。

（3）种植区域情况

从种植区域看，除文昌市、东方市、陵水县以外，其他市县橡胶种植均在万公顷以上，其中儋州市、白沙县、琼中县、澄迈县、屯昌县5个市县2019年种植面积分别为87 084公顷、63 281公顷、55 912公顷、50 847公顷、36 467公顷，分别占海南省橡胶种植面积的17.3%、11.6%、9.4%、10.4%、7.2%，5个市县合计占比为55.80%。2019年儋州市、白沙县、琼中县、澄迈县、屯昌县5个市县橡胶收获面积分别为65 669公顷、43 762公顷、35 636公顷、39 306公顷、27 148公顷，产量分别为54 579吨、42 932吨、27 650吨、38 517吨、22 519吨，分别占海南省橡胶总产量的16.6%、13.0%、8.4%、11.7%、6.8%，五市县合计占比为56.6%，见表1-21。

表1-21　海南省橡胶种植分布情况

地区	年末面积 （公顷）	当年新种面积 （公顷）	收获面积 （公顷）	总产量 （吨）
海口市	11 364	17	2 758	3 622
三亚市	12 254	0	7 481	5 069
五指山市	16 138	31	10 514	9 645
文昌市	4 622	46	2 486	1 785
琼海市	35 046	153	30 330	30 521
万宁市	26 562	0	22 252	14 526
定安县	20 562	0	14 243	11 621
屯昌县	36 467	156	27 148	22 519
澄迈县	50 847	269	39 306	38 517
临高县	21 991	0	13 835	13 479
儋州市	87 084	308	65 669	54 579

（续表）

地区	年末面积 （公顷）	当年新种面积 （公顷）	收获面积 （公顷）	总产量 （吨）
东方市	9 989	2	6 198	4 884
乐东县	31 588	238	25 451	14 905
琼中县	55 912	1 441	35 636	27 650
保亭县	22 479	140	19 091	19 711
陵水县	5 352	0	4 926	3 177
白沙县	63 281	1 067	43 762	42 932
昌江县	15 360	0	10 216	11 669

数据来源：《海南省统计年鉴》。

万公顷以上槟榔种植主要集中在万宁市、琼海市、屯昌县、琼中县，2019 年种植面积分别为 18 138 公顷、16 998 公顷、14 522 公顷、13 434 公顷，分别占海南省槟榔种植面积的 15.8%、14.8%、12.6%、11.7%，四市县合计占比为 54.8%。2019 年万宁市、琼海市、屯昌县、琼中县四市县槟榔收获面积分别为 14 718 公顷、13 903 公顷、9 267 公顷、8 459 公顷，产量分别为 44 858 吨、45 074 吨、26 267 吨、24 244 吨，分别占海南省槟榔总产量的 15.6%、15.7%、9.2%、8.4%，四市县合计占比为 48.9%，见表 1-22。

表 1-22　海南省槟榔种植分布情况

地区	年末面积 （公顷）	当年新种面积 （公顷）	收获面积 （公顷）	总产量 （吨）
海口市	4 259	1 042	2 027	4 999
三亚市	5 793	0	5 289	25 356
五指山市	2 527	179	2 345	8 082
文昌市	3 999	347	2 383	10 411
琼海市	16 998	255	13 903	45 074
万宁市	18 138	0	14 718	44 858
定安县	9 689	440	6 634	25 185
屯昌县	14 522	1 249	9 267	26 267
澄迈县	5 462	287	3 884	18 639
临高县	122	3	6	98
儋州市	695	73	318	1 373
东方市	1 057	114	327	879
乐东县	5 431	100	4 522	16 419
琼中县	13 434	837	8 459	24 244
保亭县	6 905	164	5 157	22 260

（续表）

地区	年末面积 （公顷）	当年新种面积 （公顷）	收获面积 （公顷）	总产量 （吨）
陵水县	3 831	6	3 587	10 462
白沙县	2 260	459	485	2 433
昌江县	50	0	7	4

数据来源：《海南省统计年鉴》。

海南省椰子种植主要集中于文昌市、琼海市、陵水县等地，其中只有文昌市种植面积超过 10 000 公顷，2019 年文昌市椰子种植面积达 14 967 公顷，占海南省椰子种植面积的 43.4%；其次是琼海市，2019 年椰子种植面积为 6 341 公顷，占海南省椰子种植面积的 18.4%；第三是陵水县，2019 年椰子种植面积为 3 351 公顷，占海南省椰子种植面积的 9.7%。可以看出，海南作为我国椰子的主产区，其椰子种植的区域集中度很高，文昌市、琼海市、陵水县三市县的椰子种植面积就占全海南岛椰子种植面积的 71.5%。2019 年文昌市、琼海市、陵水县 3 个市县椰子收获面积分别为 11 343 公顷、5 966 公顷、3 361 公顷，产量分别为 6 346 个、6 749 个、1 969 个，分别占海南省椰子总产量的 27.4%、29.1%、8.5%，三市县合计占比为 65.0%，见表 1-23。

表 1-23　海南省椰子种植分布情况

地区	年末面积 （公顷）	当年新种面积 （公顷）	收获面积 （公顷）	总产量 （个）
海口市	1 343	34	1 053	1 009
三亚市	1 221	0	1 188	1 320
五指山市	514	8	257	101
文昌市	14 967	372	11 343	6 346
琼海市	6 341	13	5 966	6 749
万宁市	2 320	151	1 996	2 027
定安县	1 143	0	850	1 233
屯昌县	551	43	248	268
澄迈县	291	2	217	189
临高县	52	6	20	3
儋州市	240	20	82	44
东方市	134	5	124	158
乐东县	573	5	530	419
琼中县	564	43	279	198
保亭县	748	28	677	1 093

（续表）

地区	年末面积 （公顷）	当年新种面积 （公顷）	收获面积 （公顷）	总产量 （个）
陵水县	3 351	1	3 361	1 969
白沙县	56	3	34	26
昌江县	118	87	16	11

数据来源：《海南省统计年鉴》。

（二）海南特色产业加工现状

1. 热带水果深加工业发展缓慢

目前海南省热带水果加工业发展仍处于初级产品加工阶段，加工产品种类较少，加工品层次不高，很多产品仍处于小作坊的加工状态，鲜有大型热带水果加工厂。如海南的菠萝主要是巴厘种，大部分用于鲜食，少量部分加工成菠萝干及菠萝罐头，加工比例低。近年来，火龙果加工业有所发展，加工产品主要有火龙果汁、火龙果酵素，但加工需求仍相对较少。杧果加工品主要是杧果汁、杧果肉等产品。荔枝、龙眼加工量不足总产量的1%，荔枝加工品以荔枝干、荔枝罐头等，龙眼加工产品主要以龙眼干、龙眼肉、龙眼罐头、龙眼酒等为主，加工品种单一，产业附加值低。

2. 椰子加工原料供不应求

椰子浑身做加工原料，加工品主要有椰子粉、椰子糖、椰子脆片、椰子饼干、椰子油、椰雕工艺品等，目前海南椰子加工公司有359家，约有200多万人从事椰子产业相关工作，但产值过亿的椰子加工企业不超过10家，主要还是中小企业居多。椰树集团是海南省知名企业，提供了6 000多个就业岗位，企业每年生产的椰汁等一系列椰子制品，需要3亿多个椰子作为原料。由于海南椰子短缺，企业需要从越南、印度尼西亚、菲律宾、印度等国家进口椰子，年进口量占企业全部生产原料的九成以上。"春光""南国"两家公司深加工用椰子及其原料也需要从东南亚进口，进口依赖度超90%。

3. 槟榔加工停留在初加工阶段

槟榔是典型的应季水果，只有4~5个月的采收期，且极不耐贮藏，即便在低温贮藏条件下，果实颜色也会由鲜绿转为暗绿，果肉会向粗纤维转化，因此采收后需及时进行加工。但长期以来槟榔的深加工技术一直被湖南省槟榔加工企业所垄断，海南省的槟榔加工业只停留在初加工阶段，因此海南省缺乏槟榔加工业的龙头企业。加之海南省槟榔加工工厂较少，加工设备落后，槟榔产业缺乏自主品牌，不能获得充足的利润推动槟榔加工产业的深化。目前，海南省政府正通过各项措施大力发展槟榔加工业，促进槟榔的一二三产业融合，打造自主品牌，让农民与企业通过槟榔加工业的发展实现增收双赢。

4. 天然橡胶初加工业发展滞后

长期以来，海南橡胶加工业仍停留在初级阶段，加工品品类单一，科技水平不高，且受产量限制，我国天然乳胶原料长期依赖进口，往往无法掌握定价权；另一方面，目前我国未能建设国内外知名度较高的乳胶制品品牌，品牌存在小而散的现象，未能在公众视野中得到良好推广，大部分品牌市场占有率较低，并未建设成龙头企业。

目前，国内年橡胶初加工能力达 50 万吨，深加工初步完成乳胶丝、乳胶手套、乳胶床垫、乳胶枕芯等产品。将持续连接产业生产、加工、流通、消费、贸易等各环节，提升海南省橡胶产业可持续高质量发展。

第四节　中国热区乡村产业发展存在的问题

一、交通基础设施建设滞后

热区多处于老少边穷地区，长期以来，受历史、地形以及投资等诸多因素影响，交通基础建设始终处于落后状态，公路等级普遍较低，干线公路等级不高，公路网深度和密度不够，造成路网总量规模不足，结构不合理，部分地区无高速公路和一级公路，快速交通体系尚未形成。旅游景区公路通达条件差，虽然公路网体系得到进一步完善，但仅能满足通达要求，晴通雨阻的现象仍然较为普遍。落后的交通基础设施已成为制约热区发展现代综合物流、特色文化旅游、互联网+现代农业、新型工业化产业链配套对接的重大瓶颈，严重影响热区经济社会的跨越发展。

二、特色产业发展水平严重滞后

目前，多数热区特色产业发展仍停留在原始、粗放的状态，与国内大宗农产品及发达区域农业产业相比，热带农产品国内外竞争力仍然较弱，科技含量低，特色体现不足。主要表现为，一是热带农产品产业规模较小，产业组织化程度低，区域结构布局不合理，产业链较短，产业内部未能形成高效的利益联结机制，内部竞争无序化现象较为明显，各品种内部未形成合力发展。二是大多数特色农产品科技含量较低，加工能力较弱，加工产品仍停留在简单的初级加工品，且品种较少，无法满足高端市场的需求，加之品牌建设较弱，产业发展严重滞后。

三、特色产业发展投入不足

由于特色产业规模总量较大，上级财政支持相对较少，财政资金困难，加上银行贷款、项目申报、审核要求严格、程序复杂，农业产业发展仍然面临资金短缺的"瓶颈"，热带农产品往往具有前期投资成本高、投资回报慢等特点。相对于大宗农产品，热区特色农产品仍为小品种产业，国家政府对热区农产品资金投入力度相对较小，特色农产品建设所需要的资金量问题没有得到有效解决。一是农产品在前期投入需要大量的资金建设，而投资见效却很慢，种植周期长的农产品可能几年后才能见到回报，在各地方政府资金有限的情况下，通常会考虑投资其他产业。二是特色产业需要大量科研投入，这一费用往往超出了农民的承受范围，影响了产业链的延伸。三是大部分特色产业发展缺少对社会资本的吸引力，特别是对外资本的吸引力，导致部分产业长期停留在相对原始的发展阶段。

四、缺乏营销力度导致品牌不成熟

热区特色产品缺乏稳定且系统的营销策略，缺少本土品牌，在国际贸易中没有话语权，使得收购价常常受制于外企，严重损害了农户的种植利益和种植积极性。目前，"互联网+农业"的效应仍不显著，宣传机制仍不完善，一定程度上影响了公众对特色农产品的认知度。同时，国内农产品研发能力及研发成本有限，很多特色农产品未能做出强有力的品牌，未能在国内国际市场打响知名度，因此特色农产品宣传力度亟须进一步加强。

五、农村专业协会组织化程度低

我国热区农村协会普遍存在小、弱、散的现象，与"公司+协会+农户"的产业发展标准仍有一定的差距，主要表现在培训方面和质量管理不统一上。在培训中，农户对培训的内容不够重视，培训的目的多数是为了领取补贴而进行被动学习，没有认真意识到培训内容所涉及的技术和管理知识的重要性；另外，缺乏技术和勤务意识，在果园管理中不能形成统一管理，不能意识到优质产品需要通过务实的劳动，因此在产品质量中没有形成统一的质量标准。

第五节　热区乡村产业振兴案例

一、海南盛大现代农业开发有限公司名优特水果产业发展战略

1. 公司概况

海南盛大现代农业开发有限公司（简称海南盛大）在新品种引进选育方面处于国内领先地位。公司已经引进和正在选育200余种世界新兴名优热带（亚热带）水果，选育的厄瓜多尔燕窝果、墨西哥冰激凌果、澳洲手指柠檬、越南大果人心果、泰国枇杷芒、南美黄龙释迦、美国巧克力布丁柿、古巴妈咪果、中国台湾地区红宝石（水蜜）无籽番石榴等近100个新兴名优水果品种已经纷纷开始试果；公司基地示范和试验性种植新品种水果3万余株；公司基地年培育优良新品种苗木50万余株。

2. 资源禀赋情况

海南农业产业发展优势有：首先，海南全省都属于热区，拥有国内其他省份无法比拟的光热条件；其次，海南毗邻东南亚，是国家"一带一路"倡议支点，是著名侨乡，在28个国家有侨民，地缘优势显著；另外，海南是全国最大的经济特区，全国唯一的全岛建设自由贸易港（区），农业产业发展具有政策红利；最后，海南旅游资源丰富，冬季气候宜人，自然风景秀丽，拥有博鳌亚洲论坛、三亚南山寺、蜈支洲岛、亚龙湾等国内知名景区，吸引了大量游客、候鸟，为农旅结合奠定了基础。海南省农业产业发展

劣势主要有：一是国土面积小，仅 3.54 万平方千米，人均土地面积小，土地碎片化现象严重，导致土地流转难，限制了海南走规模化、集约化大农业道路。二是由于农业规模小，以及东南亚各国初级农产品原出口政策的收紧，农产品加工业缺乏稳定的原材料来源，限制了农产品加工业的发展。

3. 主要措施

海南农业产业对内面临广西、广东、云南等热作大省的竞争，对外面临东南亚各国竞争，海南农业如何在夹缝中求生存，海南盛大进行了有益的探索。立足海南资源禀赋，挖掘产业发展优势，避开农业产业发展的短板，走高效特色农业产业发展道路，海南盛大充分利用地缘优势、光热条件、政策优势和旅游资源优势，探索了一个集种植、观光、品种引进培育为一体的农业综合体。

（1）模式创新

一方面是世界珍稀优质的水果品种的引进和培育，另一方面是通过产业化示范基地建设的模式，为珍稀水果品种的推广奠定了基础。现在公司已经引进了 400 个品类 1 000 多个热带水果，10 个品种进行了产业化种植，可以为海南、全国乃至"一带一路"国家提供优质的世界热带水果品种。同时，"品种培育+产业化"的模式打通了育种、种植、市场全产业链，给种植户、种植企业起到了试验示范的作用。

（2）精准定位高端市场

生产的水果主要供给北上广一线城市。珍稀品种的高附加值很好地弥补了海南省规模化农业产业发展条件的不足，同时也回避了海南农业加工业发展不足的短板，以及海南往内地运输高运输成本的问题。以冬季瓜菜为例，随着海南人工成本以及往内地运输的成本上升，广东、云南的冬季瓜菜，以及内地大棚蔬菜的发展，海南冬季瓜菜的竞争优势在减弱。而高端珍稀水果市场消费群体较狭窄，不太可能大规模种植，而且充分发挥了海南独有的光热条件。高附加值水果主要通过空运规避了海南运输成本高的不利因素，即便是华南地区种植业也需要空运，所以运输成本和运输时效都成为产业发展的制约因素。

（3）选择差异化路线，避免了同质化竞争

为了避免与华南热区的同质化竞争，海南在规模化、集约化上相比较华南地区不具备优势，品种方面较依赖台湾，只能在夹缝中求得生存。走精细化农业道路，种植高附加值的热带水果成为首选。其次通过品种的引进，打破对台湾品种的依赖，避免与之同质化，为产业发展进行差异化精细定位，为海南特色农业产业发展提供品种资源。海南盛大公司瞄准高端水果市场，走差异化的路线，引进、培育、种植一大批世界新兴名优热带（亚热带）水果，通过空运供应北上广深客户。

（4）顺应了国家和海南省政府发展需求

琼海市国家首批 10 个农业对外交流合作试验区之一，国内非常需要对外交流合作的企业和项目，盛大公司的珍稀品种的培育和引进切合了国家大的战略需求。盛大公司的水果基地已经成为"世界热带水果优良品种引进与示范基地"，被海南省列入 2018 年海南省共享农庄试点单位，是正在建设博鳌亚洲论坛农业外交基地的一部分，为争取政府的帮扶奠定了基础。自贸区（港）政策利好，不仅可以让品种引进审批更加便利化，也为下一步开拓国际市场提供了便利条件。

（5）发挥旅游资源优势，走农旅结合三产融合的道路

海南博鳌是世界看中国的窗口，也是中国与世界交流的窗口。海南旅游资源丰富，琼海作为博鳌亚洲论坛所在地，拥有红色娘子军、谭门海港、中国南海博物馆、玉带滩等一批优质的旅游资源。盛大公司把农业产业与旅游休闲观光、休闲体验相结合，不再是单一农业产业，为公司多元化盈利奠定了基础。

（6）注重在各类平台的宣传

①在传统媒体和新媒体的宣传。海南盛大建设了公司网站，经营"世界热带水果之窗"公众号，在中央一套晚间新闻、人民网海南频道、海南日报、南海网、腾讯网等网络媒体接受视频采访、文字报道 100 余次；②建设各类基地、园区、试点单位平台助力宣传。海南盛大农业自成立之始，把企业的发展与政府重点发展需求相结合，于2020 年成功入选海南省现代农业产业园，被确定为海南省农业对外交流中心共建基地、海南省共享农庄试点单位、海南省科普示范基地、琼海市特色产业扶贫基地和琼海市重点项目。通过基地、园区、试点单位平台宣传推荐自身，同时借助接待农业农村部、商务部、海南省政府、海南省农业厅、琼海市政府等各级领导视察调研频频在各大主流媒体曝光，广泛宣传推介公司的经营理念、模式、目标，增加公司美誉度，提升影响力，获取各级政府的支持。③通过参加各类展会向世界推荐公司产品。通过参加中国国际热带农产品交易会等会展，加强与业内的联系，把公司的产品面向国际客商推介，扩大影响力；现已与泰国、越南、柬埔寨建立了合作关系，出口各类苗木。

（7）加强与科研院所联合攻关

与中国热带农业科学院、海南省农垦等科研企事业单位互动交流较多，还聘请了一名台湾水果研究所的科研人员做公司的副总。借助外力，形成合力，加强了公司的研究实力。

（8）注重品牌建设

公司自成立以来，非常注重品牌建设和营销，注册了 28 个商标，2019 年 10 个，2020 年 8 个。不断借助各类宣传平台、政府部门考察、网络电商进行推介自身品牌。

（9）三产融合策略

海南盛大公司旗下的海南世界名优花果示范基地集农业、科研和观光旅游于一体，每年接待科研考察、政府部门调研、旅游观光，把农业与旅游相结合，促进一二三产业融合，同时成为海南省农业厅农业对外交流合作中心合作挂牌的"世界热带水果优良品种引进与示范基地"。

（10）优势产业带培育策略

专注于发展和培育新兴高端名优水果产业，带动海南省农业产业升级。

4. 主要成效

2015 年，海南盛大公司成立，历经 5 年时间，建成基地 300 亩，年产值 2 000 万元。下辖的琼海名优花果观光种植农民专业合作社，采用扶贫资金入股的方式，把 71户贫困户纳入合作社，解决 50 多名村民的务工问题，其中 3 个贫困户实现了稳定就业。近两年累计培育和推广特色水果苗木 450 万余株，已在省内推广高端特色水果种植 1.5

万余亩，面向泰国、越南、柬埔寨等"一带一路"沿线国家对外合作输出种苗约 2 000 亩，做好新品种选育和推广的同时，累计完成妈咪果、冰淇淋果、黄金果等水果新品种示范种植 1 000 余亩，其中手指柠檬已形成亚洲最大种植供应基地，并入选海南省热作标准示范产业园，已被列入海南省农业农村厅重点出口扶持产品。

启示：①充分发挥资源优势。海南盛大充分发挥了海南琼海的资源禀赋优势，自然光热条件好、旅游资源丰富、毗邻东南亚区位优势，并依托结合独有的优势，发展特色名特稀优的热带水果，抢抓机遇占领国内高端热带水果市场。②善于借助平台、建设平台宣传推荐自身。既能潜心做产品，又能抢抓各类机会进行产品宣传，是海南盛大农业做大做强、吸引各方关注支持的重要原因。

二、海南石山互联网农业小镇"1+2+N"模式

1. 小镇概况

海南石山互联网农业小镇是全国首个智慧农业小镇，采取了"互联网+农业+旅游"模式，通过互联网把农业和旅游链接起来。它是采用"互联网+"的理念、思维和技术，以"1+2+N"（"1"指一个互联网农业综合平台，"2"指运营管控中心和大数据中心，"N"指若干个企业、机构和农户）的运营模式贯穿农业生产、经营、管理以及服务全产业链而打造的一个新型的农业小镇。

2. 资源禀赋情况

石山镇旅游资源丰富，拥有火山口遗迹群和溶洞群等丰富自然风光资源，其中 4A 旅游景点有 3 个。同时，还拥有丰富的人文景观，涵盖道教南宗五世祖、宋代石塔遗迹、迈宝仙井、修邱公楼、李氏古墓群等名胜古迹。区位优势显著，距离海口市行政中心 11 千米，距离美兰国际机场 36 千米，东西方向高速贯通，北接火山口大道，西连西海岸带状公园，属于海口经济核心辐射带重要枢纽。

3. 主要措施

（1）注重整体规划，协同发展

一是注重产业间协调发展。产业发展，规划先行。把石山农业产业发展作为一个整体来进行规划，按照"镇的建制、城的功能、市的职能"，制定了《石山互联网农业小镇和旅游名镇总体建设方案》《石山互联网农业小镇农业产业发展规划》《石山镇区旅游化改造策划方案》，即"一规划两方案"，厘清了工作思路、发展定位和目标任务。发挥石山镇的近郊区位优势、火山地理资源优势、特色农业产品品种优势、互联网小镇优势等，编制石山镇农业产业发展规划，统筹考虑自然景观、特色产业、历史文化资源，把农业产业置于景观中，在景观中再现特色民俗文化，把观光、休闲、农业体验、互联网、生态环境、相互融合，相互协调促进。通过石山镇农业产业发展，谋划引进石斛、诺丽果、黑豆、辣木等特色优质农产品和黑山羊、小黄牛等畜品种；谋划建设 10 个互联网生产示范基地。二是注重产业集群培育，发挥产业集聚效应。把火山口地质公园、石山镇墟、美社美丽乡村、石斛观光园、开心农场、互联网火山民宿、人民骑兵营、昌道乡村文创旅游社区、火山大道等一系列景观像珍珠一样串起来，并与火山口 5A 景区融合，打造火山风情旅游带，让游客留得住、有的玩、有的看，打破以往单一

景点，缺乏配套设施，人流量大但是消费量小的空有热闹的场面。

（2）注重借火山口旅游资源口碑，打造"泛石山"区域品牌

火山风情旅游带，具有丰富的火山资源，生态环境好，游客云集。利用火山风情旅游带的美誉度，采取"泛石山"的概念，把火山风情旅游带美誉度嫁接到农产品上，打造一批名优产品。把农产品覆盖到全域，建立农产品质量溯源管理系统，对农资、生产、加工、销售全产业链监管，确保农产品质量安全。

（3）注重火山口农耕文化挖掘，同时利用海口优质旅游资源拓展文化，赋予石山新的文化内涵

火山口农耕历史悠久，舂米、水缸、榨油坊、石屋等独具火山特色，吸引中外游客探寻。挖掘乡村乡贤文化、白玉蟾历史和传统八音文化，并拓展新时期的文化内涵。石山独特的地质条件培育了农业产品富硒元素。把农业产业和火山文化结合起来，挖掘农业产业的文化价值和内涵，把农业产业打造成农业文化的展示和传承载体。火山口农业产业一方面具有传统的产品价值，另一方面因为赋予了文化内涵，提升了农业产业的附加值。通过举办"海口火山口自行车文化节"将石山互联网小镇和旅游、自行车运动融合发展，拓展石山文化新内涵。

（4）注重发展农业产业与建设生态文明相结合

践行习近平总书记"绿水青山，就是金山银山"，通过"双创""八抓八整治"等专项工作，推进生态文明建设，打造生态文明示范镇，美化乡村环境，完善基础设施，不但提升了生态环境，同时为农旅结合奠定了生态环境基础，不单是建设好生态环境，还要向生态环境要效益。

（5）注重互联技术在农业产业各个领域使用，改变千百年沿袭的传统种植方式

拓展互联网，拓展销售渠道。建设了"1个镇级运营中心+10个村级"服务中心，建设了115个基站覆盖全镇，光纤入户3 290户。在完善的基础设施情况下，把互联网技术嵌入到农业产业全产业链，为农业产业各个环节提供全方位信息服务。通过互联网减少销售中间环节，带动农业订单。在生产方面，设置种植基地监控，对农产品进行品质监管，建设智能灌溉系统，实施精准施肥。在市场销售方面，将线上和线下体验相结合，通过线上社团、微信营销等方式吸引顾客体验，通过微信、微店等互联网模式销售。通过"互联网+农家乐"采摘的模式，提升农业产业的附加值。

（6）注重创业创新平台建设，吸引创新创业人才，培育新型职业农民

人才是石山互联网小镇发展最核心要素，石山镇采取筑巢引凤的办法，通过搭建石山互联网农业小镇青年创业中心、火山口众创咖啡厅、美社咖啡屋等一批创业创新平台，吸引了一大批敢想敢干敢闯的青年大学生返乡创业。同时采取引陪相结合的方式，在吸引返乡青年大学生创新创业之外，积极培育新型职业农民。

（7）注重农旅结合，推进三产融合

石山拥有火山口地质公园、古村落游、特色民宿等丰富的特色旅游资源，坐落在海口近郊区位优势显著，拥有石山黑豆、火山口荔枝、石山壅羊、石斛等众多特色农业资源。把农业资源和旅游资源相互结合，建设火山石斛园、壅羊公社等休闲农业示范点。通过骑马、民俗文化展演等活动，推进旅游、文化、农业的深度融合。打造人民骑兵

营、美社咖啡屋、火山石坞、雅秀学堂等一批特色民宿产业。促进文旅、农旅结合，推进三产融合。

4. 主要成效

石山互联网农业小镇自 2015 年 6 月开始启动建设，是"一带一路"农展馆落户地，是海南省首个互联网小镇。现在基本实现了 4G 网络到村、光纤宽带到户、重点区域 WiFi 全覆盖，将互联网全面嵌入农民生产生活。通过建设火山石斛、火山富硒荔枝王等 6 个产业园区，打造"火山公社"电商平台，带动农产品销售，近两年来销售额均超过 2 亿元。石山互联网农业小镇的展销合作交流平台影响力不断扩大，互联网经济效益初步显现。小镇的建设先后受到农业农村部、海南省政府、海口市政府以及社会各界广泛好评，被农业农村部领导确定为打造"海南韵味"中国知名的互联网农业小镇，被央视新闻频道《新闻直播间》栏目报道。

三、海南五指山水满乡徐家农家乐多元化乡村发展模式——"农旅+林下经济+庭院经济"

1. 农家乐概况

水满乡徐家建设了一个占地面积约 500 平方米的庭院，靠山面水，坐落在五指山脚下，是景区与市区的必经之地，庭院之后是自家的 30 亩山地。徐家在淡季以种养殖为主，山上发展复合型的林下经济，种植槟榔树，套种茶树，林下养殖鸡鸭鹅。在旅游旺季从事农家乐，有包房 5 间，有一个 200 平方米的露天百香果庭院，一个 250 平方米大棚，周边种植香蕉，庭院内的水果供食客亲子采摘，天气好的时候可以在百香果园边观赏自然风光边享用美食。徐家农家乐以自养自种的农家菜为主，主打健康、有机、绿色品牌。劳动力以自家劳动力为主，旺季的时候会聘请厨师和帮厨的小工。

2. 资源禀赋情况

五指山市农业产业资源优势和劣势都相对显著。

优势：①旅游资源丰富。五指山水满乡位于五指山风景区，景色优美，气候宜人，秀丽的自然风光带来大量的游客，旅游给当地农业产业发展带来人气，具备了发展农家乐所需的人流量条件。②适宜茶叶生产的生态环境。海南各地年平均气温是 22.4～25.6℃，五指山年平均气温 22.4℃，五指山相较于周边城市具有显著的小气候特征，具有山区气候，常年气温比较低，昼夜温差较大，适宜茶叶生长。③区位优势。水满乡坐落在五指山脚下，位于五指山市东北部，距五指山市区 34 千米，距海榆中线路 8 千米。拥有海南五指山国际度假寨和水满园，有水满上、下黎族风情村、五指山观山点、热带雨林栈道、毛阳河漂流等旅游景点，每年吸引国内外 6 万人游客。④气候资源优势。水满乡属热带气候，冬无严寒，夏无酷暑，气候宜人，年平均气温 20.50℃，年昼夜温差较大，差 10℃ 左右，热量较低，雨量充沛，阳光充足，年降水量度 800～2 300 毫米，并且降雨有明显的季节性。5—11 月为雨季，相对湿度 84%，平均日照 2 000 小时左右，常风小，台风威胁不大。山高林密空气清新，常年笼罩在云雾之中，所以非常适合茶叶生长，这里最有名的特产就是当地茶叶，水满茶是海南名茶之一。

劣势：耕地少山地多。主要是五指山地形以高山和丘陵为主，山多田少，有"九分山、半分水、半分地"的说法，农村人均耕地面积仅 0.72 亩。

3. 主要措施

（1）走农旅结合路，构建现代都市人向往的农家庭院

庭院经济具备现代人向往的田园生活要素，它把庭院景色、自然风光、农耕文化和农家食材等各种田园生活的元素融合在一起，营造了一种田园生活模式，把城市人对田园生活的向往具体化并付诸实践。有山、有水、有庭院，闲时养鸡喂鸭，忙时采茶种菜，这种生活不单是有田园景色，还有田园的物化情景，吸引了城市人融入其中，把景色和生活模式变成吸引顾客的资源，转化成实际的经济效益。水满乡徐家发挥资源禀赋优势，美化环境，营造传统的庭院经济模式，房子依山傍水而建，入户是香蕉、木瓜等景观树，庭院中央是百香果架子，挂满了百香果。果实既是景观，又可以让游客免费体验采摘，吸引了大量带小孩的游客驻步。

（2）发展林禽、林茶、林菜等林下经济，让徐家经济收入多元化

庭院之后是自家的一座小山，占地约 30 余亩。山上种植槟榔树，因为常年温度不足（受小气候影响），槟榔树开花不结果。槟榔树下种植水满乡茶叶，槟榔树给茶叶提供一定遮阴度。茶叶下是放养的鸡鸭，饭店剩饭是鸡鸭的饲料，鸡鸭又是自己农家乐的主打肉菜，这是健康的种养殖模式，是亲眼可见的绿色健康形式，果蔬都在自家院子里种植，只有少量食材需要在外采购。新鲜健康的食材、农家庭院风光、立体农业模式，使顾客在享受了五指山的风景之后，又能回归到田园生活，对孩子有吸引力，大人也能在享受农家美食的同时，感觉健康放心。

（3）复合型的家庭农场模式，使家庭劳动力得到最优配置

从时间序列上看，茶叶、蔬菜、水果、畜禽的种养殖与饭馆的经营季节不一样，农事错开繁忙期，农事与饭馆也有序错开，家庭农场的劳动力一年四季都有事可干，不至于过忙或者过闲。从劳动力雇用上看，农家乐只在旅游旺季雇用厨师或帮厨，闲时雇用人各自投入自己的农业生产中，对于雇主来说不用长期雇人节约了成本，对于受雇人员来说闲的时候可以兼顾自家农活，对雇用双方来说都得到了效益最大化。

4. 主要成效

徐家茶叶种植相对粗放，每年茶叶收益 15 万元左右，受市场价格影响会有所波动。徐家农家乐食材主要为自产自销的蔬菜和肉禽，味美价平，健康绿色，形成了一定的品牌效益，客流量较为稳定，每年的收益也大约在 15 万元。徐家全年收益超过 30 万元，致力于打造绿色有机的农家乐品牌，形成了小庭院的内循环农业种养模式，走出了一条"农旅结合+林下经济+庭院经济"复合型多元化的农业发展之路。

四、我国台湾地区"精致农业"发展模式

1. 农业概况

我国台湾地区地处北纬 21°~25°，是典型的热带气候地区。农业在台湾地区经济中占有重要地位，奠定了台湾地区经济腾飞的基础，自 20 世纪 60 年代末期，农业在经济中的占比下降，成为三大产业中最小的部门。1984 年，台湾地区提出发展"精致农业"，进行以"经营方式的细腻化、生产技术的科学化以及产品品质的高级化"为特征

的农业生产。1990 年，台湾地区提出"农业零成长"口号，农业发展重点转向发展新的优良农产品，提高农产品品质，如开发与推广优质米，开发多产期与高价值水果等。台湾地区的"精致农业"对发展农业现代化有着值得学习和借鉴的经验。

2. 资源禀赋情况

台湾地区地少人多，山地多耕地少，从资源禀赋的角度来看难以发展规模化的大农业模式，台湾地区选择了一条小而精的发展道路，即"精致农业"。

3. 主要措施

台湾地区"精致农业"首重文化和创意，主要是通过文化和创意去改造传统农业，拓展传统农业功能，从而引导"生产、生活与生态"的有机结合，推进农业农村产业转型升级，具体到实践有如下措施。

（1）推进一二三产业融合

台湾地区农业受限于土地资源条件，无法走规模农业发展之路，唯有另辟蹊径，转而考虑农业融合发展和多元发展。台湾地区把自然生态环境、农业农村农事体验、特色民俗民宿、本土文化相互结合起来，打造田园综合体，发展休闲农业，赋予农业休闲、娱乐、教育、文化内涵，开发农业的附加值。农产品不再是唯一的获利渠道，甚至不是主要的获利渠道，不追求单一的高产目标。农业不再是单一的产业，它已演变成兼具多功能的综合体。让农业产业包含文化、产业、创意 3 个元素，打造主题鲜明、富有特色、富有创意的区域品牌，增加农业产业附加值。

（2）注重发展精深加工

台湾地区 2/3 面积为山地，人均土地面积小，土地呈碎片化。避开土地面积规模小的短处，注重精细管理，富有匠人精神，把产品融入创意，提升品种，摒弃以量取胜和以价取胜的道路，走以质取胜，以特色取胜。例如，茶叶在种植品质、加工、包装上下功夫，出精品茶。

（3）注重农业科技支撑作用

台湾地区的农业科技贡献率高达 60%，名列世界前茅。科研机构开发新技术、新品种，开发适合当地地形的播种、灌溉、施肥、收获设施及设备，支撑农业产业从数量向优质方向发展。20 世纪 60—80 年代引入水果 167 个种类，676 个品种。设立了专业负责种植资源的机构，2005 年颁布实施了"植物品种与种苗法"。台湾地区现有各种热带水果 248 种，规模种植 20 多种。注重技术的研发和推广，台湾地区注重农业科技发展，向科研院所、企业等投入充裕的经费，通过政府补贴支持改良。

（4）注重培育社会组织

台湾地区与内地一样具有很多小农户，但是其社会化组织发展较为完善，尤其是农会体系发展充分。台湾地区的"农会"设有"省、市县、乡镇三级"，数量超过 300 家，会员覆盖了 60% 以上的农户。"农会"在台湾地区农业中具有重要的作用，把小而散的农户凝聚起来，从种植技术、品种推广等方面给予指导。在市场销售方面，通过办超市、批发市场帮助农户销售。

（5）注重农产品结构的调整

划分农产品优势区域，采取类似大陆"一村一品"的策略，强调区域布局和"一乡一品",各个区域重点扶持 1~3 个品种,突出地域特色;优化农产品品种结构,以水果为例,通过嫁接或改植等措施,合理搭配不同成熟期品种结构,调整鲜食和加工品种比例。

4. 主要成效

我国台湾地区的农业竞争力世界排名第六位。精致农业取得了良好的社会、经济和生态效益,是现代农业转型的典范。

五、广东农垦集团公司"走出去"

1. 公司概况

广东省农垦集团公司(农垦总局)前身是华南垦殖局,系中央直属垦区,现有土地面积 342.55 万亩,总人口 38.93 万人,下辖 5 个二级农垦集团公司(农垦局),47 家国有农场,全系统共有企业 292 家,分布在广东省内 33 个县(市、区)和北京、山东、海南、云南、安徽、广西,以及泰国、新加坡、柬埔寨、老挝、印度尼西亚、贝宁等国家。同时,拥有职业教育、医疗卫生、科研等事业单位 84 家。

2. 主要措施

天然橡胶产业属于资源约束型产业,我国受适宜种植土地少、人力成本高、橡胶价格低迷等不利因素影响,国内天然橡胶种植面积总体萎缩。我国是世界最大的天然橡胶消费国,自给率约 20%,而国际产胶大国也在积极推进橡胶加工业的发展,限制原材料的出口,基于天然橡胶战略物资安全的考虑,我国天然橡胶有迫切的走出去需求。广东农垦历经 70 年的发展,天然橡胶是其立身之本,本身具有组织、科技、资金等各方面优势。东南亚新兴市场国家也出台了吸引农业投资的政策,而且具有土地、人力成本较低的优势。广东农垦基于优势互补,服务国家战略,开始了走农业走出去道路。广东农垦农业走出去之所以取得成功,有以下几个方面的经验。

(1)顺应了各方需求

随着经济全球化,国内外市场深度融合,广东农垦意识到发展现代农业必须利用国内外两种资源,开发国内外两个市场。从国家需求看,广东农垦坚持服务国家"一带一路"倡议,服务保障天然橡胶生产保障需求,服务国家外交大局;从目标国的需求看,广东农垦坚持选择与自身能够优势互补的产业,例如天然橡胶,在目标国社会经济发展框架下,采取共赢的方式开展合作;从自身发展需求看,坚守农垦农业主导优势产业对外延伸的经营战略。通过厘清各方需求,在宏观策略上确保"走得准"。

(2)充分调研论证和突出重点

在筛选目标国时,广东农垦充分开展调研活动,广泛收集目标国的政治、经济、社会、生产等国情,摸清目标国的投资政策、投资条件、市场前景和合作伙伴的信誉情况等,从中遴选适宜的投资对象。在投资项目实施前,在充分调研的基础上,制定中长期规划、发展目标等,选取合作基础较好的东盟国家作为战略目标国,提出了"低调进入、先易后难、务实推进、早见成效"的总方针。在投资项目实施时,反复论证和商务谈判,借助国际金融、财务、规划等专家评估项目,严格开展市场调查,充分听取驻外使领馆、经商处的意见。借助普华永道等国际知名的咨询公司进行项目尽职调查报告。

（3）循序渐进，选取容易突破的点

广东农垦在投资区域遴选方面，遵循以下几个原则：①与我国外交关系较好、政治稳定；②选择与农垦优势产业有互补性的国家；③先主要产胶国，后次要产胶国；先投入加工业，后发展种植业；先控有现存资源，后开发未来资源。总体遵循先易后难，先选择容易突破的点和国家，往后再逐步拓展产业链。

（4）培育复合型人才和目标国人才"本土化"并举

广东农垦10多年来经营海外，培育了一支高素质外经人才队伍，他们熟悉所在国的法律政策和风土人情，能够用当地语言交流，热爱农垦事业，他们是广东农垦海外事业的核心力量。同时，广东农垦在海外实行人才"本土化"策略，通过海外优秀员工培训，评选优秀员工，让95%以上管理人员实现本土化，甚至担任高管岗位。

3. 主要成效

2005年，广东农垦开始实施"走出去"措施，开展国际农业合作，推动优势产业对外延伸。现已在泰国、马来西亚、柬埔寨、老挝、缅甸、印度尼西亚、新加坡共7个国家发展产业，在海外拥有250多家企业，海外经营热作产业面积约200万亩，成为总资产超过300亿元的跨国集团。2016年，广东农垦收购全球第三大天然橡胶企业泰国泰华树胶公司，天然橡胶加工能力达150万吨，橡胶规划种植面积达10万亩，建成了全球最大的天然橡胶全产业链经营企业，实现了在"海外再造一个广东农垦"。

第六节　热区乡村产业振兴对策建议

一、破解热作产业"小散弱"的建议

1. 完善热区农业基础设施，提高热区农业机械化水平

热区光热条件好，给热区带来了丰富的物种，适宜作物生长的自然环境，例如水稻可以一年三造。但光热条件好也带来了农产品收储、运输、保鲜等方面难题，热区农产品难以存储，运输途中容易损耗。我国热区水果的损耗率20%~30%，而一些发达国家水果的损耗率一般在5%~25%。发达国家的主要做法是在农场配置有流水线式的采摘、分级、冷藏等更为完善的基础设施，在运输过程中有一整套冷链物流设施，基础设置投资数额大，但是回报率高，回报周期长，发达国家农业往往是通过政府补贴的形式来建设。下一步通过政府补贴的形式，建设冷链物流、智慧农业等热区农业基础设置，减低农产品损耗率，这是发展热区高效农业的基础性工作。

我国"两减免、三补贴"中就包含大型农机具购置补贴，旨在推进农业机械化，提高农业生产力。但热区多属丘陵地区，山地多耕地少，农业机械化程度低。随着我国经济的发展，人工土地成本逐年上涨，我国热区农业与东南亚各国的比较优势在下滑，提高热区农业机械化水平是热区农业竞争力提升的主要举措。热区农业机械化受限于热区独特的地形地貌特征，需要发展适用于丘陵或山区的小型机械，需要从源头上加大热

区山地农业机械的研发投入。

2. 发展适度规模效应，促进热带作物适度规模经营

土地零星、不成规模是热作产业发展的制约因素之一，通过政策鼓励引导热区土地流转，向适度规模方向发展。热区（未统计台湾，下同）人口2.1亿人，热区国土面积48万平方千米，人均耕地面积少，云南、贵州、广西、海南、四川、西藏、湖南、福建、广东分别为2.06亩、1.67亩、1.31亩、1.27亩、1.23亩、1.02亩、0.9亩、0.55亩、0.39亩，在中国大陆31个省（市、区）中位列第7、第9、第16、第19、第20、第23、第24、第27、第29位。热区受限于地理条件，很难实行像美国、我国东北那样的大农业生产模式。过于零散、碎片化的经营，导致农业生产规模不经济。规模经济理论认为通过一定的经济规模形成的产业链的完整性、资源配置与再生效率的提高带来的企业边际效益的增加。热区过于零散的土地经营模式，难以达到规模效应，会影响土地改良、设施改善、技术改进等，适度通过政策引导土地流转，实行适度规模可以在技术、资金、品牌建设、市场营销等方面发挥显著优势。

3. 培育社会化服务组织

以日本为例，其同样面临人多地少、土地碎片化的问题，但其社会化组织发展充分，农协为农户提供全方面的保障，包括生产到生活，从摇篮到坟墓的社会化服务。具体而言，小农户可以从农协获得供销经营服务、信用贷款、金融保险和技术推广等各项社会服务。农户从产前、产中的种植管理，到产后的销售、分级包装、运输都可以获得帮助。虽然日本仍以小农为主，但是以农协这样的社会组织为纽带，把小农户连接在一起，起到了各项生产要素的集聚效应，一定程度上也弥补了规模不经济。此外，小农户虽然是零散经营户，但是通过协会获得各类所需的服务，能够专注提升农产品的品种，发展精品农业，一定程度上也形成了规模效益。我国台湾地区"农会"也具有类似的功能，台湾地区也凭借此项优势发展了精致农业。实际上，日本和我国台湾地区的农业发展模式在这个方面有异曲同工之妙。我国热区同样具有人均土地少、土地碎片化的特征，存在显著的规模不经济，补齐规模小的短板需要借助发展社会化组织。我国热区社会化组织的发展要相对滞后，我国社会化组织主要采取组建合作社，但我国热区合作社整体覆盖率不高，组织活跃程度不高，不少地方出现一些僵尸社，未曾真正发挥合作社的作用。因此，①要大力提高热区农业组织化程度，鼓励建立合作社、协会等农业合作组织，提高农业合作组织的覆盖率，引导社会组织参与并提供技术服务、农资供应、农机服务、生产服务及市场销售等各项社会服务，使得各类生产要素达到集聚效应。②加强涉农社会组织建设，建立社会化服务体系，积极培育热区农产品批发市场，完善交易场所，培育一批高素质的热区农业交易经纪人，扶持和培育各类中介组织，提高农户进入市场的组织化程度。③加强对扶持的社会组织的政策引导，资金支持，并加强对社会组织的考核。例如对合作社的资金支持不应单单依据合作社前期的基础，同时应该对合作社后期活跃度、辐射带动能力等进行考核，并以此作为下一轮补贴的资助依据。通过政策、资金、考核制度等激活合作社的活跃程度，拓宽合作社的覆盖面，让合作社的功能从虚转为实，一方面可以形成适度的规模效益，同时可以解决热区农产品损耗大的问题，通过社会组织解决冷链物流、资金、销售等问题。④提高热区农业信息化程度。充分利用研究机构、企业、资深经纪人等研究力量，充分利用权威门户网站、微信公众号、微博、抖音等现代化的信息技术和传播平台，为热区农业生产、加工、流动环节的经营主体提供及时、精确的市场信息，引导热区农业产业生产发展和机构调整，促进热区农户增收和农业发展。

4. 延伸产业链发展深加工

我国热区面积48万平方千米，热作农产品总体规模小，调研发现很多热区农产品的加工存在原料不足的情况，加工企业生产线开工不足，需要从东南亚等热区国家进口，随着东南亚国家对初级农产品出口的限制，原材料不足的问题将进一步凸显，初加工限于国内种植面积难以成规模，以及国内的政策限制，将来往海外布局初加工更为切合实际。反观国内，利用国内深加工技术的比较优势，发展深加工，一是限于热作农产品材料的限制现实；二是与东盟国家差异化的市场定位；三是深加工更能提升农产品的附加值。

5. 利用好热区政策

从宏观政策上看，自贸港政策、"一带一路"倡议、中国—东盟自由贸易区、中非全面战略合作伙伴关系等一些国家战略的实施，给中国热区农业走出去提供了政策支撑和利好。热区11个省（区），其中海南、广西、广东、云南、西藏等省（区）具有毗邻东南亚的优势，福建、海南、广东、广西具有临海优势。中国热区仅有53.8万平方千米，世界热区有5 300多万平方千米。中国热区可谓集地缘优势和口岸优势于一体，具有农业走出去的天然优势。中国热区也有土地面积小的制约因素，土地面积小，产业规模不大，加工业发展面临原料不足。海南也是农业农村部首批划定的农业走出去示范园区，顶益绿洲在柬埔寨投资万亩用于农业生产。我国具有较东南亚国家的农业技术比较优势，东南亚国家具有土地、人工成本低，光热条件比我国热区更好的优势，所以农业走出去有一定优势，在综合评估各国投资环境、政策、经济等因素之后，可以引导农业企业走出去，一方面可以与东南亚国家实现优势互补，增强合作交流；另一方面也可以弥补我国热区加工企业原材料不足；此外，热带农业引进来也是一个重要方面，实现国内外两种资源和两个市场优势互补。

6. 完善热区农村金融市场

热区中海南、广西、福建、云南、西藏人均GDP为62 447元，低于全国平均水平（13.52%），是制约热区产业发展的重要因素，需要加大对热区农村金融的支持。

7. 完善农业保险政策

热区海南、广东、广西、福建等省（区）邻海，自然灾害特别是台风灾害较多。整个热区受灾害洪涝、干旱、台风、寒灾、山洪等各类灾害侵扰。农业产业发展靠天吃饭，需要发展农业保险政策为农业产业保驾护航。

8. 发挥中国热区种质资源优势

做强南繁产业，建成世界种植资源科技创新中心。我国热区种质资源丰富，每年有7 000人来海南进行南繁育种，我国70%新品种历经了南繁的洗礼，拥有一支数量庞大、创新能力强的南繁科技队伍。

9. 热区乡村产业振兴需要吸引"领头雁"回归和培育新型职业农民

随着城市化的进程，大批量的农村青壮年劳动力进城务工，热区乡村产业经营主体出现老龄化（妇女比例超过一半），热区乡村产业失去人才支撑。第一，要通过政策引导，吸引乡村能人、贤人回流，吸引退伍军人、大中专毕业生及科技人员返乡。他们具备加强的综合能力，又熟悉农村情况，还具有乡土情怀，让他们做乡村产业发展的"领头雁"，引领乡村产业发展。2020年6月，多部委联合印发了《关于深入实施农村创新创业带头人培育行动的意见》，出台了一系列政策来加速乡土人才回归，实现培育农村创新创业带头人100万名。第二，要着眼于培育新型职业农民。现代农业对从业人员的科技素质要求越来越高，需要培育懂农业生产、管理、市场影响的复合型农业从业人员。需要加强对新型职业农民的培育，从技术、管理、理念上提升农业从业人员的素质。第三，要建立一套完整的农技推广体系，提升农技服务的效率。现代农业技术日新月异，需要培育农户竞争意识、市场意识，这是一项久久为功的事业，需要形成长效机制。

二、打造热作产业知名品牌

热区农产品品牌存在数量少、初级产品多、精深加工产品少、区域发展不平衡等问题，表现为品牌知名度不高、市场竞争力不足。培育热作产业品牌需从以下方面着手：①培育龙头企业。龙头企业兼具规模、资金、技术等方面优势，是农业品牌缔造者、维护者以及运营者，小农户、合作社限于各方面条件难以承担品牌建设重任。②完善农产品质量标准体系，现有热区农产品质量标准存在数量少、标准技术含量低、缺少全过程质量标准、未与国际接轨等问题，通过标准化的建设，提升农产品质量。要推进热作产业标准化建设，对热作产业产前、产中、产后的统筹建设标准化体系。建设标准化示范园区，开办培训班，通过试验示范和培训的方式，推广标准化生产技术和操作规范，确保热作产业的标准化生产，保障农产品质量。③加强品牌农产品支持和保护。需要加大政府对农业品牌的公共投入，加大扶持性政策支持。④提高信息化服务水平。通过全产业链的质量溯源等信息技术，确保农产品质量安全。需要培育龙头企业，培育产、供、加、销为一体的龙头企业。以龙头企业带动周边农户、企业形成集聚效应。以龙头企业带动精深加工行业，带动区域品牌建设。

三、增加农业产业附加值

从国内竞争角度看，热区农业与大农业相比，在规模效益上不具备优势；从国际角度看，我国热区与东南亚、非洲热区国家相比，土地、人工等具备优势。热区农业可谓在夹缝中生存，盛大农业种植"名特稀优"热带水果，充分利用热区优越的光热条件，深入挖掘我国庞大消费市场中的高端市场需求，精准定位细分市场，取得了较大成绩，为热区高端农业发展提供了一条思路。

四、强化科技对热作产业的支撑

我国热作产业科技创新近年取得长足进步，开发了一批新技术、新品种、新成果，为热作产业发展提供了有力保障。热区 11 个省区中有 6 个省份区域创新能力居于中下游水平，分别是贵州、江西、海南、广西、云南、西藏。热区产业限于 53.8 万平方千米面积，总体产业规模不大，创新需求与创新驱动相比，大农业要小。但总体而言，热作产业科技支撑仍有较大提升空间，产业发展中的精深加工、水果采摘后处理技术等一些关键技术尚待突破，一些传统的难点问题如香蕉枯萎病、柑橘黄龙病、槟榔黄化病等病害尚未攻克。加大科技投入，加强科技协作，把国内外一些顶尖科技力量通过各种方式嵌入到热区，通过协同攻关，提升热作产业科技发展速度，助力热作产业发展。

第二篇　热区农村人居环境整治长效机制研究

第一节　前　言

一、研究意义、目的

改善农村人居环境是以习近平同志为核心的党中央从战略和全局高度作出的一项重大决策，是实施乡村振兴战略的重点任务，是打赢乡村振兴战略的一场硬仗，也是农民群众的深切期盼，2020 年是全国农村人居环境整治的收官之年，农村人居环境整治直接关系到农民群众的获得感和幸福感，对于加快改变乡村发展面貌，改善农民生产生活条件，补齐乡村建设短板和全面建成小康社会都有重要意义，农村人居环境整治直接关系到全面小康的质量和成色，开展农村人居环境整治的重点在于整治效果的巩固与提升，最终目的在于建立农村人居环境整治的长效机制。

开展农村人居环境的相关研究，长期跟踪了解农村人居环境尤其是热区农村人居环境开展的具体时态，掌握政策执行阶段的动态与效果，随时发现农村人居环境整治过程中的问题与典型经验与模式，可为政府的管理与决策提供对策与建议，为经济和社会发展建议献策；在学术研究领域可以开辟一个新的研究方向，并在此领域深耕，通过实证研究和扎根理论，深入开展理论创新研究，通过实践探索和新理论的挖掘，再反过来指导实践工作，具有现实意义和学术意义。

中国热带农业科学院乡村振兴创新团队围绕中共中央、农业农村部关于农村人居环境的战略部署，将热区乡村人居环境整治长效机制研究作为创新团队的一个重点研究方向来抓，通过深入到农业农村生产第一线了解政策执行现场的具体情况，开展问卷与深入访谈，实地走访与现场调研等环节，掌握了热带地区 9 省（区）的农村人居环境整治的现状、时态、模式、经验、长效机制等情况，发现了农村人居环境整治过程中存在的各类问题，课题组根据调研和现场访谈获得的数据资料，对整治的时态和现状进行总结与概括，对政策执行的效果进行评估，对长效机制进行了构建。提出相关对策建议供农业农村部门决策管理所用，促进经济和社会发展，助力乡村振兴战略的实施，谱写美丽中国建设的新篇章。

二、研究方法

1. 文献分析法

通过对以农村人居环境为主题的文献梳理分析，了解管理学、经济学、社会学等相关学科对这一问题的关注视角、研究前沿及研究深度，这是本课题的基础性工作。同时，本课题还将对党和政府有关农村人居环境整治政策、报告、文件等文献进行学习、搜集、整理和分析。

2. 实地调查法

"没有调查就没有发言权"，以"数据说明概念，事实产生结论"。课题组将调查访问海南、广东、云南、四川、贵州、江西、福建等省份的市、县、农村，与市、县、乡村干部进行了访谈，特别是对农户进行抽样调查访问，深入农村人居环境整治现场，了解海南农村人居环境治理实态，以调查数据来量化分析治理影响因素及问题所在，为提升农村人居环境治理成效提供思路与依据。

3. 个案比较法

个案是做法、经验与模式形成的基础，对典型个案的研究具有重要理论与实践意义。课题组将专门调查海南、湖南等省份农村人居环境治理实践，发掘3~4个具体的典型个案，剖析个案发生的条件、机理与限度，及时归纳与跟踪总结，将好的个案做法上升为政策建议。同时，对个案进行相同与不同之处的比较，从而更好地指导热区农村人居环境治理的实践。

4. 区域研究法

对热区农村人居环境治理实践进行整体上研究，找寻研究对象的共性问题，为政策建议提供依据。

三、数据来源

数据经过问卷设计、试调查、正式调查、数据采集、数据整理等环节获得，调研过程中采用抽样调查法与访谈法相结合，特色是来自政策执行现场的第一手数据资料能够客观、真实反映整治的现状与问题，对农村人居环境问题的解决及长效机制的建设具有一定的指导意义与应用价值。

调查访谈资料。项目组通过问卷调查、面对面访谈等方法，对海南、广东、广西、湖南、云南、四川、福建、江西等热区省份的市县农业农村部门干部、农户进行调查与访谈，从而搜集获得相关资料。因而，本文所涉及的数据均来自中国热带农业科学院科技信息研究所调研组实地调查得来的数据资料，另有注明的除外。

文件报告资料。搜集整理所调查的各省市县农业农村局、住建局等部门的政策管理文件、经验材料、总结报告，乡村两级组织的总结材料等。

四、研究过程

通过前期查阅大量的政策资料后确定选题，随后深入热带地区9省（区）开展深人的调研与个案访谈，在对热带地区 9 省（区）的人居环境有一定了解的基础上，综合运用实证研究、扎根理论、文献研究法、案例分析法、数据分析法，在对数据资料和调研资料的收集与整理的基础上，通过对热带地区农村人居环境现状进行系统的分析，将典型经验与模式进行系统的概括与总结，同时指出存在的共性问题，并对下一步农村人居环境整治提出对策与建议，为农村人居环境长效机制的建立助力。在开展研究的过程中综合运用理论创新的方法，通过实践—发现问题—概括出理论—指导实践—经过实践验证的模式，进行理论创新，发现农户与政府的良性有效互动是推进农村人居环境治理的有效手段，也体现了国家治理理论在基层的一种表达形式，也是国家治理基层的一种重要手段，在此过程中通过不断地发现与探索及请教专家等环节，不断地完善观点、补充内容、整理思路、整理数据、概括观点与提出对策建议，开展系列研究并形成对策建议及专著等。

第二节　发展现状

一、热区乡村人居环境整治现状

2018 年，中共中央办公厅、国务院办公厅出台了《农村人居环境整治三年行动方案》，地方政府根据当地实际，制定了本地农村人居环境整治政策。当前农村人居环境整治行动重点在于农村垃圾与生活污水处理、厕所改造、村容村貌提升等方面。本部分通过实地调查，关注热区农村人居环境整治具体进展情况。

（一）农村人居环境整治政策知晓情况

自 2018 年开展农村人居环境整治行动以来，地方各级政府积极宣传政策与推进整治工作。从调查样本整体情况看，在 566 个有效样本中，超过八成，即有 80.4% 的受访农户知晓农村人居环境整治政策；从受教育程度情况看，高中或中专文化程度的受访农户知晓政策的最多，占比为 88.24%，而小学及以下文化程度的农户知晓政策的最少，占比为 67.32%；从性别差异看，受访男性农户知晓政策的为 82.97%，受访女性农户知晓政策的为 73.15%；从年龄看，60 岁以上的老年知晓政策的最多，为 87.3%，35 岁以下的青年人知晓政策的最少，为 75.3%；从省份情况看，广西、海南、云南、贵州、湖南、广东、四川、江西、福建受访农户知晓政策的比例分别为 80.33%、73.33%、92.30%、50%、91.94%、89.58%、85.97%、79.41%、90.56%，可见云南受访农户知晓政策的比例最多，而贵州受访农户知晓政策的比例最少。

（二）村庄人居环境整治工作开展情况

从调查农户反映情况看，大部分调查村庄已开展整治工作，贵州的村庄开展整治工作的相对较少。数据表明，已经开展农村人居环境整治工作的村庄占比达到 91.9%。其中，广东、云南所调查的村庄都已开展了人居环境整治工作，而贵州只有 77.1% 的接受调查村庄的已经开展人居环境整治工作。按农业区与林业区分类看，在接受调查的村庄已经开展人居环境整治行动的，农业区为92.58%，林业区明显较少，为77.78%。按居住地形看，丘陵、山地、平原所在的村庄已经开展人居环境整治行动的比例分别为98.43%、91.20%、90.68%。

乡村人居环境整治工作着力点在环境卫生清理、厕所改造等方面。例如，海南文昌镇场从环境卫生清洁工作开始，展开村庄清洁行动。在19个镇、农场的76个自然村中，村庄主巷道能够做到基本清洁，村庄排水沟能够做到基本畅通，村庄柴草、农具等能够做到基本整齐；每家每户基本上能做到打扫房前屋后的卫生，大多数农户门前都悬挂了"门前三包"责任分工牌；在275位抽样调查的农户中，有266位农户能够做到自觉打扫房前屋后卫生，占比达到96.7%。文昌"厕所革命"半年攻坚战保底数为9 200户，截至2019年12月5日，全市改厕开工4 976座，开工率达54.1%，竣工4 171座，竣工率达45.3%；在抽样调查的246个样本中，有222位农户参与了厕所改造，占比达90.2%。

（三）农村人居环境污染类型分布情况

农村环境污染类型主要有地下水资源污染、河流等地上水体污染、雾霾及施工等扬尘污染、垃圾等固体废弃物污染其他污染等。调查显示，在566个有效样本中，61.0%的农户反映有垃圾等固体废弃物污染，39.0%的农户反馈没有垃圾等固体废弃物污染；32.9%的农户反映有河流等地上水污染，67.1%农户反映有河流等地上水污染，具体见图2-1所示。

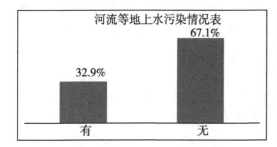 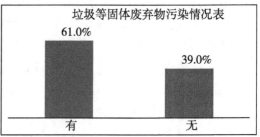

图2-1　农村环境污染的类型分布

按省（区）情况看，农户反映垃圾等固体废弃物污染最多的为贵州，占比为80.65%，最少的为广西，占比为34.15%，如图2-2所示。按农户居住地形来分，农户反映垃圾等固体废弃物污染最多的为丘陵地区，占比为65.38%，其次分别为山地和平原地区，占比分别为63.98%、54.44%。

按调查省（区）情况看，农户反映有河流等地上水体污染最多的是广西，占比为43.90%，最少的是湖南，占比为23.81%。从多到少分布排列情况依次为广西、云南、福建、江西、海南、广东、贵州、四川、湖南，各自占比为43.9%、41.67%、38.46%、37.5%、34.92%、32.14%、22.58%、22.5%、23.81%。按农户居住地形来分，农户反映有河流等地上水体污染最多的是平原地区，占比为40%，山地和丘陵地区次之，占比分别为31.06%、19.23%。

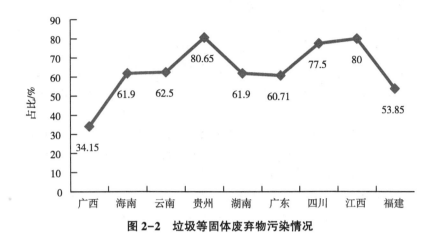

图 2-2 垃圾等固体废弃物污染情况

（四）农村人居环境整治中农户行为方式

从调查情况看，在 566 位接受调查农户中，农户对生活垃圾的处理方式分为收集放置垃圾收集点或公共垃圾箱、自家焚烧处理、自家掩埋处理、随意丢弃等方式，94.5% 的受访农户能够做到收集放置垃圾到收集点或公共垃圾箱，随意丢弃的农户只占到 2.5%。

有 378 位占比为 61.8% 农户，将生活污水倒入村庄专门生活废水沟渠，140 位占比为 28.7% 的农户将生活污水直接倾倒进附近土壤或溪流。其中，直接倾倒进附近土壤或溪流的农户以贵州与湖南最多，占比分别为 43.75%、43.55%，远远高于各省农户平均值 22.81%。

有 318 位占比为 56.2% 的农户，将使用过的农药瓶或袋回收利用，但也有 19.40% 的农户随意丢弃。其中，文化程度与随意丢弃行为有一定关联，小学文化程度农户占比为 29.09%，而大专及以上文化程度的农户占比为 7.27%。

（五）农村人居环境整治工作的参与情况

调查表明，农户参与村庄人居环境整治工作的占比为 88.8%，没有参与的占比则为 11.2%。从省份情况看，没有参与村庄整治工作的农户以海南为最多，占比为 38.98%，远高于各省平均值 12%，没有参与的农户最少的为湖南，占比为 3.3%。

农户参与形式有出资、投劳、既出资又投劳等，以投劳形式参与的为最多，达到 58%，出资的达到 13.4%。调查发现，出资最多农户以广西村庄居多，为 35.53%，而广东为最少，为 0%。

从调查情况看，清洁卫生是乡村组织的主体任务，也是人居环境整治的入手点。数据表明，有 98.1% 的农户能够自觉对自家房前屋后的垃圾进行清理。数据显示，参加厕所改造的农户为 90.3%，按省份分类看，广西的农户参与率为最高，达到 98.4%，而福建的农户参与率为最低，仅达到 10%。

（六）农村人居环境的垃圾分类情况

调研显示，在所调研的样本村庄中，很多村庄没有进行垃圾分类，在调研的566个有效样本中，56.2%的农户没有接受过本村或者当地政府的垃圾分类宣传；68.4%的农户家里没有进行垃圾分类处理，有90.6%的农户愿意无偿参与本村的垃圾清理工作；八成多的农户反映本村有环境自治组织，其中有偿服务组织占比为71.9%，无偿服务组织占比为13.6%。

从热带地区九省份调研的情况看，本村或者当地政府未宣传垃圾分类情况的占比分别为云南84.62%、广东83.33%、海南74.12%、四川64.91%、贵州57.35%、广西54.10%、江西20.59%、湖南9.67%、福建0%，以上数据表明在垃圾分类宣传方面，福建开展得比较到位，样本农户均接受了垃圾分类的宣传，湖南的宣传做得较好，仅有9.67%的农户未接受垃圾分类宣传工作，垃圾分类宣传做得较差的省份为云南、广东和海南。

在所调研的566个有效样本中，农户垃圾分类做的相对较好的省份是福建、湖南、江西，占比分别为100%、82.26%、52.49%；贵州、云南、广东、海南垃圾分类工作还有很大的提升空间，占比分别为4.10%、13.46%、14.58%、18.54%。

在抽样调查的农户中，愿意无偿参加本村垃圾清洁活动的占比分别为广西96.72%、海南80.13%、云南94.34%、贵州91.67%、湖南96.77%、广东91.67%、四川89.47%、江西100%、福建94.34%。从数据看，云南、贵州、湖南、广东、福建等省份农户参与无偿劳务的主观意愿很强，可达到九成以上，海南、四川可达到八成以上，主观意愿上农户还是十分愿意参与到无偿清洁行动中。

当问及调研农户，如果村内建设垃圾处理设施，愿意出钱占比较高的两省（区）为广西和湖南，依次为98.36%和98.39%，云南愿意出钱的占比高达100%，广东愿意出钱的占比为85.41%，江西愿意出钱的占比为八成，即88.24%，海南愿意出钱的占比最低，为72.85%。由此看来，大多数农户对出钱购买垃圾处理设施一事表示赞同，即使占比不太高的省份也达到七成。

调查显示，在所调研的样本村中，85%以上都配备了保洁员，包括公益岗保洁员和公司保洁员，村中有环境自治组织的村庄情况如下：广西、海南、云南、贵州、湖南、广东、四川、江西、福建，占比分别为90.6%、79.47%、92.30%、59.26%、90.32%、68.75%、40.35%、55.88%、69.81%，其中广东省和四川省成立有偿卫生服务自治组织的比例有一定的提升空间，成立村庄自治组织较好的省份为广西、云南、湖南，占比分别为90.6%、92.30%、90.32%。但现实工作中，有些村庄保洁员存在人手不够、工作不到位的现象，如有些保洁员只打扫主干道，对背街小巷无能为力，农忙时节，有些村庄的公益岗保洁员宁愿到田间地头打零工去赚取更多钱，将保洁事业放置一边。

（七）"厕所革命"情况

小厕所，大民生。习近平总书记先后召开了全国农村厕所工作推进现场会，全面布置了厕所革命的相关任务。调研发现，农村厕所革命进展在热区9省（区）进展顺利，在调研的 566 个有效样本中，有 92% 的农户接受过当地村庄或当地政府的农村"改厕"宣传；96.5% 的农户反映本村的村委会干部积极动员农户参与"改厕"工作；90.3% 的农户所在的村庄开展了农村厕所革命；77.5% 的农户家庭参与了"改厕"工作，参与改厕的 515 位农户表示，改厕后对环境的效果有明显改善的占 76.7%，改善一般的占 13.6%，两者合计占比达 90.3%。43.7% 的农户认为村干部在推进厕所改造的过程中非常积极，47.8% 的农户认为村干部在推进厕所改造的过程中比较积极，两者合计占比为 91.5%。在农户参与厕所改造的积极性方面，37.9% 的农户认为村民参与比较积极，48.3% 的农户认为村民参与的积极性比较一般，两者合计占比为 86.2%。综上，在推动"厕所革命"的过程中，宣传工作做得相对较好，村干部推进工作的积极性较高，农户参与厕所革命的参与度较高，改厕后的效果较好。

在"厕所革命"的宣传工作方面，广西、四川的宣传非常到位，宣传率可达 100%，湖南、广东、海南的宣传率分别 98.39%、93.75%、90.73%，贵州、福建的宣传率分别为 87.5%、84.91%，江西的宣传率为 76.47%。

在农户参与厕所改造方面，广西、海南、云南、贵州、湖南、广东、四川、江西、福建参与厕所革命的占比分别为 98.63%、92.30%、76.08%、86.36%、90%、82.22%、77.19%、25%、9.09%，如图 2-3 所示。由此可见，在抽样调查的农户中，广西、海南、湖南推进厕所革命的占比较高。

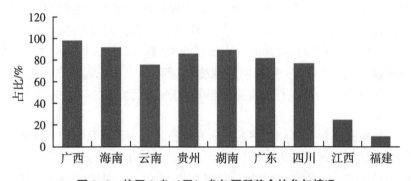

图 2-3 热区 9 省（区）参与厕所革命的参与情况

在村干部参与厕所革命的积极性方面，广西农户反映村干部非常积极和比较积极的占比为 98.36%、海南的占比为 82.31%、云南的占比为 89.13%、贵州的占比为 93.18%、湖南的占比为 98.33%、广东的占比为 91.11%、四川为 98.25%、江西为 82.14%、福建为 97.73%，如图 2-4 所示。综上，村干参与厕所革命的积极性比较高。

在村民参与厕改的积极性方面，广西、海南、云南、贵州、湖南、广东、四川、江西、福建样本农户所在的村庄，非常愿意参与厕所改造的比例分别为 65.57%、35.38%、23.91%、31.82%、31.67%、48.89%、42.10%、14.29、34.09%，由此可见，村庄农户参与厕所改造的意愿有一定的提升空间。

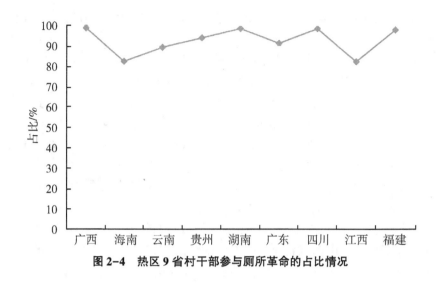

图 2-4　热区 9 省村干部参与厕所革命的占比情况

（八）农业生产废弃物的处理情况

实地调研发现，个别村庄的田间地头存在一些育苗盘、黑色地膜等农业生产废弃物，有个别村庄的主干道上有畜禽粪污粪便暴露，有一些村庄的个别农户有焚烧秸秆现象，在抽样调查的 566 位有效样本中，有 81 位农户没有进行农业生产，占比为 14.3%，有 485 位农户正在进行农业生产；在 485 个有效样本中，有 19.4% 的农户将使用过的农药瓶或者农药袋随意丢弃，56.2% 的农户将其统一回收，10.1% 的农户没有使用过农药。家庭的农业生产废弃物直接排放到下水管或沟渠的占比为 3.5%，排放到湖泊或者河流中的废弃物占比为 0.9%，随意将农业生产废弃物堆在一起的占比为 9.6%，用于农田施肥的占比为 26.7%，进行无害化处理的农户占比为 3.7%，进行资源化再利用的农户占比为 6.2%。

农业生产中秸秆是如何利用的呢？调研发现很多农户将秸秆粉碎后还田，有个别农户将秸秆露天做焚烧处理或做生活燃料等。具体而言，在 566 个有效样本中，32% 的农户将秸秆粉碎后还田，9.4% 的农户将秸秆做焚烧处理，5.7% 的农户将秸秆作为生活燃料，2.8% 的农户将秸秆作为饲料，有 30.2% 的农户生产中没有产生秸秆。总之，40.5% 的农户能够将秸秆综合利用起来，但还有很大的提升空间。

关于畜禽粪污等生产废弃物直接排放到河流的情况。广西有 5 位农户将畜禽粪污生产废弃物直接排放，占广西样本的比例为 8.20%；广东、四川、江西各有 1 位农户将畜禽生产废弃物直接排放，占各自省份的比例分别为 2.08%、1.75%、2.94%，贵州、湖南各有 2 位农户直接排放生产废弃物，占各自省份的比例为 4.1%、3.2%。云南直接排放的农户为 3 位，占比为 5.76%。福建省直排数量的比例为 0%。

在所调研的样本农户中，将畜禽生产废气物随意堆在一起的省（区）是广西、海南、云南、贵州、湖南、广东、四川、江西、福建，占比分别为 4.92%、15.33%、7.69%、12.5%、1.61%、4.16%、7.02%、26.47%、3.7%，由此可见，海南、贵州、江西三省在畜禽粪污处理方式上需要进一步改进，福建省在该方面做得相对较好。

在畜禽废弃物资源化利用方面，特别是在农田施肥方面，四川省用于农田施肥的比例最高，达 56.14%，其次为广东、海南、贵州、云南、江西，占比分别为 33.33%、29.14%、27.08%、23.08%、20.59%，排在第三梯队的省份为广西和福建，占比为18.03% 和 7.55%。由此可见，畜禽粪污用来农田施肥的省份多是热带农业较发达的省份。

在秸秆处理方面，热带地区 9 省份有 181 位农户将秸秆粉碎后还田，广西、海南、云南、贵州、湖南、广东、四川、江西、福建占比分别为 12.15%、38.12%、4.42%、6.08%、15.47%、9.39%、11.60%、2.21%、0.5%；将生产秸秆作为饲料的农户共计16 个，广西、海南、云南、贵州、湖南、广东、四川、江西、福建占比情况分别为31.25%、12.5%、12.5%、25%、0%、6.25%、0%、12.5%、0%。

从居住地形上看，居住在山地的农户喜欢将畜禽粪污用于农田施肥，占比为66.67%，居住在平原地区的次之，占比为 24%，居住在丘陵地带的农户排在最后，占比为 9.33%。在资源化利用方面，居住在山地的农户占比达 62.85%，居住在平原地带的农户占比达 25.71%，居住在丘陵地区的农户占比为 11.43%。由此可见，居住在山地的农户无论是在粪污资源化利用方面还是资源化利用方面做得相对平原和丘陵地区较好。

在热区 9 省（区）中的 566 个有效样本中，有 181 位农户选择将秸秆粉碎后还田，16 位农户将秸秆作为饲料。粉碎后还田的农户中，山区、平原、丘陵的占比分别为 13.26%、52.49%、34.25%；将秸秆作为饲料的农户中，山区、平原、丘陵的占比分别为 56.25%、43.75%、0%。可见，山区秸秆的综合利用率较高，平原、丘陵次之。

（九）对本村人居环境整治工作的满意度情况

在调研过程中，通过设置垃圾集中处理、生活污水集中处理、雨污分流改造、畜禽废弃物处理和资源化利用等指标，对是否开展及农户对开展情况的满意度进行人居环境整治工作的基本评价。调研发现，在 566 个有效样本中，94.7% 的农户反映本村开展了垃圾集中整治工作，对本村开展垃圾整治工作非常满意和比较满意的比例达 91.2%。有 316 位农户（占比为 55.8%）回答本村开展了生活污水集中处理，有 32.3% 的农户对生活污水的集中处理情况非常满意，有 58.5% 的农户对生活污水的集中处理情况比较满意，二者合计占比为 90.8%。

据 81 位农户反映，他们所在的村庄开展了雨污分流改造，有 74 位农户对该项工作满意，其中 42% 的农户非常满意，7.1% 的农户比较满意。有 385 位农户回答本村开展了整治私搭乱建行动，其中 25.6% 的农户对此非常满意、45.4% 的农户对此一般满意，二者合计占比为 66.4%。有 159 位农户反映本村开展了畜禽粪污处理和资源化利用工作，对该项工作比较满意和非常满意的农户所占比例为 45.9% 和 42.8%，二者合计达88.7%。回答本村开展家庭卫生评比活动的农户为 296 个，对此项工作非常满意和比较满意的农户占比为 92.9%。总体上说，生活污水处理和雨污分流改造方面还有一定的提升空间，在人居环境整治中的垃圾集中整治、环境卫生评比活动等方面农户还是比较满意的。

总体上看，农户对本村环境卫生治理的满意度情况是，在 566 位个有效样本中，非常满意、比较满意、一般满意、不太满意、不满意的比例分别为 28.3%、57.2%、12.4%、1.9%、0.2%；从数据上看，比较满意的所占比例较大，说明人居环境整治工作取得了一定效果，但也有一定的提升空间。

在本村人居环境与前两年相比是否有明显变化方面，566 个有效样本中，回答有改善明显、有但改善不大、没有变化、越变越差的比例分别为 77.7%、20.0%、2.1%、0.2%，从回答情况来看，农村人居环境有明显改善的占比高达 77.7%，证明农村人居环境整治工作取得了一定成效。

二、海南农村人居环境整治现状

（一）组织保障的实施情况

1. 制定专项方案，成立工作小组

各市县领导高度重视农村人居环境整治工作，制定了《农村人居环境整治三年行动方案（2018—2020 年）》《农村人居环境整治村庄清洁行动 2019 年行动方案》《推进"厕所革命"半年行动方案》等系列文件，将分工和责任落实到部门和人，全力调配资源推动农村人居环境整治工作。调研中发现，文昌、昌江、陵水、东方、五指山等市县方案具体、目标明确，并在工作中取得一定成效；海口和三亚专门成立了农村人居环境整治工作指挥体系，强化组织领导、整合资源力量、形成工作合力，推动整治工作。

2. 重视财政投入、强化资金保障

各市县在人居环境整治工作中重视投入。具体而言，一是财政上预留出一定比例的专项资金，保障工作如期推进；二是提高人居环境项目在政府投资项目中所占的比重，如污水处理设施、户厕改造、乡村公路等。调研发现，经费投入占本级财政收入比例较高的市县为文昌、屯昌、乐东、东方、琼中和儋州等。

3. 拓展宣传途径，重视宣传效果

各市县积极推动农村人居环境整治的宣传工作，通过制订方案、印发通知、印发宣传册、入户宣传、挂条幅、培训、"门前三包"责任到户等形式开展宣传工作，大部分市县乡镇村能及时整理、制作与宣传工作相关的工作美篇，加大宣传力度，增加宣传频次，重视宣传工作的成效，让农村人居环境整治工作全覆盖，东方市通过电视问政的方式将人居环境整治的问题列入日程，将责任部门的分管领导请到台前，将问题摆出来，将整改措施提出来，将决心和行动拿出来，同时对一些整改不力的乡镇提出黄牌警告，对一些表现先进的乡镇予以 20 万元、15 万元、10 万元的奖励。截至 2020 年 4 月 15 日，在全省调研的 1 549 个有效样本中，1 368 人听说过《人居环境整治三年行动方案》，占比高达 88.3%；在 1 550 个有效样本中，有 1 514 人接受过当地村庄或者政府的环境保护方面的宣传教育，占比高达 97.7%。可见，宣传工作有一定成效，农户知晓程度比较高。

（二）农村生活垃圾清理情况

1. 垃圾清理责任制度基本建立

通过对全省 38 个乡镇 76 个自然村的实地调查发现，76 个自然村基本上已建立村内公共区域卫生责任制度，党员干部和乡村振兴工作队每日巡查记录基本完善，或者是手写的巡查记录，或者是下村巡查的美篇、照片等，尤其各市县自荐 38 个村庄基本做到痕迹化管理。保洁员花名册在调研的 76 个村庄均有提供，保洁员制度和村庄日常清洁制度一般在推荐村庄都已建立并运行较好；"门前三包"责任制度落实到位，在抽样调查的农户中，有 82.7% 的农户签署了"门前三包"责任书，有 55% 的农户对"三要三不要"的内容知晓，文昌、陵水、昌江、东方、白沙、临高等地已指导下属村庄明确将"门前三包""三要三不要"写入村规民约。

2. 垃圾收运体系和配套设施建设趋于完善

根据海南省农业农村厅数据，截至 2020 年 3 月 30 日，各市县累计配备 25 531 名保洁员、配备 17.12 万个农村公用和户用垃圾桶和 2 505 辆垃圾转运车辆。设立垃圾转运点 5 589 个，累计 4.79 万个。清理历史垃圾和现存垃圾 2.4 万处，累计 11.87 万处。2 069 个自然村开展农村生活垃圾减量、收集及资源化利用工作，累计 10 491 个。在调研的 76 个村庄中，生活垃圾收集点与回收点情况良好，基本能做到户清扫、村收集、镇转运、县处理，陵水、白沙、琼中、文昌等市县垃圾桶分布比较密集；在个别市县个别村庄存在垃圾溢出、垃圾回收点少的现象。

3. 村庄公共区域和庭院清洁行动趋于常态化

调研组发现，在调研的 76 个村庄中，推荐村庄的清洁程度普遍高于随机抽取的村庄，2020 年随机调研的村庄普遍比 2019 年随机抽取的村庄有所改进。具体而言，房前屋后和村庄公共巷道均有整理和清洁过的痕迹，可以做到干净、整洁。在抽样调查的 1 549 户农户中，有 1 407 户能够做到经常打扫房前屋后的卫生，有 141 户能够做到偶尔打扫，二者占比达 99.9%，保洁员工作的频率显示，1 049 户提到保洁员可以做到每天打扫一次卫生，占比 68.4%。由此可见，村庄公共区域和庭院清洁行动已成为一种常态化工作。例如，白沙县规定每周二为村庄公共区域清理日，党员、村干部、农户同时上阵，打扫村庄主干道、农户的房前屋后、村周边、田间地头等，形成了每周的固定动作，形成了干部党员带头干、农户和保洁员公益岗积极参与的常态化清扫机制。

（三）农村生活污水清理

1. 污水处理设施运行情况良好

截至 2020 年 3 月 30 日，全省污水处理设施，正常运行的有 6 684 套，不正常运行的有 238 套，正常运行设施占比 96.6%。另有 559 个自然村采用简易方式收集处理生活污水。全省共有 325 个行政村正在推进污水治理工作。在全省调研的 76 个村庄中，按照每个市县推荐两个自然村、随机抽取两个自然村的原则，每个市县共抽检 4 个自然村，陵水、白沙、昌江、洋浦、乐东、东方能够做到抽检的 4 个村庄都有污水处理，东方有 2 台污水处理设施未正常运行，其他污水处理设施都正常运行；文昌、五指山、临高、三亚能够做到 3 个村庄有污水处理设施，其中三亚有 2 个污水设施不能正常运行，正在升级改造阶段，其他污水处理设施均能正常运行。

2. 节约用水宣传稳步推进，生活污水直排现象逐渐变少

关于印制宣传资料并对农户进行宣传教育这项工作，各市县都十分重视，其中文昌、昌江、东方工作做得比较到位，文昌专门制定宣传教育方案，附有宣传教育的小册子、条幅及现场活动的照片，昌江、东方在节约用水方面提供了大量活动美篇与照片等佐证材料。向村巷道河渠、田间直接排放污水等现象随着整治工作的推进正逐渐变少。

（四）农村畜禽粪污及农业生产废弃物清理情况

1. 个别村庄实现畜禽集中圈养，粪肥有序还田

在调研的 76 个村庄中，如琼海的朝烈村、白沙的长岭村、万宁的三官园村等都能够良好地实现畜禽圈养，个别村庄如白沙的长岭村将畜禽集中到村外的橡胶地分块集中养殖，取得了良好效果。据长岭村农户反映，农户的鸡鸭鹅等畜禽刚刚送到橡胶地圈养时，大家很担心畜禽会丢失，但在地方政府的统一组织和各村委会的统筹和监管下，当地人人都能打消顾虑并放到橡胶地、槟榔地圈养，这样既能大力促进庭院卫生整洁，又可以实现畜禽粪肥直接还田，有利于农作物生长。其他圈养的村庄可以做到将畜禽粪便集中收集到村集体基地，集中沤肥后，还田到槟榔地、橡胶地。

2. 沼气有机肥试点工作稳步开展，畜禽粪肥还田综合利用逐步推进

2019 年各市县沼气、有机肥试点工作逐步推进，海口市安排 378 万元财政补助资金用于建设 3 个 300 立方米大中型沼气工程及综合配套设施项目。海口市共安排 297.5 万元采购有机肥，对 13 300 亩种植基地开展物化补贴试点工作。三亚市 2019 年排查统计结果显示，全市共建沼气池 18 477 个，在用沼气池 1 169 个，其中户用沼气池 1 114 个，联户型沼气池（养殖小区）36 个，中型沼气池 14 个，大型沼气池 5 个。五指山 2019 年建成沼气池 2 个，100 立方米，总投资 60 万元；2019 年开展有机肥示范片区 4 216 亩，总投资 63.8 万元。乐东县 2018 年以来，共建设 10 个 120 立方米沼气池，投资 300 万元。万宁市截至 2020 年 4 月 15 日共建成 12 个养殖小区沼气池，总投资 480 万元。用户沼气池已累计建成 336 个。

在抽样调查的 1 550 个样本中，畜禽粪污直接排放到下水管或者沟渠的占比为 3.2%，排放到河流/湖泊中的占比为 0.6%，随意堆积的占比为 4.9%，资源化利用的占比为 4.4.%，用于农田施肥的占比达 49.5%。由此可见，大多数农户已经摒弃了乱堆乱丢的习惯，畜禽粪肥的还田能力逐步提升。

（五）农村"厕所革命"进展情况

1. 厕所革命半年行动方案推进顺利，各市县任务数完成情况向好

截至 2020 年 3 月 30 日，全省农村无害化厕所开工 13.24 万户，开工率 102.2%（按半年攻坚任务 12.95 万座计算）；竣工 11.34 万户，竣工率 87.5%，全省农村卫生厕所覆盖率达到 98.5%。厕所革命半年攻坚任务完成率为 100% 的城市为海口市、东方、琼中，完成率在 90%~99% 的市县为三亚、陵水、保亭，完成率在 80%~89% 的市县为五指山、琼海、定安、文昌、澄迈，完成率在 70%~79% 的市县为屯昌、白沙、乐东，完成率在 60%~69% 的市县为昌江、万宁、洋浦，临高县完成率仅有 27%。综上，厕所革命半年攻坚工作如期推进，完成整体情况向好，个别市县工作进展缓慢。

2. 农户积极参与厕改工作，自愿出资进行厕所改造

调研发现，在1 550位调研的农户中，有1 114位农户所在的家庭参与了"改厕"工作，占比高达71.9%。当问及家里厕所改造的资金来源时，有25.2%的农户愿意自己出资进行厕所改造，有46.4%的农户表示改厕的资金一部分来源于自己，一部分来源于政府，二者合计高达71.6%。调研组在实地调查时发现，农户只要自家建房，不管房已建好、正在建房，亦或准备建房，都会考虑将厕所进行改造，在条件允许的地区已实现家家户户都有自己的卫生厕所。

3. 公厕建设稳步推进，农户对卫生环境较为满意

在1 550个有效样本中，有539位农户回答村庄有独立的公共厕所，有345位农户回答村庄有公共厕所，所属类型为村委会办公区附属式公厕，二者占比为57%。经常使用和偶尔使用公共厕所的农户所占比例分别为8.7%、50.9%，二者合计占比达59.6%。在531个使用公共厕所的有效样本中，304户对公共厕所的环境卫生非常满意，占比为57.3%，有216户对厕所环境卫生的评价表示一般，占比为40.7%，二者合计占比为97.9%。综上所述，公共厕所在各行政村的覆盖率在逐步增加，农户对公共厕所的认知度和满意度在逐步提升。

（六）村容村貌提升情况

1. 村庄整洁工作取得一定成效

从三个方面看，村庄整洁工作取得显著成效：第一，随着疫情防控倒逼人居环境整治运动的扎实开展，春节后检查的村庄整洁度明显高于春节前检查的村庄。具体表现为柴草、农具、生活用品堆放普遍比较整齐，房前屋后整洁到位，庭院卫生显著优化，村庄主干道基本上比较干净，较少有畜禽粪便暴露的现象。第二，各市县都已成功打造出若干个村庄整洁工作的示范典型，具体表现为各市县自荐村庄都能做到总体规划较好，发展一定的庭院经济和景观工程，获评美丽乡村、党建示范基地、乡村治理示范村的村庄表现尤为突出，并且能够做到村庄特色与人居环境治理工作密切结合，干净程度和整洁度做得相对较好。第三，推进村庄整洁工作的手段不断丰富，并得到有效实施，文明家庭和卫生家庭的评选活动已在相当部分村庄得到顺利开展，如陵水提蒙的广朗村，家家户户的门口都贴有文明卫生户的评星情况，如张三五颗星、李四三颗星，通过"比、学、赶、超、帮"等手段促进村庄清洁活动的持续开展。再如陵水提蒙广朗村在美丽庭院评比中做得相对较好，家家户户门前干净整洁，庭院经济实现户户全覆盖，村庄主干道和入户道路已全部硬化，实施美丽庭院星级评比后，家家户户养成了良好的卫生习惯，形成了"比学赶帮"的竞争机制，绘制了一幅美丽乡村的精彩画卷。

2. 村庄绿化亮化工作已打造突出亮点

调研组发现，村庄绿化、亮化工作是农户自身对本村人居环境整治工作比较关注的焦点问题。各市县在工作推进中也能在一些村庄中做出较好回应。在实地调查中，各市县推荐村庄在绿化亮化方面做得会相对较好，且各市县都有1~2个村庄的绿化、亮化及村庄整体规划做得很突出，且村庄能够充分利用有限的人居环境空间，通过种花、种草、种树等方式进行绿化，如东方东河镇的俄贤村、陵水提蒙乡的广朗村、白沙打安镇

的长岭村在绿化方面做得比较有特色，干净、整洁、绿荫满园，农户的生活舒心、舒服、舒适。五指山市毛阳镇某村，在见缝增绿方面做得相对较好，作为脱贫攻坚重点推进村，危房改造后，房前屋后整洁、干净，庭院前后种满了甘蔗、槟榔、地瓜叶、玉米等农作物，形成了独具特色的绿化风景，与众不同，清新自然，值得借鉴与学习。

3. 结合疫情工作，村庄清洁频次加强

临近春节，新冠疫情在我国蔓延，农村作为抗击疫情的基本单元，各村委会高度重视，充分发挥党员干部、驻村工作队、驻村第一书记的示范带头作用，在村内开展公共区域卫生打扫、庭院卫生清洁、村周边死角清理、厕所粪污及时清掏等工作，对一些身体欠佳、不能劳动的老人，党员干部主动上门帮助打扫卫生，整理内务，清除因卫生环境不好而导致的细菌病毒传播现象，三亚市海棠区坚持日清扫、日监督、日检查的制度，增加清洁的频次，加大清洁的力度，给广大农户创造一个干净、整洁的生活空间与活动区域。万宁北大村通过硬核"大喇叭"24 小时宣传农村人居环境整治的要求和做法，充分发挥"一核两委"的战斗堡垒作用，村干部、党员带领村民日清扫、周清理、月评比等活动将人居环境整治工作落到实处，实现了村庄清洁、无垃圾死角、产业兴旺的良好局面。

第三节　热区乡村人居环境整治的做法与经验

通过实地调查发现，对于农村人居环境整治工作的推进，主要工作内容在于农村垃圾清理、污水处理、畜禽粪污及农业生产废弃物清理、厕所改造、村道改造等方面，在这些方面也形成了一些整治经验和做法。例如，四川攀枝花通过芒果产业发展带来农民增收，进而实现人居环境整治工作的良好开局；海南省海口市总结农村人居环境整治的有关做法，即"组织推进有章法、宣传发动有巧法、解决难点有新法、长效管控有办法"；江西南昌启用了人居环境"随手拍"问政平台，随时解决人居环境整治过程中的问题，及时跟进，保持整治效果；广西南宁创新了农村人居环境宣传模式，充分利用新时代农民讲习所，宣传农村人居环境整治的好处及典型经验和模式，取得了较好的效果。

本节以调查访谈与个案资料为基础，总结了几种人居环境整治模式，分别是资源化利用模式、党建融合模式、村民自治模式、多元共治模式等。

一、资源化利用模式：创新粪污清掏做法，破解资源化利用难题

海南陵水县提蒙乡远景村委会有 1 048 户农户共计 5 001 人，2019 年"厕所革命"的任务数为 213 户，均采用一体化注塑化粪池，自 2019 年 9 月以来，积极推广三格小化粪池+大沤粪池+果园综合利用的模式。在建设投资方面，为了充分满足广大农户粪污清掏与资源化利用的需求，由集体经济发展资金出资 8 万，购买吸粪车 1 台，供全村 213 户农户、学校、村委会、村卫生室所用。在运行服务及处理利用方式方面，农户过

去厕所清掏采用自行清掏、人力清运的方式，清掏后的粪液没有经过发酵处理直接放到槟榔园、菜园，现如今的远景村委会，自 2009 年"厕所革命"以来，远景村委会已完成厕所革命的任务，全村 213 户，均采用三格小化粪池，厕所粪污经过小三格化粪池第一次净化，待粪液充满化粪池时，由农户提出需求，吸粪车随时上门服务。自 2019 年 9 月 20 日揭牌运行以来，抽粪车配备 2 名专职工作人员，每天清理厕所粪污 4~6 车，处理量为 12~18 吨，吸污车作业区域为远景村委会所有农户，作业范围包括村委会公厕、农户家庭厕所及卫生院厕所。作业方式采用"户厕/公厕+抽粪吸污车+发酵池"的方式，只要农户有需要，一个电话打过来，抽粪车即刻到达，提供免费服务，完成作业，建好登记台账，最终将抽取的粪液集中到村委会集体经济示范园区——百香果种植基地进行统一发酵，种植基地设有一个 80 平方米的发酵池专门用于发酵处理，发酵处理后的有机肥用于百香果种植和苗木育种，既达到资源化利用的目的，同时又促进集体产业向好发展，有了收益，农户还可得到一定的分红。

二、党建融合模式：党组织建设与人居环境整治相融合

按照"不忘初心、牢记使命"主题教育要求，为中国人民谋幸福，为中华民族谋复兴，是每一位共产党员的初心和使命。海南陵水尝试将党建工作与人居环境整治工作融合起来，这对于推进农村人居环境整治工作起到很好的作用。

以海南省陵水县光坡镇为例，其发挥党员主体及党组织作用开展环境卫生整治比较早，在 2015 年已展开，取得了一些经验。据该县政府网及组织部门介绍，在全县环境卫生大整治中，该镇注重发挥基层党组织战斗堡垒作用，以认岗定责、行动引领、承诺践诺突出党员主体地位，树立好党员这面先锋模范"旗帜"，切实推动环境卫生整治工作。

一是认岗定责，实行"三级联包"责任制。全镇根据居住人口分布，以自然村为单位，将全镇划分为 29 个片区，并实现驻点领导包村、党小组包片、党员包联到户的"三级联包"工作责任制。由驻点领导指导包片村的卫生整治总体部署，党小组全体负责所包片的环境卫生清洁，党员除了参加党小组包片的清洁活动外，还设立党员责任区，负责该片 3~5 户家庭周边的环境卫生清洁工作，并将每个党员的责任区和包户工作职责进行公示，自觉接受党组织和群众监督。

二是行动引领，推行"党员绿色活动日"。以党小组为单位，组织党员每周二上午在所辖村庄范围内开展环境卫生大整治活动，清扫、清除各类生活、生产垃圾，使村庄保持环境卫生干净整洁，推动"美丽陵水清洁乡村"行动步入常态化、长效化。同时，镇党委严格监督党员表现。"党员绿色活动日"期间，党员无故缺席的，由支部对其进行批评教育；无故缺席三次的，镇党委对其诫勉谈话，三次以上的给予必要的纪律处分或按有关规定进行组织处理。

三是承诺践诺，开展党员"挂牌亮户"。对有一名以上党组织关系在本村党支部的正式党员家庭，符合挂牌规定的以户为单位进行"挂牌亮户"，并晒出党员的服务承诺，进一步增强党员服务意识。结合环境卫生大整治活动，党员纷纷晒出"保护环境，从我做起"的个人承诺，围绕承诺开展践诺，带动乡亲邻里打扫环境卫生，形成比学

赶超的良好氛围。

党建与人居环境整治相融合取得了一定的工作成效。表现在：村庄基本保持干净、整齐，农户庭院前后基本保持整洁，示范带动农户清理历史存量垃圾、生活垃圾，打扫房前屋后卫生。

三、村民自治模式：以自我管理推动人居环境整治工作

村民自治制度作为一种基层群众自我管理、自我教育、自我服务的国家制度，在农村事务中发挥了不可替代的作用。村级组织在农村人居环境整治中有着不可替代的作用。湖南桃源县将人居环境治理与村民自治结合起来，形成了一定的工作经验。据当地党报《常德日报》报道，全县村村、组组都召开屋场会，将人居环境整治的精神传达到千家万户，村村都建立了环境卫生协会，发挥卫生整治村民主体作用，确保"农村工作有村民参加才有生命力"的实现，逐步形成了人居环境整治的村民自治模式。

以该县茶庵铺镇为例，该镇为常德市首批十个农村人居环境整治试点镇之一，工作成效也比较突出。茶庵铺镇狠抓突出问题整治，通过集镇街道综合提质改造，发挥农村环境卫生协会治理功能，全镇人居环境得到很大改善，形成了人居环境整治的村民自治模式。

一是以环境卫生协会为组织载体，以专项工作的形式做好整治工作。村委会是群众自治组织，本也能发挥村庄环境治理作用，但成立环境卫生协会专司村庄整治工作，既便于推动专项工作，也便于村民知晓整治工作的重要性。在镇政府指导下，铁山溪村委会成立了环境卫生协会、红白喜事协商理事会、公益事业促进会等村庄自治层面的组织。铁山溪环境卫生协会起到宣传、推动实施村庄环境整治工作。在其组建过程中，其代表首先以村民小组为单位开会选出，即屋场会选出，选取出1~2个代表会员，全行政村9个村民小组共选出18个协会会员。屋场会以组为单位召开村民代表大会，每组选出1~2个会员，共计9个组，19个协会会员，协会会长由退休的老书记担任，老书记对全村情况比较熟悉，在村中有较高威望，有较强影响力，工作起来条理性也强。

二是环境卫生协会承担了宣传工作。开展工作的主要形式是会议宣传+入户宣传，将村委会关于人居环境的主要工作思路传达给农户，通过入户宣传，发传单等形式让农户知晓人居环境工作的重要性，人居环境整治应怎样开展。

三是协会会员引领，推动环境整治工作。有些留守老人年龄较大，在没有能力或者不愿意清洁卫生，协会的工作人员就主动担当，承担起帮助老人打扫卫生的任务，打扫一两次之后，留守老人的思想得到了启发，行动受到了鼓舞，慢慢地开始觉得不好意思，自己开始动手打扫卫生，习惯了就成了自然了，老人们逐渐觉得打扫后的环境条件较以前好了很多，慢慢地养成了自己打扫房前屋后卫生的习惯。

四是协会除了发挥上述作用外，还要负责打扫公共区域的卫生，带头将垃圾堆放点的垃圾运到垃圾车内。如果工作量很大，村里要给一点误工费，每人100元/天。

五是协会工作人员在开展工作的过程中也会遇到一些困难，主要是部分村民的思想工作做不通。比如，为什么要做好卫生工作，为什么要搞人居环境整治。

六是协会工作有财力保障。在月评、季评、年度评比活动，市里前4名可得20万

奖励。在人口集中的地方建设美丽屋场，市财力保证每人每年 12 元的投入，村集体会配套一些费用。在茶庵铺镇实行人居环境治理奖励制度中，获得一等奖的单位奖励 5 000 元，二等奖奖励 4 500 元，以此类推，九等奖奖励 500 元，从而在资金奖励上保证了工作积极性。

该调查村庄人居环境整治中村民自治模式取得的效果表现在：环境卫生协会从群众中来又到群众中去，充分发动群众参与，让群众做到乐于参与；村庄环境得到美化，村民生活习惯比以前更健康了。

四、多元共治模式：多主体共同推进人居环境整治行动

海南文昌冯坡镇湖淡村，有村民 70 多户 300 多人，每户都有海外华侨，其中有不少名人。作为示范村，在垃圾处理、村容村貌提升、整治机制建设、健康生活习惯养成等方面，初步形成了可复制推广的经验，主要是发挥村庄党员干部、返乡乡贤、村民群众以及政府等多主体的功能，做到共同治理人居环境工作。

一是在领导带动方面，在政府的领导下，依靠党员干部、返乡乡贤等主力以及乡村青年志愿者，发动群众参与，有效地开展了乡村环境卫生整治行动。

二是在工作着力点方面，首先，从村庄环境美化着手，如村庄断壁残垣清理、存量垃圾"围剿"、村庄道路硬化亮化、牛羊迁出村外等，达到整体提升村容村貌。其次，从具体治理方法着手，建立垃圾分类管理制度，向村民讲透垃圾分类的意义，明确垃圾分类标准，确立村民责任，将垃圾分为厨余垃圾、可回收垃圾、有害垃圾等三类，做好垃圾减量化工作，确保居住范围内"零垃圾"。最后，从治理机制建设着手，建立"以人带人、以家带家、大人带小孩、青年带老年"的垃圾整治"传帮带"机制；建立"户分户管、村民自理"垃圾整治责任制；建立乡贤、政府、村庄等多方投入机制；建立加强领导班子能力，强化随机抽查、舆论监督等成效保障机制。

三是在工作成效方面，村庄垃圾得到有效治理，建立了人居环境整治相关的机制，村庄保持干净、整洁、有序，村民对环境卫生治理的态度发生了由"不愿干"到"愿意干"的转变，健康生活习惯逐步养成。

五、立足村庄自治单元：探索农户广泛参与机制

为破解农村人居环境整治工作中普遍存在的"干部带头干，农户站着看"的问题，部分市县在实践中充分激活村委会、农户小组作为基层自治单元的功能与作用，对实现农户广泛参与的农村人居环境整治在机制与路径方面进行了有益的探索。

琼中县注重发挥农户自治作用，立足村庄自治单元村委会成立环境卫生整治小组，整治小组负责开展自评、自查、自改进等项工作。如朝参村每周设"卫生整治日"，各自然村小组以党员、村干部、小组长带头，领导农户配合保洁员完成本村清洁工作并自觉进行周排名、月排名，在各自然村张榜公示，并安排专项经费完善奖励机制，起到了非常好的整治效果。

保亭县将人居环境治理的单元下沉至农户小组，通过将红黑榜设在农户自治最小单

元来调动农户广泛参与机制的建立。具体而言，主要是建立"四级红黑榜"长效运行机制，破解以往红黑榜"不知道、没人看"的难题。调查中发现，多数农村环境卫生红黑榜止于村委会公告栏，无上下延伸联动机制，成为了应付检查的"死榜"。保亭则设立"自然村评农户，村委会评自然村，乡镇评村委会，县评乡镇"的四级红黑榜评比机制，该机制有两大创新：一是把榜单插在最小单元的自然村小组，农户看得到，议论得到，自然生成群众监督；二是上下联动，将"乡镇—行政村—自然村"在农村人居环境整治工作上拧成"一荣俱荣、一损皆损"的一股绳。通过最小单元红黑榜的设置，将农户有效纳入人居环境整治中，农户积极参与人居环境整治、参与村庄清洁行动、参与公共区域卫生清扫，参与红黑榜评选活动，激励先进，示范辐射农户养成良好的卫生习惯与生活习惯，激发农户参与人居环境治理的积极性。

临高县创新人居环境"红黑榜"机制，将红黑榜的对象锁定在自治单元的干部及保洁员，设村干部、保洁员红黑榜，由各乡镇进行周、月评审，破解以往红黑榜评农户时出现"不在乎、无所谓"的态度或异化为乡土人际矛盾等难题，强调基层干部与相关工作人员的带头作用。"村干部自己首先要整洁，才能领导广大群众"，各村干部间的竞争评比活动形成一种良性示范效应，进而推动了对各村庄广大群众自觉参与人居环境整治工作的积极性与行动力。

六、激发乡村振兴工作队动能：推进整治工作取得显著成效

白沙县将人居环境整治工作与脱贫攻坚、美丽乡村建设工作同步推进，在推进整治工作的过程中注重将乡村振兴工作队与驻村第一书记紧密结合，形成合力，统筹推动人居环境整治工作，具体表现为统筹推进示范村建设、发展村庄产业带动农户致富、带头参与人居环境整治工作、建立人居环境整治的长效机制。

以打安镇的长岭村为例，首先，乡村振兴工作队、驻村第一书记与村委会其他成员以项目制形式撬动人居环境整治工作，通过开展整村推进及美丽乡村建设完善村庄基础设施，通过污水设施覆盖、公厕配套、绿化亮化工程建设、发展庭院经济等形式同步推进人居环境整治工作的硬件配套设施；其次，驻村工作队和第一书记以村中一员的身份融入人居环境整治的方方面面。一是到第一线带头，第一书记和队长带头参与第一线的村庄公共区域卫生清扫工作，每天进行卫生巡查、发现问题并及时整改，组织发动党员及群众定期开展环境卫生大扫除已经是他们的工作常态；二是参与责任制度的制订和执行，工作队、第一书记、村干部参与制定卫生公约，设计落实"门前三包"和公共区域划片负责机制，并统筹开展户与户之间、村与村之间的卫生评比以推进工作。三是带头开展创新性、长效性机制探索，探索建立积分制，促进人居环境长效机制的建立。结合惠农超市创建工作，将卫生日常工作纳入积分兑换商品考核范围，建立积分制，激发农户参与人居环境治理的积极性，促进人居环境整治工作长效机制的建立。

如今的长岭村在乡村振兴工作队、第一书记、村干部的带领下，产业兴旺、庭院错落、绿荫满园、村庄清洁、农户自觉，农村人居环境整治成效显著。

七、持续推进树文明新风尚：开展卫生健康环境系列活动

东方市江边乡把农村人居环境整治与创建文明家庭、卫生家庭等行动结合起来，开展卫生健康教育活动。结合生态文明村创建，宣传人居环境整治工作的重要性和紧迫性，提高群众清洁卫生意识，从源头上减少垃圾乱丢乱扔、柴草乱堆乱放、"小广告"乱写乱画、畜禽乱撒乱跑、粪污直排等影响人居环境的不文明行为。开展"清洁户""环境卫生光荣榜"等创建活动，弘扬先进鞭策后进，树立"讲卫生光荣、不讲卫生可耻"的新风尚。

在开展创文明树新风系列人居环境整治活动中，老村专门成立了村庄清洁行动指挥部，由支部书记付良光同志担任"清洁指挥长"，负责本村人居环境整治具体责任，村三委干部、各小队长按照分工要求，分担相应的职责和任务，脱贫攻坚中队、乡村振兴工作队、第一书记指导、帮助、督促人居环境整治工作。村委会及乡村振兴工作队建立起奖补机制，探索以奖代补、以积分换物品等方式鼓励农户参与投工、投劳及建设管护。

在开展农村人居环境整治的过程中，结合各方力量，统一推进，集中重点整治村庄的环境卫生，整治方式为逐户集中力量，实行一户一院一宅整治，动员村干部、党员、乡村振兴工作队，协同治理村中难度较大的"脏、乱、差"等死角。帮助一些行动不便的老人和贫困户收拾家里的卫生、打扫房前屋后的环境，形成工作队带村干部，村干部带农户，农户全面参与农村人居环境整治工作，大家齐心推进农村人居环境整治工作的良好局面。

建立责任帮扶机制。村"三委"干部每个人都实行包片到人的机制，即作为农村人居环境的帮扶责任人，重点对贫困户的环境卫生负责，具体内容包括思想教育，将贫困户的环境卫生情况纳入脱贫成效的绩效考核范围及产业入股分红的范畴。帮扶责任人必须做到率先垂范、示范引领的作用，帮扶责任人家庭在环境卫生方面必须首先达到标准，之后才能很好地起到示范和引领及指导作用。在村"三委"干部的监督考核中，如果帮扶责任人或者被帮扶对象卫生不达标，帮扶责任人的绩效考核都要受到影响，会扣除相应绩效工资或者受到一定的惩罚。

综上，江边乡通过集中力量办大事、建立责任帮扶机制等开展农村人居环境整治工作，将讲文明树新风与农村人居环境整治工作密切结合，使整治工作任务得到落实，使工作成效得以巩固，值得借鉴与学习。

第四节　热区乡村人居环境整治中存在的问题

调查发现，热区农村人居环境整治存在一些问题，比如，农村地区基础设施和公共服务设施建设相对滞后，绝大多数村庄排水设施不完善，部分村庄布局不合理、改厕工作不彻底、化粪池在房屋地下、巷道狭窄无法施工，污水难以收集等。本部分将从整治主体、技术体系、社会生活习惯等方面分析农村人居环境整治中存在的相关问题。

一、乡村干部重视程度还不够，影响农村人居环境整治进展

从调查情况看，政府之间关系、乡村干部态度、能力等方面存在的问题对农村人居环境整治工作推进的影响是一个共性问题。市县部分职能部门与部分乡镇、村庄的干部对农村人居环境整治工作重视程度不够，部分领导和工作人员对省里及市县里的人居环境整治政策和文件理解不到位，简单地认为农村人居环境整治工作就是打扫环境卫生。比如，某县在2019年县人居环境协调部门召开的一次专题会议上，只有2个职能局、4个乡镇的分管领导和业务骨干参加会议，参加部门和人数远远少于已通知数。再如，某市人居环境整治工作报告指出，部分镇村的主要领导、乡村振兴工作队、第一书记对"厕所革命"攻坚战责任感不强、紧迫感不够，参与度不高。同时，各职能部门之间及与乡镇之间工作协同方面存在不顺畅的情况，这些直接导致整治工作推动力度不够，甚至有些村庄人居环境整治工作没有开展。

调查也发现，部分乡村干部工作思路不清晰，没有找到、找准抓手，尤其在乡镇和村庄层面，对于人居环境整治工作，许多干部不知道从哪里着手，具体怎样推动人居环境整治工作，导致"有钱不愿花或不会花，无钱更不愿干"的情况出现，结果就是疲于应付上级工作检查。

从有效调查样本看，有190位，占比为47.4%的农户认为，是政府不够重视农村人居环境工作，相应的人财物投入不足，导致人居环境整治工作受到影响。

二、农户主体性还未充分激发，影响农村人居环境整治成效

在推进农村人居环境整治进程中，一些地方为了完成上级下达的任务，基层及相关部门替代农村居民成为了农村人居环境整治的主体，而农民则因缺乏有效的参与机制，成为局外人。广大农民对农村环境治理保持的"肉食者谋之"的消极隔阂态度，导致对发生在自身环境的破坏行为不在意，对周围存在的环境破坏行为不制止。一项研究表明，农户参与农村人居环境整治的积极性不高。理由在于，家庭总收入、参加物资交流会次数与参加农贸市场次数具有显著的抑制作用，有"经济头脑"的农户具有"搭便车"倾向，距离集镇越近的农户参与环境整治的积极性越低。

农村人居环境整治三年行动收官之际，已取得的工作成效十分明显，但整治工作中的一些深层次制约因素需要厘清，特别是影响农户参与积极性的因素需要找准，以便更好地形成整治工作长效机制。

农户对农村人居环境整治政策的认识理解程度需要进一步深化。调查显示，在566个样本农户中，93.6%的农户表示知晓农村人居环境整治政策。可见，农户对人居环境整治政策知晓程度较高，但对具体政策内容的理解是碎片化或片面的。比如，当调查访问政策具体内容时，许多农户表示不是很清楚，甚至还有许多农户将人居环境整治仅仅理解为打扫环境卫生。农户对农村人居环境整治主体的理解需要进一步明晰与强调。

在政策实践中，农村人居环境整治主体有政府、乡村组织和干部、农户以及社会组织等主体，构建农村人居环境整治的长效机制，需要发挥各主体的作用，尤其要突出农

户参与的主体性。调查表明，所有受访农户都赞成国家实施的农村人居环境整治政策。但是，其中相当一部分农户认为农村人居环境整治是政府推动的工作，是村干部的事情，他们只管接受整治的好处，参不参加已不太重要，甚至认为"就像一阵风一样，很快就吹过去了"，导致他们甘做农村人居环境整治工作的旁观者。结果是政府投入较大，农民配合参与程度较低，农村环境卫生质量提升较难。

农户的环境卫生意识与生活习惯需要进一步引导与改变。调查发现，有45.4%的农户承认存在环境卫生意识不强的问题，这成为保持与提升农村人居环境质量的最大难点。一些农户不常清扫房前屋后卫生，随意将生活污水直接倾倒进居住地附近的土壤或溪流。这些农户表示一直都是这样做的，同时认为家里干净或者不干净和政府无关，是个人家庭的事情，政府和干部也不应该管。

联系与动员农户参与整治工作的基层组织机构需要进一步加强建设。众所周知，当下农村经济进步是巨大的，但基层社会治理却明显相对滞后，村庄组织动员社会能力弱化。农户从农业外获取的收入不断增长，在566个样本农户中，73.9%的农户有务工收入，从而对村庄与土地依赖程度减弱。同时，95%以上的调查村庄没有集体经济收入，完全依靠转移支付收入保持基本运转，组织动员农户参与农村人居环境整治工作比较困难。显然，缺少村级基层组织对农户的联系与组织，农村人居环境整治政策难以正确宣贯，工作成效难以持续。

实地调查也表明，有183位，占比为45.6%的农户认为，影响当前农村人居环境整治进展的因素就在于村民意识弱、参与性低。调查发现，在多数农户看来，经济发展比保护环境更重要，在80个有效样本中，有55%农户认为发展经济要优先，只有45%农户认为环境保护要优先。调查显示，有12%的受访农户没有参加整治工作，而且村民参与整治工作的积极性普遍未激发出来，"被参加"现象时有发生，也存在"干部在干、群众在看"的现象。乡村干部也表示一些农户对他们的工作不理解、更不支持。同时，乡村干部对于农户的不参与行为，也缺少具体有效的解决思路与工作方法。

三、农村技术条件基础的约束，影响农村人居环境整治进度

在城乡二元结构没有完全改变的情况下，农村基础设施建设滞后，公共服务供给速度远远赶不上城市的状况，也不会快速改变。农村居住环境本来在整体上不及城市方便、卫生，推进农村人居环境整治工作约束于基础条件也是明显的。

调查表明，有566位，占比为51.8%的农户认为农村环保技术落后、设施条件匮乏是影响人居环境整治工作。其中，贵州和云南分别有75%和67.3%的农户指出这一因素对整治工作影响较大，而江西和福建的农户认为这一因素相对较少，占比分别为29.41%和24.53%。

调查中发现，许多村庄没有建设农村污水处理系统，建有污水处理设施的地方，污水收集处理后续工作也没有办法解决，只能让其排放在"指定区域"。这主要是因为技术条件与引用城市的整治模式不适用。同时，村庄分布较散，治理规模普遍偏小，农村污水垃圾处理量大面广，投资成本和运营成本普遍较高。这势必会影响农村人居环境整治工作的推进。

调研中发现，有些村庄的道路基础设施建设不够理想，特别是入户道路没有完全铺通。在调研的样本村，566位农户中，有71.4%的农户认为，已经实现了自来水全村供应，其中56.2%的农户认为本村自来水有偶尔发生断水、浑浊现象，10.7%的农户认为本村的自来水有经常断水、浑浊现象，二者合计占比达66.9%。

四、农村生活习惯性因素，影响农村人居环境整治工作质量

对于作为农村人居环境整治主要内容的生活垃圾处理，提出了分类与减量化处理的要求。然而，村民习惯却是不分类，整体打包丢到垃圾堆里。数据印证，当问及您家里的垃圾是否进行分类时，超过六成，即64.8%的受访农户明确表示他家的垃圾没有分类处理。

村民对生活污水处理也有随意排放的习惯，有140位，占比为24.7%的农户将生活污水直接倾倒进附近土壤或溪流。一项调查显示，占43.1%的调查农户会将农药包装、塑料薄膜任意丢弃在田间地头，或就地焚烧，或随便用土浅盖了事，有近10%的农户随意丢弃生活垃圾。海南某地2019年12月农村人居环境整治工作报告中指出，村民维护环境卫生意识不够高，存在镇村道路、房前屋后存在乱丢乱扔垃圾现象。

村民也有散养畜禽的习惯，认为散养比圈养要好，当整治工作要求村外集中养殖或圈养，做到人畜分离，有乡村干部表示，在农村中此项政策最难落实。就有这样的案例，为应对上级部门督导工作检查，有农户上午将畜禽临时圈养起来，等督导工作组一走，下午就将畜禽放出来，村道上仍然会留下畜禽粪污物。

调研发现，有一部分农户，不愿意打扫房门前屋后的卫生，村干部引导下，他们认为这是自己个人的私事，与政府和村干部无关，政府只管修路、架桥，至于家里干净不干净与他们无关。一些农户家里柴草堆放不整齐，房前屋后不整洁，污水直排等。

五、从村庄现场情况看，整治工作质量尚有一定的提升空间

通过对热带地区9省（区）46个村的实地调查发现，省与省之间发展不平衡，总体上看，福建、江西、海南抽样调查的村庄总体情况较好，贵州、广东在人居环境整治工作上有一定的提升空间。

调研中发现，一些村庄在人居环境治理时，重"表面"不重"肌里"。具体而言，一是在人居环境治理中仍然存在一些死角和盲区，如背街小巷，村周边、农田的田间等存在清理不到位或者整治工作反复的现象；二是发展不平衡不充分，示范村示范县整治效果明显，如市县集中优势资源和财力整治示范村，打造示范县，但其他示范村庄推进工作却不理想；三是开展村庄清洁行动时，只重视主干道、村委会、广场等地方，农户的房前屋后、庭院仍有很大的提升空间。

一些村庄在垃圾清运和农业生产废弃物清理时，重视"村内"，不重视村外及村周边。具体来说，一是村庄只重视村内部的环境，不重视村庄外部如村周边，历史存量垃圾点等仍有未及时整治的现象；二是有些村庄只把村内部垃圾转运到村外，未及时清运走；三是农业生产废弃物未得到及时清理，田间地头育苗盘、黑色地膜等。

还有一些村庄在开展人居环境整治时，只重视重点和单项工作，不重视统筹协调推进。具体说来，一是仅仅把农村人居环境治理理解为打扫卫生，清扫完垃圾了事，没有考虑垃圾如何处理与清运；二是没有将农村人居环境治理中的污水处理设施和管网建设与清理河塘污水等问题及时统筹衔接起来考虑，全面协同推进农村人居环境整治工作；三是很多农户和基层干部将农村人居环境整治工作看成突击性、临时性工作，检查组一来，突击整理卫生，检查组一走又恢复到常态，导致整治工作反弹，整治效果不能有效持续。

调研中也发现一些现实的情况，如村道上粪污暴露；花丛中、巷道内存在一些垃圾未及时清理；一些建筑垃圾未清理；没有污水处理设施；污水直排公共区域；村庄公共区域有杂物散落、果皮纸屑、果壳散落、白色垃圾乱飞等现象；垃圾和秸秆焚烧现象普遍；畜禽普遍存在散养现象，个别地方存在人畜混居现象；小广告、乱贴乱画现象较多；"红黑榜"制度落实不到位；乱搭乱建、残垣断壁未清理；柴草乱堆乱放；村周边树林暗藏生活垃圾、杂物；绿化和见缝增绿需大幅度加强；村路灯不亮等。这些问题基本上在每个调查村都不同程度地存在，尤其在随机抽查的村庄表现更为严重。

六、从机制建设看，部分市县对长效机制建设不够重视

各市县在组织机制方面均能制定方案，明确主要领导为责任人，指导督促下级单位按要求、按进度、保质保量推进人居环境整治工作。在市场化机制建设方面，仅有个别市县在进行美丽乡村建设时，引入了第三方资本的注入，用于修建基础设施，承担村里公共区域的保洁工作。绝大多数市县在市场化机制建设方面均为空白。在探索城乡统一的保洁机制方面，仅少数市县做得比较成功，如福建晋安区、长乐区在垃圾分类积分制等方面体系比较成熟，机制建设较好，并取得一定成效，同时采用了大数据互联网技术推动农村人居环境整治工作；海南省海口市龙华区和秀英区在垃圾处理、保洁员配备、粪污处理等方面基本可以做到城乡一体化管理，保证效率和工作质量。其他调研市县在这方面仍处于探索阶段，有很大的提升空间。

调查发现，在抽样调查的 1 550 位农户中，关于环境卫生评比的红黑榜机制是否在本村建立这项工作，12.3%的农户回答未建立此项机制，27.4%的农户不清楚是否开展红黑榜评比活动，二者合计占比为 39.7%。当问及红黑榜是否有奖惩配套时，14.2%的农户表示有物质奖励，当继续询问红黑榜这项工作对环境改善是否有作用时，50.3%的农户认为作用一般和没有作用。关于是否在本村开展文明家庭文明户的评选活动，38.1%的农户回答没有开展和不清楚，20%的农户认为这项工作上有物质奖励配套，问及开展此选项工作对环境有无改善作用时，认为作用一般和没有作用的农户合计占比为45.1%。关于环境卫生群众监督检举机制建设，19.6%的农户认为没有建立这项机制，39.4%的农户对这项机制是否建立不清楚，二者合计占比为59%。认为建立机制后在物质上有奖励配套的农户占比为6.4%，认为该项机制对改善环境作用一般和没有作用的比例合计占比为49.9%。综上所述，红黑榜、文明家庭文明户、群众监督和检举等长效机制建设方面，一些地方自治组织已经展开一些工作，但农户的知晓度及机制发挥作用的层面仍有很大的提升空间。

第五节　关于热区乡村人居环境长效机制建设的路径方法和对策建议

一、不断强化学习与引导机制，准确理解与执行国家政策

不断强化学习与引导机制，推动各级工作人员准确理解与执行国家农村人居环境整治提升政策。

其一，加强农村人居环境整治，提升相关政策及其标准的培训与学习机制建设，加强对市县乡职能部门以及村庄相关人员的培训与指导，特别是对政策与标准的理解和执行上，提供专门的解读与辅导专题学习与引导，提升市县镇干部对政策的理解能力。

其二，建立学习培训相关机制，加强对市县乡镇政府部门以及村庄工作人员的能力培训，侧重于对技术标准和监管等环节的培训，提高基层工作人员的能力与水平。

其三，加强技术指导机制建设，突出技术专家指导作用，将省内与省外的专家集中在平台上进行随时答疑，或者深入到现场进行技术指导，如解决厕所渗漏、污水治理、设施管护等方面的难题。

二、不断改善投入与激励机制，保障整治工作持续推进

不断改善投入与激励机制，保障农村人居环境整治工作持续推进。

其一，保障农村人居环境整治，提升工作的财政投入，扩大与用好地方资金用于农村人居环境整治提升工作。

其二，完善吸引机制，充分吸收社会资金，特别是乡贤及先富农户群体共同筹集的资金，促进人居环境改善提升。

其三，逐步建立垃圾、污水、农村厕所粪污收集处理等农户付费制度，促进形成可持续投入的机制。

其四，改善激励机制，激发乡村干部开展农村人居环境整治提升的积极性和主动性，发挥正向激励机制，对农村人居环境整治中表现突出的个人和集体进行表彰，并且加大奖励力度与丰富奖励形式；同时克服负向激励作用，坚决制止工作落实不力、环境问题突出，问题整改敷衍等现象，严格责任人员问责制度。

三、不断开展村庄清洁行动，确保村庄常年干净、整洁、有序

调研过程中发现，很多村庄存在检查和督导组一来就突击打扫卫生、清洁庭院的现实情况，不能形成常态化和可持续的村庄清洁习惯和机制，为了能够持续推动村庄清洁行动，形成常态化清洁机制，应从清洁的问题、养成良好的卫生习惯等方面着手，确保村庄常年干净、整洁、有序。

开展村庄清洁行动要从村庄的实际情况出发，突出清理卫生死角和盲区，重点关注房前屋后物品摆放不整齐、排水沟内暗藏垃圾、村周边树林内、畜禽粪便暴露、沟渠旁乱堆杂物和生产废弃物等一系列问题，通过动员全体农户广泛参与卫生活动月、卫生活动日、全民大扫除等活动，深入推进村庄清洁行动，培养农户树立干净、整洁的卫生意识，引导农户不断地改进不良的卫生生活习惯，养成健康的生活方式，使农户完成由被动向主动的转变，充分发挥基层党组织的战斗堡垒作用，村委会、村民小组、协商议事会和理事会的作用，强化示范引领的作用，加大宣传途径和宣传力度，促进村庄清洁活动成为一种常态化的行为习惯，确保村庄清洁工作由突击式清洁向常年干净整洁转变。

四、持续高质量推进厕所革命，加强厕所粪污资源化利用

厕所革命半年攻坚行动已接近尾声，大部分省份、村庄已经基本完成改厕任务。在此基础上确保建成厕所的质量，建成的每座厕所都能达到技术标准、符合验收要求是厕改工作的重点，对一些符合验收标准的农户要及时发放补助，整理验收材料，及时完成现场质量监督和档案整理两项工作；对不符合验收标准的厕所要及时进行整改，如化粪池没有预留口，全部掩埋，或者有预留口提前打开直接导致粪液渗出等问题，对这些问题进行技术指导和质量管控，并及时返工，确保施工规范和质量监管到位。

加强培养和建设基层政府从事厕所革命工作任务的队伍和组织，加强技术的培训与学习，掌握相应的厕所改造的技术和知识，做到能够专业、专心、专注从事厕所革命的推进工作，保证改厕过程中各环节的质量监督与指导，保证后续化粪池的竣工验收与检查，加强后续粪污资源化利用的步伐，探索符合热区 9 省（区）实际的粪污资源化利用模式，为厕所革命后续工作提供持续长久的技术与资金支持。

自农村进行厕所革命以后，很多采用一体化注塑化粪池，很多农户的化粪池满了后不愿花钱清掏，或者故意破坏化粪池让其渗漏，或者干脆不用改造后的厕所，热区省份农村面临一个很大的难题，厕所粪污如何收集整理和资源化利用问题，暂时由财政出资到各家各户进行抽粪不是长远之计，应充分发挥自治单元的功能与作用，鼓励集体经济出资购买粪车，采取"公益服务+市场化服务"相结合的原则来解决无人抽粪和不愿意抽粪的现实，继而探索粪液集中发酵后变废为宝的路径，真正做到粪污资源化再利用，为产业发展助力。

五、持续加大市县镇村干部培训力度，提高工作任务的执行力

调研中发现，部分基层干部对人居环境整治工作的重要性理解不大到位，对省市出台的相关文件理解不到位，政策落地难。很多地方出现"政府干部不愿干、农户站在路边看"的情况。除了对政策理解不到位，在执行工作过程中也存在畏难情绪，觉得人居环境整治工作就像一阵风，挺挺就过去了，应付一下工作的现象大有存在。本身的工作能力也存在一定的欠缺，工作方法和基本的技能和技巧等方面有待得到专业的指导和培训。

为破解这一难题，有必要对农村人居环境整治相关工作进行专项的攻坚培训，特别

在政策解读、具体措施执行、工作方法改进、信息资料收集整理以及迎检资料准备等方面，让他们弄准工作的标准和流程，明确主体任务分工，提升干部理解政策和宣传政策的能力，用好工作抓手，建立奖惩机制，与干部的绩效考核相挂钩，将其作为一项重要的整治任务来狠抓，切实加强农村人居环境整治工作的落实。

六、理顺工作关系，完善工作责任制，确保工作任务落实

厘清目标任务，将农村人居环境整治工作放在战略高度，也放在现实工作中，做到上接政策任务，下落实到责任主体，落到责任主体就要建立严格的目标考核机制，将此项工作当做一个重要的整治任务来抓，明确责任主体，设定责任目标，建好考核机制，协同推进人居环境整治工作向纵深方向发展，保证整治的质量和效果。

一是要理顺相关职能部门关系，坚持一件事情一个部门负主要责任，明确整治工作中的主要责任与次要配合责任，建立协商沟通与解决机制，认真落实整治工作任务。

二是要强化与乡镇主要领导签订目标责任制度，要强化与干部绩效考核相挂钩制度，从责任担当角度确保整治工作落实与不反弹。

三是要强化行政村党组织书记工作责任制，特别是要明确自然村或农户小组层面分管责任人，建立联系和督促保洁员和农户的责任制度，推进农村人居环境整治工作落实。

四是要建立落实农户责任制。例如，以建立环境卫生"红黑榜"或"荣辱榜"为抓手，落实农户层面的责任制。

七、优化工作方法，找对工作路子，确保完成工作任务

农村人居环境整治覆盖面广、任务重、考核指标多，在推进工作中遇到的困难较多，有历史的和现实的困难，也有资金和生活习惯的问题，也有农户不参与、政府干部不作为的现实，因此在推进该工作的过程中必须从当地的实际出发，具体问题具体分析，与农民群众打成一片，探索多种途径和形式及工作的方法和细则，促进任务的完成。

一是先易后难。比如可从环境卫生打扫、垃圾处理、村庄道路硬化、净化、亮化、绿化等只要有投入就容易见效的工作着手；再从培养卫生健康生活习惯等思想层面较难做的工作着手。

二是分类施策，根据乡镇情况、村庄聚集、民情等特点，采取不同的工作方法。比如，垃圾处置收运体系建设、垃圾收集点布置、农户责任制度、保洁员制度、监督制度、收运制度等，要因乡镇、村庄、民情情况不同而建立相宜的工作方法。

三是完善机制。对不同的整治内容建立和完善相应的工作机制，如建立和完善垃圾处理、庭院卫生等责任制；建立和完善政府、社会、村庄等多方投入机制；建立比学赶超、随机抽查、舆论监督等成效保障机制；建立与强化整治工作与农户利益相关机制，可通过先进示范或参观体验，让农户感受到居住环境改善给他们生产生活带来便利性、舒适性、经济性，吸引他们积极参与整治工作。

八、突出乡村治理，调动农户参与整治工作的积极性

乡村治理是国家在农村治理基层的一种重要途径，也是乡村振兴和人居环境整治的重要抓手，在农村人居环境整治过程中要充分与乡村治理相结合，与农村的德治、自治和法治及社会主义核心价值观相结合，与文明乡风和农村公共事业发展密切结合，充分发挥基层党组织的战斗堡垒作用、自治单元和行政村和村民小组的作用及各种协会和第三方组织的作用，吸引农户参与到农村人居环境整治中来，这样才能找到主体、找对路子、找到方法，调动农户积极参与农村人居环境整治工作，促进人居环境整治工作向着高质量、高标准的方向迈进。

一是加强村级组织建设，发挥村党组织的领导核心作用、农户委员会和村务监督委员会的自治和监督作用，以及村务协商会的协调议事作用，调动农户参与到整治工作中来。

二是发挥行政村特别是自然村或农户小组作用，有效实施"门前三包""三要三不要""红黑榜"、积分管理制度等激励措施，吸纳农户参与到整治工作中。

三是通过先进示范或参观体验，让农户代表身临其境地感受到居住环境改善给他们生产生活带来便利性、舒适性、经济性，强化整治工作与农户利益的相关性，吸引他们积极参与整治工作，保障整治工作的进展与成效。

九、构建长效机制

（一）从农村人居环境整治相关主体层面着手，构建整治长效机制

农村人居环境整治主体有政府、乡村组织和干部、农户以及社会组织等主体，构建农村人居环境整治的长效机制，需要发挥各主体的作用。

一是政府层面，以责任制度保证整治工作成效。按照"不忘初心、牢记使命"主题教育要求，强调政治站位，理顺相关职能部门关系，坚持一件事情由一个部门负主要责任，明确整治工作中的主要责任与次要责任配合，建立协商沟通与解决机制，认真落实整治工作任务。强化主体任务与配合任务都是工作任务的大局意识，提升乡村干部宣传执行政策、分工配合、发动村民参与的能力，切实提高农村人居环境整治工作完成质量。强化与乡镇主要领导签订目标责任制度，强化与干部绩效考核相挂钩制度，从责任担当角度确保整治工作落实。

二是村庄层面，以治理制度推动整治工作成效。加强村党组织和党员作用，强化行政村党组织书记的领导责任，特别是要发挥自然村或村民小组自治、德治方面的功能。发挥村规民约作用，将人居环境整治相关内容融入村规民约，并成为村民认同、共同遵守的行为规范。

三是农户层面，以激励制度拉动整治工作成效。建立与强化整治工作与农户利益相关性，可通过先进示范或参观体验，让农户感受到居住环境改善给他们生产生活带来便利性、舒适性、经济性，吸引他们积极参与整治工作。可建立以环境卫生"红黑榜"或"荣辱榜"等制度为抓手，落实农户评比制度；建立和完善积分制度，积分换物品

或其他对农户有用的东西，引导农户形成良好的生产生活习惯，激励农户积极参与整治工作；加大人居环境整治先进村镇的示范作用，使他们有资金持续推动农村人居环境整治工作。

（二）从农村人居环境整治工作方法层面着手，构建整治长效机制

一是规划引领，确保整治方向不偏。发挥人居环境整治规划引领作用，指导、推动和支持各地编制好村庄布局和建设规划。把村庄道路、污水和垃圾处理、饮水安全工程等纳入有关专项规划，有了规划保方向，就能解决"有钱不会花、不敢花"的问题。

二是先易后难，确保整治工作有序。由易到难、循序渐进，可从环境卫生打扫、垃圾处理、村庄道路硬化、净化、亮化、绿化等入手，这些地方只要有投入，见效就容易；再从培养卫生健康生活习惯，重点采用宣传、引导、村规民约等社会主义核心价值观的引领作用入手，这些思想观念层面的工作较难做。

三是分类施策，确保整治不"一刀切"。实行分类指导，不搞"一刀切"，具体问题具体分析，鼓励地方探索创造，根据乡镇实际情况、村庄聚集、民情等特点，采取不同的工作方法。

（三）从农村人居环境整治机制建设着手，构建整治长效机制

一是加强投入机制建设，确保整治工作持续。确保财政投入只增不减，指导职能部门、乡镇用准用好政策资金，发挥专项资金杠杆作用，采取以奖代补、先建后补等方式，吸引社会资金投入垃圾收运等可社会化的工作环节，试点建立健全农村垃圾收缴费制度，建立和完善政府、社会、村庄等多方投入机制。

坚持农村环境治理市场化、专业化和产业化方向，吸引社会企业参与农村环境整治事业；建立环保企业信用评价制度，引导公众参与及信息公开，将违约失信的环保企业纳入黑名单进行动态管理。

加大地方政府债券用于农村人居环境整治工作的力度，慢慢形成优先财政在农村人居环境整治领域，地方政府债券多使用一点，第三方机构多投入一点的模式，提高土地出让收入用于农村人居环境的比例。

二是加强监督机制建设，确保整治工作规范。整合脱贫攻坚督查组工作，加强督查组常态整治工作督导，既要明察也要暗访；结合第三评估，实查严督、传导压力、落实责任，推进职能部门、乡镇、村按时按质完成整治工作任务。组织乡镇互查与建立排名评比机制，比如，进行季度或半年度工作成效评比活动，对于排名前三名的给予相应额度的工作奖励，后三名给予通报批评或黄牌警告或约谈，并按相关规定扣罚。通过电视台和报纸及内部通报等监督形式，对整治中的各种负面典型进行曝光，让相关责任干部"红红脸、出出汗，不好过"，以此引起足够重视，促进农村人居环境整治工作有效推进，保障人居环境整治工作质量不反弹。

用好督促检查的利器，通过调研、督导、督查、督办的形式跟踪了解与农村人居环境整治相关的进展情况，及时发现问题并推动解决问题，对重点不能解决的问题要建立台账，限时销号，较真，硬碰硬解决问题，推动各项任务落地，对措施不力、搞虚假形式主义、劳民伤财、无效实施的建议依法依规批评问责。

　　用好正向激励机制。对开展农村整治有力的市县与乡镇给予正向激励措施。比如，以县为单位开展验收，排在前列的市县要给予精神奖励和现金奖励，以充分调动干部和群众参与农村人居环境整治的积极性。

　　建立完善的投诉处理机制，对农村人居环境整治中存在的各类问题要建立投诉渠道，能够建立相应的部门及时解决问题，力争把问题解决到位。

第三篇　热区乡村人才振兴研究

第一节　前　言

一、研究意义、目的

习近平总书记指出："乡村振兴，人才是关键。要积极培养本土人才，鼓励外出能人返乡创业，鼓励大学生村官扎根基层，为乡村振兴提供人才保障。"《乡村振兴战略规划（2018—2022年）》指出，实行更加积极、更加开放、更加有效的人才政策，推动乡村人才振兴，让各类人才在乡村大施所能、大展才华、大显身手。在城乡二元分割的历史与现实背景下，城乡人才流动遭遇结构性困境，乡村人才向城市的单向流动，城市人才流向农村体制机制不畅。乡村振兴中的人才短缺问题是各地的普遍性问题，热区乡村也不例外。

乡村人才振兴研究主要集中在：一是乡村振兴人才短缺问题研究。魏后凯（2018）指出人才短缺瓶颈直接制约着乡村发展，也将直接影响乡村振兴战略的实施。二是乡村振兴人才作用研究。张磊（2018）认为乡村振兴需要一些勇闯、敢拼、肯干的领头羊，他们富有知识能力和技术才能，有创新创业的事业拼搏之心，能为乡村事业发展贡献强大力量。三是乡村振兴人才发展路径研究。卞文忠（2019）建议通过外部引进与内部培养，打造高素质人才队伍来为乡村振兴提供人才支撑。以上研究没有涉及热区人才振兴研究，但为本研究提供了思路。

因此，研究热区人才振兴，对于热带地区农村产业发展、社会治理、公共事业发展、人居环境、脱贫攻坚、乡村振兴等方面有巨大的支撑作用，引导人才在热区乡村自由流动，吸引人才到农村工作，能够改变农村落后的面貌，通过多种途径和形式留住人才在农村创业与工作，可以带动一方产业发展，能人扎根农村治理可以激活热区乡村人才资源，激发人才在乡村振兴中的支撑与引领功能，有望实现产业兴旺、生态宜居、治理有效，从而实现热区乡村全面振兴。

二、研究方法

热区人才乡村振兴研究是一项比较复杂的研究，既涉及历史，又涉及现象；既涉及区域共性，又涉及内部差异；既涉及大样本的调查，又涉及深度的过程分析。因此，课题组将采取多种方法进行研究。

（一）案例研究

课题的主要研究对象是热区人才乡村振兴的基础、现状与路径，相关分析离不开实践案例，因此需要进行案例研究，一是个案深度研究，解剖热区与研究方向密切相关的典型个案村；二是多个案比较研究，求同寻找区域特征，求异寻找特殊的自然、历史条件。本课题组的个案来源有三部分：一是课题组自己整合所内及院内科研力量在热区开展的跟踪、深入调研；二是协同研究单位中国农业科学院在热区 9 省（区）的"深度历史调查"资料；三是热区人才振兴的典型案例与民政部的改革试验区的村庄。课题组将选择这些村庄进行个案和多案例研究。

（二）数据分析

课题组要进行理论研究和模型建构，因此需要利用大样本、大数据进行计量分析。课题组拟利用两类数据：一是围绕热区乡村人才振兴方向设计的调查问卷数据，将在热区村庄个案调查中采集；二是热区 9 省（区）各级地方政府的公开统计数据中的相关数据使用。通过这些大数据来助力热区人才振兴方面的相关研究。

（三）理论分析

热区人才乡村振兴研究既是现实和政策研究，更是一项理论研究，因此课题组运用理论演绎、归纳及理论抽象的方法。一是理论演绎，考察热区人才振兴中经济发展要素与治理有效要素，演绎出影响热区乡村人才振兴的重要因素；二是理论归纳，主要体现在个案和多个案的研究方面，多个研究内容需要基于个案开展概念建构与模型建构；三是理论抽象，在人才振兴的现状及实践案例与经验中抽样和概括出新的理论观点，以促进人才振兴的实践发展。

三、数据来源

人才振兴专题的数据来源于热区乡村振兴创新团队课题组深入到农业农村生产第一线而获得的数据资料和访谈资料。在调研过程中采用参与式观察和入户访谈的方式，通过"望、闻、问、切"等方式采集到第一手的数据资料，通过深入访谈获得了第一手数据资料，通过对数据资料的收集、整理、加工、处理，形成系统的资料库，为热区人才振兴研究提供有力的数据支撑；通过访谈而获得的第一手数据资料，通过加工、整理、概括、总结，形成系统完备的调研笔记，为撰写报告与专著提供基础资料。系统的数据调研、规范的数据整理、完整的资料基础为热区人才振兴研究提供了基础数据与研究资料，保证了课题组所反映问题的精准性，也为对策建议的提出提供了前提和基础。

四、调查的地点与方法

项目组通过问卷调查、参与式调查等方法，深入海南、广东、广西、湖南、云南、四川、福建、江西等热区省份，对农户、村干部、县干部进行深入的访谈与问卷调研，了解了热区人才振兴的现状、问题和影响因素等，获得了政策执行现场的第一手数据资料，保证了资料的真实、鲜活和时效性，为开展研究提供了大量的基础资料。因而，本文所涉及的数据均来自中国热带农业科学院科技信息研究所调研组实地调查得来的数据资料，另有注明的除外。

五、文件报告资料

搜集整理所调查的各省市县农业农村、住房建设、卫生等部门的政策管理文件、经验材料、总结报告，乡镇政府的政策文件、总结材料、规划及乡村发展的章程、制度、工作方案和协会文件等。

六、研究过程

通过脱贫攻坚与乡村振兴相衔接的视角，将热区人才振兴放到乡村振兴和农村公共事业发展的大格局下开展相应的研究。首先，通过政策执行现场的预调研和调研获得第一手的数据资料，通过数据资料的加工、整理、概括和提炼发现本研究的问题意识。面对城乡二元发展的历史背景，如何创新热区乡村人才振兴工作体制机制，发挥人才市场的决定性作用，引导热区城乡人才自由流动，激活热区乡村人才资源，激发人才在乡村振兴中的支撑与引领功能，从而实现热区乡村全面振兴。其次，综合运用实证研究、扎根理论、文献研究法、案例分析法、数据分析法等方法，概括影响热区人才振兴的影响因素与存在的问题。尝试进行理论创新，目的是使理论能够更好地指导实践；最后，创新性的总结和概括出热区人才振兴的路径与对策，争取为热区政府管理和决策提供服务，为热区产业和社会事业发展助力，为热区经济和社会服务。

第二节　热区乡村人才振兴现状

在热带地区 9 省（区）的调研中发现，乡村人才外流现象依然存在且形势严峻，很多农村为"空壳村"，在村中留下了"386199"部队，村庄的小学年级和老师都存在年年缩减的现象。例如，广西乌柳村的一位校长反映，每年都会有大中专毕业学校的老师到村小学工作，但每个人都因村里的环境和待遇不佳，很快调离乡村教师岗位，到县城寻求更好的学校与工作岗位。85%以上的村庄缺农业技术人员、缺乏乡村治理的专业人才、紧缺大学生及优秀的乡贤返乡创业，热区乡村振兴亟须各类人才加入。在四川攀枝花也有因产业发展而聚集了人气的村庄，村中芒果产业发达，产量高、质量好，村庄因杧果产业发展专门成立了协会和合作社，很多年轻人选择留在村里专心做产业不外出打工，村里的劳动力因产业发展需要而留在村里供应芒果产业的分拣和运输等生产环节。海南省乡村振兴工作队作为一支中坚力量在促进产业发展、人才培养、脱贫攻坚、乡村治理等方面发挥了很大的作用。

一、热区农户认知里的人才振兴愿景

(一) 关于乡村振兴战略关键依靠力量是谁的探索与思考

在 673 个有效样本中，认为乡村振兴战略关键依靠力量靠政府扶持的人数为 371 人，占比为 55.1%；认为乡村振兴战略实践重点靠村干部带动的人数达 101 人，占比达 15%；认为乡村振兴战略的实施关键靠村民自身团结努力的人数为 159 人，占比为 23.6%；认为乡村振兴实践需要依靠乡贤带动和乡镇企业带动的比例为 0.9% 和 2.7%；认为乡村振兴实践主要依靠其他力量实践的比例为 2.7%，见表 3-1。由此可见，农户认为乡村振兴主要依靠力量为政府的支持，次要力量才是农户自身的努力。

表 3-1　农户对本村践行乡村振兴战略关键依靠力量的反馈

农户反馈	样本数/户	占比/%
靠政府扶持	371	55.1
靠村两委带头	101	15
靠乡贤带动	6	0.9
靠村民自身团结努力	159	23.6
靠乡镇企业带动	18	2.7
其他	18	2.7
合计	673	100

在调研中发现，接近六成的农户和村干部认为，在乡村振兴战略实施过程中，政府应加大基础设施的投入力度，引入相关产业、追踪市场行情，建立起系统、完备、运转有效的产业发展机制，既可以实现农民增收，也可以解决劳动力就业的现实问题。在产业发展中 90% 以上的农户渴望新品种和新技术在生产中得到应用，希望得到农业技术专家手把手、点对点的传授与指导。更为重要的是，农户最希望得到市场销售的有效信息，希望通过最小的投入获得最大的收益，种到地里的东西就能卖出好价钱，希望政府能够解决市场端的价格和信息问题。农户对政府的期望很高，依赖心理也很强。从数据上看，仅有 23.6% 的农户认为在实施乡村振兴战略中关键依靠村民自身的团结与努力。由此看来，热区农户在乡村振兴战略参与中内生动力不足，信心不足，把更多的希望寄托于政府的投入与支持，没有更多从自身角度谋划和思考该如何适应市场和产业发展的需求，主动承担起乡村振兴的战略的大业，如图 3-1 所示。

(二) 在农户眼里乡村实现人才振兴的关键

在访谈的 673 个有效样本中，认为乡村实现人才振兴的关键是如何吸引人才，比例为 18.7%；认为关键靠如何培养人才的为 13.5%；认为如何留住人才是关键的占比为 5.3%；认为以上 3 种因素都是关键的人数为 420 人，占比为 62.4%，如图 3-2 所示。

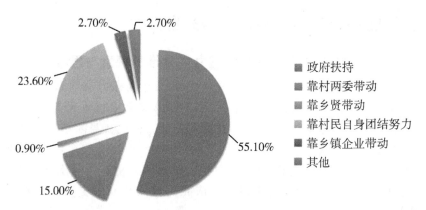

图 3-1 本村践行乡村振兴战略关键依靠力量是谁

调研中发现，农户大都懂得用系统思维来回应人才振兴中存在的现实问题，大家都晓得人才振兴的关键应是一个复核因素影响的结果，需要综合考虑多方面的因素，包括做到想方设法吸引人才，想尽办法培养人才，绞尽脑汁留住人才，以及综合发力将以上3 种因素综合起来，结合乡村的实际情况看能否留住人才、用好人才、振兴人才。

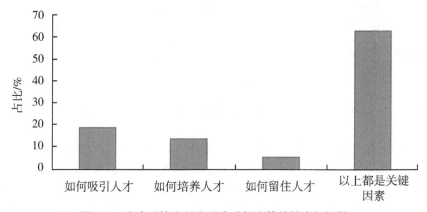

图 3-2 农户反馈乡村实现人才振兴的关键应如何做

现实中，各调研村庄人口净流出现象十分普遍，村里基本上没有什么合适的人在村里做点有响动的事情。在广西、贵州、广东、江西等省（区）的调研村庄，自然条件差、地理位置偏远、产业发展滞后，大量青壮劳动力外出，乡村大地一片寂静，只听到几只鸟叫和一些无人居住的房子在山间孤零零地伫立着，但这些在县城打工安家的农户会回到村里种植一些作物，所种植的作物生长期较长，也容易管理，如玉米、水稻等，待成熟后，回来收割即可。这种类型的村庄在人才振兴的道路上举步维艰。在海南、福建、云南、四川的样本村庄调研时发现，这些村庄发展过程中有一定的产业做支撑，能够留住和吸引一些农户回村工作，例如，海南海口农丰村在驻村第一书记和乡村振兴工作队的带动下，发展了蔬菜大棚，成立了专业合作社，通过主抓带头人和乡贤践行人才的培养与产业发展的成功做法，一是主抓党支部、村两委、检委会等带头人，把他们拧成一股绳，把全村的干劲激发出来；二是抓退休干部、老党员、老书记、外出的乡贤，他们热爱村庄且有公益心和迫切心发展村庄的事业和产业，由他们来带动就会取得很好的效果。这类有驻村工作队、新乡贤、党员、退休干部参与的村庄在人才振兴上会容易得多，至少干部搭台、人才唱戏的基本雏形已具备，更有利于人才振兴的早日实现。

综上，在农户眼里，乡村人才振兴主要依靠力量应为一种复合影响因素的综合体，需要吸引、培养、留住人才三措并举，依靠政府投入、产业发展、资源倾斜、能人带动、乡贤参与、农户成长等要素资源的全力投入，经过协同发力后方能形成良好的效果。

（三）村庄建设是否缺乏人才的现状

在调研的 760 个有效样本中，有 679 人反映本村缺乏乡村建设人才，占比高达九成以上，即 89.4%；有 48 位农户回答他们所在的村庄不缺少人才，占比仅为 6.3%；有 33 位农户对本村是否缺乏人才的问题表示不清楚，占比为 4.3%，见表 3-2。

表 3-2　农户对本村是否缺乏人才的反馈

农户反馈	样本数/户	占比/%
是	679	89.4
否	48	6.3
不清楚	33	4.3
合计	760	100

在所调研的样本村里，90%以上的村庄没有集体经济，农民大都以外出务工为主，村干部大都是 60 周岁以上没有打工能力的人群，本村大学生毕业后都会选择留在读书的城市或者省会城市就业，仅有海南省抽样调查的村庄配备了乡村振兴工作队和驻村第一书记、党建管理员、大学生村官等乡村振兴人才。在福建省抽样调查的村庄乡贤作用发挥明显，很多乡贤不在村里生活，每逢清明和春节会返回家乡祭祀祖先和过年，乡贤为村庄公共事业发展不仅集资出钱，还出谋划策，成立了村中养老食堂，为 60 周岁以上的老人提供一日三餐，解决了很多行动不便老人的生活问题；另外，为村庄产业发展积极规划、出地、出钱，促进乡村休闲农业发展。如海南省新坡镇一位将企业设在村中的创业者，也因成本过高，没有享受到减税等福利政策而准备撤出企业等。

综上，热带地区就省份在乡村振兴发展中，乡村人才非常短缺是一个事实；此外，乡村干部年龄偏大，没人愿意竞选村委会干部，大学生不愿意回农村发展创业等，乡村产业发展之路和人才建设之路任重而道远。

二、农户接受人才帮扶的情况

（一）农户接受乡村人才项目的帮扶情况

1. 金融优惠情况

据调研显示，在 760 个有效样本中，有 90.0%的农户未接受过金融优惠项目的帮扶；在获得金融优惠政策的 51 位农户中，有 56.9% 的农户对金融优惠项目的支持持一般和比较满意的态度。在热带地区 9 省（区）中没有接受金融扶持项目的比重分别为，广西 93.4%、海南 96.5%、云南 80.8%、贵州 62.5%、湖南 88.7%、广东 97.9%、四川 73.7%、江西 94.1%、福建 96.2%。以上数据表明，金融帮扶项目在乡村发展中未大范围实施，农户获得帮扶的情况不够理想，贵州和四川两省获得金融帮扶的情况稍微好一点点，湖南和云南的帮扶情况相对一般，广东、海南、广西、江西、福建获得金融帮扶的比例较低。

2. 社保补贴

据调查显示，有 25.5% 的农户接受过社保补贴的项目帮扶，85.7% 的农户未接受过社保补贴项目的扶持，2% 的农户对社保补贴项目的情况不了解，综上，没有接受过社保补贴和对此项目不清楚的农户占比合计为 87.7%。在接受社保补贴的 94 位农户当中，有 25.5% 的农户表示对此项目补贴非常满意，有 59.6% 的农户对此表示比较满意，有 10.6% 的农户表示一般满意，有 2.1% 的农户表示不太满意，2.1% 的农户表示很不满意。广西、海南、云南、贵州、湖南、广东、四川、江西、福建各省份享受社保补贴的比例分别为 9.8%、7.5%、9.6%、27.1%、30.6%、22.9%、22.8%、0%、1.9%。由此可见，在社保补贴项目扶持方面，湖南省所占比重较高，江西和福建所占比重相对较低；综上，项目扶持的比重不大，农户的满意度有一定的提升空间。

3. 生产补贴

在热区 9 省（区）的调研中发现，21.3% 的农户接受过生产补贴，76.6% 的农户未接受过生产补贴的帮扶，2.1% 的农户表示不清楚。在接受生产补贴的农户中有 23.5% 的农户表示非常满意，15.4% 的农户表示一般满意和不太满意。其中，丘陵地区获得生产补贴的占比为 36.5%，山地地区的占比为 19.5%，平原地区的占比为 20.00%，在丘陵、山地、平原中获得生产补贴的农户中，持非常满意态度的占比分别为 14.4%、29.8%、17.6%，持不太满意的占比分别为 11.1%、1.2%、3.9%。可见，平原地区获得的补贴比例相对较高，但平原地区获得补贴的农户对此的满意度却排在中间；山地的农户获得补贴最少，满意度却相对较高，占比达 29.8%。在热带地区 9 省（区）中，享受生产补贴较多的省份分别为四川、云南、湖南，占本省的比例分别为 43.9%、43.5%、36.5%；享受生产补贴较少的省份为福建、江西，占比分别为 0%、2.9%。

4. 技术服务

在所调研的 760 个有效样本中，接受过技术服务帮扶的农户占比为 21.6%；没有接受技术帮扶项目支持的占比达八成，为 76.7%；对此项服务表示不清楚的占比为 1.7%。接受帮扶的农户对该服务的态度分别持非常满意、比较满意、一般、不太满意，占比分别为 34.8%、57.3%、7.3%、0.6%，可见持比较满意态度的人居多。在热区 9 省（区）中获得该项服务占比的情况是，四川、云南、贵州的占比分别为 63.2%、42.3%、37.5%；湖南、广西、海南、广东的占比分别为 29%、16.4%、15.1%、16.7%；江西、福建均为 0%。由此看来，对该项服务的开展持比较满意的农户较多，四川获得该项补贴的农户占比相对较高。

5. 立项扶持

据调查反映，仅有 27 个农户接受过项目立项扶持，占比为 3.6%；有 712 个农户未接受过立项扶持，占比为 93.7%；对该项扶持表示不清楚的占比为 2.8%。在立项的 27 个农户中，37%对此持非常满意的态度，59.3%的农户对此持比较满意的态度，3.7%的农户对此持一般满意的态度。在 9 省（区）中，占本省立项比例最高的为四川，占比为 15.8%；立项比例为零的省份为福建。由此看来，接受过项目立项的农户比例并不是很高，即使立项省份较好的四川也没有达到两成。

6. 营销服务

调查统计数据显示，在 760 个有效样本中，仅有 31 人接受过营销服务方面的帮扶，占比为 4.1%。在 4.1%的农户中有 45.2%的农户持非常满意态度，6.5%的农户持一般满意的态度。从居住地形上看，居住在山地的农户接受营销服务的占比相对较高，可达6.0%；居住在平原地区的农户接受营销服务的比例相对较低，占比达 1.2%。从各省的情况看，四川和云南提供营销服务的占比相对较高，分别为 17.5%、13.5%。由此可见，总体上该项服务开展不充分，占比仅为 4.1%；从各省（区）的情况看也不是很理想，占本省样本比例较高的两个省份也没有达到两成。

7. 免费培训

调查显示，有 43.6%的农户接受过免费培训服务，9 省（区）接受免费培训的比例情况分别为，广西 63.9%、海南 35.7%、云南 67.3%、贵州 39.6%、湖南 53.2%、广东 35.4%、四川 91.2%、江西 5.9%、福建 20.8%，见表 3-3。

表 3-3　农户接受免费培训的情况

省份	接受培训	样本数/户	占比（占本省的样本比）/%
广西	是	39	63.9
海南	是	123	35.7
云南	是	35	67.3
贵州	是	19	39.6
湖南	是	33	53.2
广东	是	17	35.4
四川	是	52	91.2
江西	是	2	5.9
福建	是	11	20.8

8. 组织吸纳

在 760 个有效样本中，有 57 个农户接受了组织吸纳，占比为 7.5%。在 57 个农户中，持非常满意、比较满意、一般的占比分别为 28.1%、64.9%、7.0%。由此可见，组织吸纳情况不理想，还有很大的提升空间，见表 3-4。

表 3-4　农户对组织吸纳情况的反馈

农户反馈	样本数/户	占比/%
非常满意	16	28.1
比较满意	37	64.9
一般	4	7.0
合计	57	100

（二）热区农户接受人才帮扶的评价与效果

调研组通过对热区 9 省（区）实地调研发现，政府、社会组织、科研研所、企业等主体在金融优惠、社保补贴、生产补贴、技术服务、立项扶持、免费培训、资金奖励、组织吸纳等 12 个方面提供了对农户的帮扶。在 760 个有效样本中，获得金融优惠、社保补贴、生产补贴、技术服务、立项扶持、营销服务、税费减免、资金奖励、荣耀表彰、领导慰问、免费培训、组织吸纳的比例分别为 6.7%、12.4%、21.3%、21.6%、3.6%、4.1%、2.2%、5.7%、5.3%、5.7%、43.6%、7.5%。以上数据表明，农户接受人才帮扶的情况开展不够深入，仅有免费培训的比例相对较高。接下来重点探讨此类人才帮扶项目对农户的经济增收、对专业技能提升及生活环境改善到底有没有帮助。

1. 接受人才帮扶项目对经济增收是否有帮助

据调查统计，在接受人才帮扶下的 536 个有效样本中，有 76 个农户认为人才帮扶项目对个人的经济增收帮助很大，占比 14.2%；有 175 个农户认为人才帮扶项目对个人的经济增收有所帮助；有 25.4%的农户认为人才帮扶项目对个人的经济增收帮助作用不明显；有 27.8%的农户认为人才帮扶项目对个人经济增收没有帮助，见表 3-5。

表 3-5　接受人才帮扶项目对农户的经济增收是否有帮助

农户反馈	样本数/户	占比/%
帮助很大	76	14.2
有所帮助	175	32.6
作用不明显	136	25.4
没有帮助	149	27.8
合计	536	100

从地形分布上看，居住在丘陵的 53 个农户接受过人才帮扶项目，其中持帮助很大、有所帮助、作用不明显、没有帮助的占比分别为 7.5%、45.3%、30.2%、17.0%；居住在山地的 297 个农户中的占比分别为 17.5%、33%、23.2%、26.3%；居住在平原地区的农户占比分别为 10.8%、28.5%、27.4%、33.3%。综上数据表明，以上三种地形中对人才帮扶项目持有所帮助态度的比例相对较高，分别为 45.3%、33%、28.5%。

由此可见，接受人才帮扶项目的农户对经济增收的帮扶效果不够理想，从总体上看，仅有 14.2%的农户认为对经济增收的帮扶作用很大；从地形上看，居住在山地地区的农户仅有 17.5% 的农户认为对他们经济增收的帮扶作用很大。

2. 接受人才帮扶项目对专业技能提升是否有帮助

据调查显示，在 536 个有效样本中，对接受人才帮扶项目对个人专业技能提升持帮助很大、有所帮助、作用不明显、没有帮助的样本数分别为 74 人、191 人、121 人、150 人，占比分别为 13.8%、35.6%、22.6%、28%。由此看来，接受人才帮扶项目对个人专业技能提升持帮助很大和有所帮助的比例合计为 49.4%，人数合计为 265 人。由此看来，人才帮扶项目对专业技能提升有一定的帮助作用。

热带地区 9 省（区）在接受人才帮扶项目扶持的过程中，各省对人才帮扶项目是否对农户专业技能提升有所帮助表现出差异化的统计结果，具体情况是：广西有 7.8% 的农户认为帮助很大，49.0% 的农户认为有所帮助，25.5% 的农户认为帮助作用不明显，17.6% 的农户认为没有帮助；海南认为人才帮扶项目对农户专业技能提升帮助很大、有所帮助、作用不明显、没有帮助的比例分别为 7.4%、28.8%、26.5%、37.2%；云南依次占比为 27.7%、44.7%、19.1%、8.5%；贵州依次占比为 20.5%、46.2%、28.2%、5.1%；湖南依次占比为 6.5%、58.7%、21.7%、13%；广东依次为点比为 16.7%、38.9%、13.9%、30.6%；江西的占比情况为 10.0%、10.0%、10.0%、70.0%；福建依次占比为 0.0%、13.2%、7.9%、78.9%。以上数据表明，热区 9 省（区）中，农户反馈人才帮扶项目对农户专业技能提升帮助很大，占比最高的省份为四川。在有所帮助方面占比较高的省份为湖南，占比为 58.7%；持没有帮助态度占比最高的省份为海南，占比为 37.2%。由此看来，四川在专业技能培训方面起到了一定作用，在帮助很大和有所帮助两个维度上，二者合计占比为 75.9%。

3. 接受人才帮扶项目对农户生活环境改善是否有帮助

据调查显示，在 536 个有效样本中，反馈人才帮扶项目对农民生活改善有所帮助的具体情况是，认为帮助很大、有所帮助、作用不明显、没有帮助的占比依次为 13.1%、34.3%、25%、27.6%。由此看来，人才帮扶项目对农户生活环境改善作用不明显和没有帮助的占比合计为 52.6%，说明人才帮扶项目在对农户生活环境改善方面还有很大的提升空间，需要进一步探索项目本身与生活改善的相关性。

具体到热带地区 9 省（区）关于人才帮扶项目对农户生活改善是否有帮助的情况是，认为帮扶很大的省（区）占比排在前 3 位的为四川、广东、云南，占比分别为 35.2%、25.0%、23.4%；认为有所帮助排在前 3 位的为湖南、云南、广西，占比分别为 56.6%、55.3%、45.1%；认为作用不明显的占比较高的 3 个省（区）分别为贵州、海南、湖南；认为没有作用占比较高的 3 个省（区）分别为福建、江西和海南，占比依次为 78.9%、70.0%、40.0%。农户在没有帮助和作用不明显的比例这两个维度上，各省占比例依次为广西 45.1%、海南 70.2%、云南 21.3%、贵州 35.9%、湖南 34.8%、广东 38.8%、四川 24.1%、江西 70%、福建 89.4%。由此看来，人才帮扶对农户生活改善作用较大的两个省份为云南和四川，其他各省在人才帮扶对农民生活环境改善方面发挥了一定作用，但仍有很大提升空间。

三、热区农户接受人才培训的情况

（一）热区农户接受培训的总体情况

在 760 个有效样本中，有 538 个农户反馈他们所在的村庄给农民提供过人才教育或者培训，157 个农户表示他们没有接受过本村组织的人才教育和培训，65 个农户对本村是否提供人才培育或者培训表示不清楚。在热区 9 省（区）调研的村庄中，样本农户反馈，四川有 93% 以上的村庄给农户开展工人才教育或者提供过相关培训，广西、海南、云南、贵州、广东、湖南、福建、江西农户接受本村人才培育或者培训的比例分别为 86.9%、76.5%、75%、64.6%、60.4%、58.1%、49.1%、20.6%。江西农户没有接受本村教育或培训的占比最高，为 67.6%；四川农户没有接受本村教育或培训的占比最低，为 5.3%。从居住地性质看，山地、平原和丘陵地形中共有 538 位农户反馈本村给农户提供过人才教育和培训，其中丘陵、山地和平原地区的占比分别为 63.5%、70.1%、74.1%；对本村是否提供人才教育或者培训不清楚的占比依次为 16.2%、7.0%、9.0%。综上所述，在 760 个有效样本中，70.8% 的农户反馈本村给农户提供了人才教育和培训，56.2% 的农户反馈本人参加了本村组织的人才培训项目，在 9 省（区）中农户接受村委会组织培训比例最高的为广西，占比达 85%。

从家中村干部的数量看，家中没有村干部的样本数共计 522 个，其中 65.5% 的农户反馈本村有给农户开展人才培育或者培训，10.5% 的农户表示对此事不清楚；家中有 1 名村干部的样本数为 231 人，其中 82.7% 的农户反映本村组织过人才培育或者培训，4.3% 的农户对教育或者培训不知情。家中有 2 名村干部的样本数共计 6 个，其中 66.7% 的农户反馈本村有接受过培训和人才教育，没有农户对此表示不知情。在 760 个有效样本中，家中有 1 名、2 名、3 名村干部的总样本数为 238 个，其中 74.37% 的农户参加过本村的人才培育或者培训。由此可见，家中有村干部的农户接受村里人才培育的比例会大些。

（二）人才培育的形式

1. 不定期集中培训

在 760 个有效样本中，有 427 个样本农户反馈本村的人才培训形式为不定期培训，占比为 82.7%。从 9 省（区）的具体情况看，广西、海南、云南、贵州、湖南、广东、四川、江西、福建不定期集中组织人才培训的占比依次为 89.1%、85.4%、76.5%、90.0%、93.8%、77.8%、57.4%、50.00%、95.2%。从职业上看，务农的农户共计 194 个有效样本，其中 79.4% 的农户接受过不定期的集中培训；23 个务工的农户中，有 78.3% 的农户接受过集中培训；在 20 个个体经营的农户中，100% 接受过不定期集中培训；在 138 个农村管理者中，89.9% 的农村管理者接受过不定期集中培训；在其他职业的 52 个农户中，有 71.2% 的农户接受过集中不定期培训。由此看来，接受不定期集中培训的农户可达八成以上，其中农村管理者和个体经营者获得不定期集中培训的比例相对较高，可达 100% 和 89.9%。

2. 田间（其他生产中）指导

调研时发现，在427个有效样本中，有59.5%的农户参加过农闲定期培训。从职业上看，务工、务农、个体经营、农村管理者、其他职业人员参加田间生产指导的比例依次为51.5%、34.8%、10.00%、32.6%、34.6%；从广西、海南、云南、贵州、湖南、广东、四川、江西、福建等省（区）上看，参加田间生产指导的比例依次为30.4%、34.6%、50.0%、65.0%、59.4%、44.4%、59.6%、25.0%、9.5%。由此可见，从职业上看，务农的农户参与田间指导的比重相对于其他农户相对较高；从省份上看，参加田间生产指导排在前列的为贵州和四川两省，见表3-6。

表3-6 接受田间生产指导的农户反馈情况

省份	样本数/户	占比（本省）/%
广西	14	30.4
海南	71	34.6
云南	17	50.0
贵州	13	65.0
湖南	19	59.4
广东	8	44.4
四川	28	59.6
江西	1	25.0
福建	2	9.5

3. 农闲定期培训

在427个有效样本中，有116个样本接受过农闲时的集中培训，占比为27.2%，从职业上看，务农、务工、个体经营者、农村管理者、其他在农闲时举办定期培训的比例依次为33.0%、17.4%、20.0%、18.1%、36.5%；从各省农闲举办培训的情况看，广东、四川、广西占比分别为55.6%、48.9%、37.0%；福建、湖南农闲时培训的比例偏低，分别为4.8%、3.1%。综上所述，广东省在农闲时举办培训的情况较好，其他职业者在农闲时举办培训的比例较高。

4. 对农户针对性地扶持

统计调查显示，在427个有效样本中，有50个农户接受过针对性扶持，占比为6.6%。在广西、海南、云南、贵州、湖南、广东、四川、江西、福建等省（区）中接受过农户针对性扶持的比例依次为8.7%、9.3%、11.8%、5.0%、9.4%、16.7%、29.8%、50%、0%；家中没有党员的农户样本家庭共计155人，其中有17人接受过针对性的农户扶持培训，占比为11%；其中有党员的农户家庭共计271人，接受过有针对性扶持的占比为11.8%。综上所述，四川省接受过针对性扶持的农户占比相对较高，党员家庭接受农户针对性扶持的比重相对于普通家庭略高一点。

（三）培育主体的情况

在热区 9 省（区）的调研中发现，给农户提供人才培育的主题分别有政府派遣工作队、村委会、村民自行组织、企业或外来社会组织、其他类型培训主体等。

调查显示，在 427 个有效样本中，由政府派遣工作队作为培训主体的占比为 46.2%。具体而言，家中没有党员的农户家庭回答共计 155 个有效样本，且有 107 人回答为他们提供培训的主体为政府派遣工作队；在党员家庭共计 272 个有效样本，有 244 个农户反馈为他们组织培训的主体为政府派遣工作队，占比为 89.71%。在调研的 427 个有效样本中，有 250 个普通农户家庭，177 个村干部家庭，普通农户中有 76.8% 的农户反馈为他们组织培训的主体为政府派遣工作队，89.83% 的干部反馈为他们组织培训的主体为政府派遣工作队；在热区 9 省（区）中政府派遣工作队作为培训主体占比情况为，占比达九成以上的省份为湖南省 90.6%；占比达八成以上的省份为海南、广东，分别为 88.8%、83.3%；占比在七成左右的省（区）为广西 73.9%、云南 79.4%、四川 74.5%；占比在五成和六成以上的为江西 50%、贵州 65%。

调研显示，有 427 个农户对村委会组织组委培训主体进行了回应，其中 37% 的农户反馈村委会作为培训主体开展了人才培育工作，广西、海南、云南、贵州、湖南、广东、四川、江西、福建村委会组织作为培训主体开展培训所占的比例依次为 50%、27.8%、32.4%、15%、34.4%、55.6%、66%、25%、52.4%。

在小学及以下、初中、高中或中专、大专及以上的分组农户中，分别有 46.9%、44.7%、33.9%、28% 的农户反馈村委会作为执行主体开展相关培训，其中小学及以下的农户反馈比例相对其他学历层次稍微高一点。在 427 个样本中，农户所在的家庭有村干部的有 177 个，没有村干部的为 250 个；其中 28.81% 家中有村干部的农户回应村委会组织了相关培训，42.8% 的非村干部农户样本反映村委会作为主体组织了相关培训业务。总之，调查样本反馈四川省村委会作为主体开展培训较多，小学及以下学历的农户接受村委会相关培训的比例相对较高，普通农户接受村委会主体培训的比例相对较高。

在 427 个有效样本中，有 110 个农户反馈企业或外来社会组织作为主体开展相关培育工作，有 317 个农户反馈企业或外来社会组织没有作为主体开展相关培育工作。在 405 个有效样本中，收入在 30 001~40 000 元的样本农户反馈，企业或外来社会组织给作为主体对他们进行了培训，占比最高，达 42.9%，见表 3-7、表 3-8。

表 3-7　企业或者外来组织作为人才培育主体的开展情况

是否作为主体	频率/户	占比/%
是	110	25.8
否	317	74.2
合计	427	100

表 3-8　农户收入分组与企业或外来社会组织的交叉表

是否作为人才培育的主体	农户对党支部领导能力的评价					合计
	10 000 元以下	10 001~20 000 元	20 001~30 000 元	30 001~40 000 元	50 000 元以上	
无	109 户（84.5%）	91 户（72.2%）	49 户（75.4%）	24 户（57.1%）	30 户（69.8%）	303 户（74.8%）
有	20 户（15.5）	35 户（27.8%）	16 户（24.6%）	18 户（42.9%）	13 户（30.2%）	102 户（25.2%）
合计	129 户	126 户	65 户	42 户	43 户	405 户（100%）

其他主体共计 427 个有效样本中，仅有 2 人反馈该维度作为主要的培育主体，占比仅为 0.5%。

（四）村庄人才培育活动的平均频次

在 427 个接受培训的农户中，对培训的频率进行了回答。有 135 位农户接受一年一次的培训，占比为 31.6%；有 131 位农户接受过半年一次的培训，占比为 30.7%；有 91 位农户接受过一季度一次的培训，占比达 21.3%；有 36 位农户接受过一个月一次的培训，占比为 8.4%；接受过其他类型的培训人数为 34 个，占比为 8.0%。由此可知，一年一次的培训比例相对较高，达 31.6%，半年一次的培训也是频率较高的一种形式，占比达 30.7%。

从教育水平分组看，在一年一次的培训中，小学及以下的农户所占的比例最高，为 42.9%；大专及以上的学历者培训占比 22.4%。在半年一次的培训中，高中或者中专的农户占比最高，为 35.5%；占比最低的为小学及以下学历者，比例为 26.5%。在一季度培训一次的教育培训工作中，高中或中专学历者占比最高，达 23.1%，占比最低的为小学及以下学历者。在一个月组织一次的培育工作中，小学及以下的学历者参加的比例最高，达 10.2%；在其他类型的培育工作中，大专及以上学历参加培训者的比例最高，为 14.4%。综上，在小学及以下的学历者中，一年一次组织培训的比例最高，比例为 42.9%；在初中文化层次者中，同样是一年一次组织的培训频率最高，占比为 36.4%；在高中或者中专及大专及以上的学历层次中，半年一次的培训频次较高，占比分别为 35.5%、31.2%。

从热区 9 省（区）开展人才培育活动频次上看，广西、湖南、贵州、江西一年一次的培训组织得较好，占比依次为 47.8%、46.9%、60.0%、75.0%；云南一年一次和半年一次的培训做得相对较好，占比均为 35.3%；广东和四川在半年一次的培训中做得相对较好，占比为 44.4% 和 51.1%；福建省在半年一次和一季度一次的培训中占比较高，均为 23.8%。由此看来，一年一次和半年一次的培训在 9 省（区）的培育工作中比较受欢迎。

（五）农户对村庄等培训主体开展人才培训工作的满意度评价

近两年来，农户所在村庄开展了政策信息、生产技术、产业创业、市场信息、乡风文明、社会治理等人才培育的内容，接受培训者对以上培训内容的评价呈现出差异化的特征，具体开展情况如下。

1. 政策信息培训及评价

农户接受政策信息的培训情况及满意度评价。在 427 个人接受培训的农户中，有 214 位农户接受过政策信息方面的培训，占比为 50.1%；有 205 个农户未接受过政策信息方面的培训，占比为 18.0%；有 8 个农户对是否参加过政策信息方面的培训不清楚，占比为 1.9%。在热区 9 省（区）中，接受政策信息培训占比最高的省份为广东，占比为 72.2%；接受政策信息培训占比最低的省份为福建，占比为 19%。从职业上看，从事农业和农村管理者的两个职业接受培训的占比最高，分别为 49.5% 和 59.4%。在接受培训的 214 个农户中，有 27.6% 的农户对政策信息的相关培训非常满意，有 51.9% 的农户对政策信息培训比较满意，有 16.4% 的农户对该项培训表示一般满意，有 4.2% 的农户对此项培训不满意。从教育水平上看，小学及以下学历者对政策培训持非常满意、比较满意、一般、不太满意的比例分别为 11.1%、55.6%、25.9%、7.4%；初中学历者对政策培训持非常满意、比较满意、一般和不太满意的比例分别为 41.7%、41.7%、11.7%、5%；高中或中专学历者持非常满意和较满意的比例分别为 26.9%、59.7%，二者合计占比达 86.6%；大专及以上学历对政策信息培训持比较满意的比例最高，占比为 51.7%。

2. 生产技术的培训情况及评价

在 427 个有效样本中，有 380 个农户接受过生产技术方面的培训，占比为 89.0%；42 个农户没有接受生产技术方面的培训，占比为 5.5%；5 个农户对是否参与生产技术方面的培训不清楚，占比为 4.2%。在参加培训的 380 个农户中，对生产技术培训持特别满意的占比为 18.7%，持一般满意的占比为 60.8%，二者合计为 79.5%。由此看来，参加生产技术培训的农户相对较多，占比达 89.0%，对生产技术培训持满意态度的农户占比达 79.5%。

3. 市场信息的培训情况及评价

据调查显示，在 427 个有效样本中，有 117 个农户参加了市场信息方面的相关培训，有 293 个农户未参加相关培训，未参加培训的比例相对较高，达 68.6%。在参加培训的 117 个农户中，持非常满意、比较满意、一般满意、不太满意的比例依次为 29.1%、54.7%、13.7%、2.6%。由此可见，参加市场信息方面培训的农户并不是很多，但是参加过市场信息专题培训的农户满意度相对较高。

4. 产业创业的培训及评价

在调研的有效样本中，有 33.3% 的农户参与过产业创业培训，63.5% 的农户未参与过此项培训。从省份上看，农户参加创业比例较高的省（区）为广西、江西和四川，占比依次为 65.2%、50.0%、44.7%。从居住地形上看，平原、山地和丘陵接受过产业创业培训的比例依次为 37%、31.4%、31.0%。从职业上看，接受过产业创业培训的比例基本在 35% 左右，务工、务农、个体经营者、农村管理者接受创业情况的占比依次为 35.1%、34.8%、35.0%、37.0%。从教育水平的分组情况看，高中或者中专学历者接受培训的比例相对高于小学及初中学历者，高中或者中专的占比为 38.8%，初中的占比情况为 36.4%，小学及以下、大专及以上的占比情况分别为 26.5%、27.2%。从满意度上来看，在接受过产业创业培训的 142 个有效样本中，持非常满意、比较满意、一般、不太满意的比例依次为 31.7%、50.0%、12.7%、5.6%。由此可见，农户参与产业培训的数量不多，比例不高。

5. 乡风文明培训的开展情况及满意度评价

在调研的 427 个有效样本中，有 28.6% 的农户参加过相关培训，68.4% 的农户未参加过相关培训。从省份上看，参加乡风培训比例相对较高的省（区）有广西、云南、湖南、福建、四川，占比依次为 43.5%、44.1%、43.8%、42.8%、40.4%。从职业上看，务工者参加乡风文明的比例最高，达 52.2%；其他职业者参与的比例最低为 13.5%。由此看来，农户参加乡风文明培训的比例并不是很高，个别省（区）组织乡风文明的培训比例达 45% 左右。

在参与培训的 122 位农户中，对该项培训持非常满意、比较满意、一般、不太满意的比例依次为 35.2%、51.6%、12.3%、0.8%。由此可见，持比较满意者居多，占比可达五成以上。

6. 社会治理培训的开展情况及评价

据调查显示，在 427 个有效样本中，有 113 位农户参与过社会治理的相关培训，占比为 26.5%；在参加培训的农户中，持非常满意的占比为 32.7%，持比较满意的占比情况为 52.2%，二者合计占比为 85%。由此看来，参加社会治理培训的农户对该项培训业务开展的效果还是十分肯定的。

7. 农户对农村人才培育活动帮助情况的总体评价

总体上看，农户对本村教育培育活动的帮助评价呈现出差异化的特征，在 427 个有效样本中，认为教育培训活动对他们有所帮助的占比为 46.1%，帮助很大的占比为 19.7%，二者合计占比为 65.8%；认为培训作用不明显的占比为 30.4%，认为没有帮助的占比为 3.7%，二者合计占比为 34.1%。

从热区 9 省（区）来看，认为培训对农户帮助很大，排在前 3 位的分别为四川、广东、云南，占比依次为 51.1%、38.9%、20.6%；认为培训对农户有所帮助的，排在前 3 位的分别为贵州、湖南、福建，占比依次为 70.0%、62.5%、57.1%。

从区域类型上看，农业区认为培训对他们的农户帮助很大，其中帮助很大和有所帮助所占比例分别为 21.5% 和 46.9%，二者合计占比为 68.4%；林业区认为培训对他们帮助很大和有所帮助的占比分别为 10.1% 和 42%，二者合计占比为 52.1%。由此看来，培训在农业区起的作用会大于林业区起的作用。

从不同职业者看，务农者、务工者、个体经营者、农村管理者、其他类型从业者对培训活动认为帮助很大的占比依次为 25.8%、21.7%、15.0%、15.2%、9.6%；认为培训对他们有所帮助的占比情况依次为 51.0%、43.5%、55%、42.8%、34.6%。由此看来，培训活动对务农者的帮助还是有一定效果的。

从学历分组上看，在 427 个有效样本中，认为培训活动对农户帮助很大的占比最高的为初中组，占比为 29.5%，比占比最高的小学及以下学历组高出 15.2 个百分点；认为培训活动对农户有所帮助的，占比最高的为大专及以上学历者，占比为 47.2%。由此看来，教育培训对学历较高者和学历处于初中层次的帮助较大。

从家庭人均收入上看，家庭人均收入在 10 001~20 000 元的农户认为培训对他们的帮助作用相对较大，占比为 25.4%；家庭收入在 10 000 元以下及收入在 20 001~30 000 元的农户认为培训对他们有所帮助的占比分别为 58.1% 和 52.3%。由此看来，培训在不同的收入层发挥了不同的作用。

综上所述，培训在对农户的帮助方面取得了一定效果，但仍有很大的提升空间。

第三节　热区农村人才构成的基本情况

调研发现，在热区 9 省（区）随机抽取的 760 个样本农户中，有 86.8% 的农户反馈村里有乡村干部这种人才类型，27.9% 的农户反馈本村有返乡创业人才，49.3% 的农户反馈本村有致富带头人，38.1% 的农户回答本村有新型职业农民，13.8% 的农户认为本村有新乡贤，13.3% 的农户回答本村有乡土人才，1.8% 的农户回答本村有其他人才。

据调查农户反映，7.2% 的农户认为自己或者本村农民很愿意留在村里发展，有 18.8% 的农户认为自己或者本村农户愿意留在乡村发展，有 37.4% 的农户回答是不确定，要根据情况来确定是否留在乡村发展；32.9% 的农户不愿意留在乡村发展，3.7% 的农户很不愿意留在乡村发展。

综上，样本村庄的人才类型主要为村委会干部和致富带头人，新乡贤和乡土人才为数不多，大部分农户不愿意留在乡村发展。

第四节　热区乡村人才振兴的问题与困境

据调查数据反馈，在 760 个有效样本中，有 89.3% 的农户反馈本村建设发展中缺乏人才，缺乏农业高职人才、新型职业农民、懂团结与领导的村委会带头人、返乡创业者、专业技能型人才的比例依次为 40.3%、75.9%、55.7%、75.5%、36.9%。以上数据表明，热区 9 省（区）农村中，建设人才和个类专业技术人才缺乏，结合实地访谈资料发现，大部分样本农村的农户不愿意留在农村发展，最根本的原因在于在农村从事农业生产不容易赚钱养家，农村没有产业。大部分农户都不愿意留在农村，只有少数的乡贤和党员愿意留在农村从事农业生产和乡村治理，那么，热区乡村人才振兴的问题究竟在哪里。

一、村里留不住人

调研发现，在热区 9 省（区）中，明显缺乏人气的省（区）为贵州、广西、广东、江西，尤其在广西的 W 村和贵州的 N 村，走进村庄，一家一家敲门做问卷调研和访谈，经常看见门上上锁或者留在家里的均为 80~90 岁的老人。

在广西的 W 村，地处山区，村里的主产业为油茶、杉木，仅有一个养鸡合作社，走进村庄安静、空旷，家里没有一个人的农户可达75%。据 W 村的村书记反馈，该村的农业产业均为低能产业，很多头脑灵活和思路清晰的年轻人都会选择到县城或者南宁工作，但老家的宅子也不会卖掉，族人在清明、春节时会回到家里；家里的土地也不会出租，会选择种一些生长周期较长的作物，方便管理，只要秋天回来收一次就可以了；村里的小学只有 3 个年级，新分配的年轻老师在学校任教一段时间就会选择调离到县城或者南宁，村里的驻村工作队仅有 1 人，也是时来时不来的状态，对村庄的发展贡献不大。

在贵州兴义的 N 村，地处荒漠化严重的地区，该村为深度贫困村，在中国热带农业科学院和贵州省农业科学院的技术与资金支持下，正在进行石漠化治理，在荒山和峭壁上种植了一些澳洲坚果，给农户带来了一些经济效益，使该村的产业有了一定起色。村里的房屋均为政府出钱打造的少数民族风情建筑，该村农户鲜有在家里从事农业生产的，有75%以上的农户选择到城市打工，打工的父母还将家庭随迁至临时住地，选择让孩子接受城里的私立学校教育，这些农户只是偶尔才回农村老家一趟，村庄空心化现象严重。

以上案例表明，由于村庄的自然条件恶劣、农业产业低能、教育落后、农民收入少等原因，导致很多村庄留不下不错的农户，也留不住一些专业技能类的人才。

二、村里吸引不来人

调研显示，在所调研的样本村庄里，90%以上的村庄没有集体经济，85%以上的村庄没有主导产业。在热区 9 省（区）的样本村庄里，仅有四川省盐边县纳尔河村，云南省的百花村、莫卡村、新寨村，湖南省的茶庵铺村有主导产业，分别为咖啡、芒果、茶叶等，这些村庄的农户一般会选择留在村里经营自己的产业，据四川纳尔河村一位农户反馈，他更愿意在家里种上十几亩芒果，不出去打工，生活在有产业的农村还是非常舒服的，而在其他村庄，土地均为散户经营，没有形成规模经营，地理位置偏远，地处大山深处，交通不方便，村庄基础设施和公共服务落后，乡村治理效果不明显，村庄农户不愿意留在村里，更谈不上吸引大学生、农技术人员、乡村振兴工作队、企业投资者等。

（一）吸引不来专业技术人员

首先，在热区 9 省（区）调研的样本村庄中，有9.7%的农户居住在丘陵地区，有56.7%的农户居住在山地区域，33.6%的农户居住在平原地区，以上数据表明大部分农户居住在山区，山区土地的特点是土地不连续，比较分散，地力不是很好，农业产业发展起来不成规模，基本上以各家各户单独经营为主，呈现出小而散的经营现状；农户在生产经营中虽然很渴望技术，但由于没有形成规模经营，农机人员下乡指导的可能性不大，即使下到田间，指导性和针对性也不强，效果很难显现。所以，产业经营现状和经营模式是导致吸引不来专业农机人员的根本原因。

其次，地处山区的村庄，大多交通不便、没有企业入驻，没有劳动力可以在本村就业，同样在教育、医疗和公共服务上都非常薄弱，例如，有的村庄没有小学，也没有卫生室，有的村庄有小学，但年级少，比如1~3级，老师也特别少，老师便把几个年级合并起来一起上课。生活条件艰苦、工资水平不高，没有上升的空间和通道，所以一些老师、医生等工作者不愿意长期在这样的条件下工作，在村里工作一段时间都会想方设法离开，更没有人愿意扎根基层，到这些地方工作，所以很难吸引村庄发展所需的专技人员。

（二）吸引不来返乡创业的大学生

调研发现，在样本村庄中，一年大概有3~4个大学生升学，访谈过程中，课题组也专门调研了大学生，问他们以后的去向，98%以上表示不愿意回到本村发展，愿意到省会城市去工作安家，目的是后代有很好的教育，个人的职业生涯规划也可以顺利实施；另外，年轻人在城市的生活会比较丰富，可以广交朋友、逛夜市、K歌，享受大城市带来的文化和公共服务等。

大学生创业的必备要素为政策、土地、资金、人员，而在这些落后的村庄对于这些基本要素的满足是很难的，首先，落后村庄在县级政府那里是争取不到政策、资金、资源等支持的；其次，在落后的山区，土地不连片，甚至土地质量不高，即使想整合土地资源，也是一件困难重重的事，因为人的思想相对比较落后，对于整合土地办企业或者开展一些订单农业是件很困难的事；最后，大学生如果真的返乡，要综合考虑在该村的收益及劳动力是否充足及市场前景等创业要素，在热区9省（区）的大部分村庄里，很多农户举家外出打工，无法满足大学生创业的需求和条件。

（三）吸引不来外来企业的投资者

企业投资者的唯一目的是赚取利润，如一些规模较小的加工企业愿意把企业建在物流发达、劳动力丰富且距离原料产地较近的地方做投资，而热区9省（区）的大部分农村地区均为欠发达地区，原材料供应量不成规模且品质不能得到保障，与吸引企业投资者过来办厂投资还有很大的差距。即使是吸引过来企业到本村发展民宿和休闲农业，困难也很大，如自然环境和农业产业与其他农村比起来也没有什么太大的优势，加之本村农业产业方面没有特色产品，或者有但不成规模，也不能保证供应的产量和连续性，留不住游客在村里住下，更不能谈及游客在村里消费等。所以现实中热区落后省（区）的山区农村很难吸引企业到农村来，通过企业落户到农村来带动农村发展的路依然很漫长。

三、干部队伍老化，补贴待遇偏低

在调研的村庄中，村干部基本上为60岁左右，年龄普遍偏大，承担着脱贫攻坚、乡村振兴、乡村治理、日常检查等任务，日常工作繁忙且种类繁多。但村委会干部的补贴发到手里的并不多，海南省村委会书记拿到手的补贴为3 000元/月，一般村干部为2 500元/月；福建省村委会书记拿到手的补贴为5 000元/月，一般村干部的补贴为4 000元/月；村干部补贴偏低是热区9省（区）调研中存在的一个共性问题。此外，近两年来，因审计和纪委等规范要求，作为村干部和党员、乡村振兴工作队队长、队员等在参与村庄的公共区域卫生清扫、迎接各种检查时，需要出工、出力时，不能像普通的村民代表一样拿到补贴，这一点对他们来说也是一种"不公平"，虽然党员干部要带头干，但他们背后也有家庭，也需要经济支持。

据海南省昌江县一位村干部描述，他5年前是妇女主任，自己种了几亩冬季瓜菜，可以获得1万~2万元的毛收入，这2~3年来因为村里的工作特别多，自己种菜的主业已经荒废了，天天迎接没完没了的检查，承担各种镇政府安排的工作任务；比如，人居环境整治就是一件投入人力和物力很多的事情，最关键的是补贴特别少，生活家用都不够，她明确表态，以后换届时想把妇女主任一职辞掉。项目组在其他热区省（区）调研时，很多村委会书记也表示，目前的责任和职务不匹配，承担的责任太大，工作推进困难，风险也很大，不是很愿意当村委会干部。

除了年龄偏大和任务繁重之外，热区9省（区）的村干部理解中央、省、市政策的能力、自身的工作能力及资源调动能力还有一定的提升空间，需要积极参加政府组织的各类技术培训和政策培训，同时也需要掌握政府、企业、市场信息等资源要素，带领农户致富奔小康。

四、政策人才项目在村庄难以落地

据调查显示，在760个有效样本中，仅有6.7%的农户接受过金融优惠项目的扶持，农户接受过社保补贴、生产补贴、技术服务、立项扶持、营销服务、税费减免、资金奖励、荣誉表彰、领导慰问、免费培训、组织吸纳的占比依次为12.4%、21.3%、21.6%、3.6%、4.1%、2.2%、5.7%、5.3%、5.7%、43.6%、7.5%。由此看来，政策人才项目在热区9省（区）发挥作用的空间特别大，政策人才项目在农村并未真正实施。

实地访谈时发现，真正得到人才帮扶项目的农户并不多，政府一般本着扶强不服弱的方针，项目帮扶一般会安排给一些扶贫有些起色的合作社或者家庭农场主，但奖励的条件和要求也很复杂，农户能够得到扶持和奖励也需要付出很扎实的努力，如海南白沙农产品销售中心，政府在最开始给予了一些免房租的扶持，近两年来对其网上多平台销售的营业额要到1 000万元以上且购买者的评价很重要，另外还请了第三方评估公司对该店的网络销售和流水进行评估，看其是否符合给予项目扶持的标准和条件，最终经过复杂的评估和审核后，会给2万~3万元的销售扶持项目资金用于奖励。人才帮扶项目在实施中，仅有少数个案获得帮扶，大多数农户未得到相应的帮扶与扶持，对于人才培养和储备有一定的影响。

综上，政策人才项目在实施的过程中，给予补贴的比例不高，甚至很低，帮扶的项目很难落地，即使真的实施了帮扶项目，在实施过程中也是条款和要求众多，致使真正需要帮扶的企业和合作社等实体没有得到相应的帮助，对企业的发展与扩大，对人才的培养及乡村建设行动的开展有一定的制约作用。

第五节　人才振兴的典型案例

一、人才扶贫模式：农业科技 110+科技人才+贫困农户

海南农业科技 110 具有与科技特派员制度、中西部县市科技副乡镇长派遣计划项目、"三区"科技人才计划相结合的特色。农业科技 110 扶贫也与这些计划项目相结合，形成了海南科技人才扶贫模式。具体有科技副乡镇长扶贫模式、科技特派员扶贫模式、其他科技人才扶贫模式。在此部分，主要以科技副乡镇长扶贫模式、科技特派员扶贫模式这两种科技人才扶贫模式为例，介绍科技人才扶贫模式的做法与成效。人才扶贫模式最大的特点是充分发挥科技人才在扶贫中的引领作用。

（一）科技特派员扶贫模式的做法与成效

海南将科技特派员工作与农业科技 110 工作相结合，把农业科技 110 服务站建成科技特派员工作站，以农业科技 110 专家团和服务站技术人员为科技特派员，以农业科技 110 示范基地为科技特派员创业基地。引导广大科技人员深入农村和企业，为农民提供技术、信息、农资、农产品销售和小额信贷服务。个人科技特派员来源于科技管理机关、事业单位、科研院所、大中专院校、涉农协会、科技企业；法人科技特派员来源于科研院所、大中专院校等事业法人；企业法人科技特派员来源于现有知名度较高、品牌声誉良好、质量管理规范的科技型农业龙头企业，如图 3-3 所示。

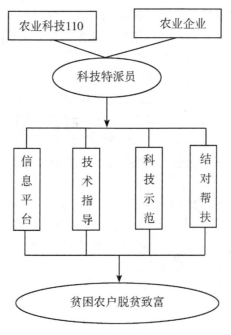

图 3-3　科技特派员扶贫模式

1. 科技特派员及服务站简介

何如波，昌江县大风科技特派员，农业科技110昌江大风服务站站长。该服务站依托农资企业昌江利农农资有限公司建立，2017年销售额达500万元，2018年销售额达450万元。

2. 科技特派员扶贫的主要做法

一是科技特派员建立了微信技术服务平台，用于对农户与贫困户的农业技术指导，利用自己掌握的市场信息，引导农户种植与产品销售。

二是科技特派员重点解决一些棘手的农业种植和养殖问题，在新品种、新技术的推广方面发挥作用。如帮助农户控制香蕉叶斑病和黑星病、处理甘蔗草及地老虎、控制辣椒的霜霉病、控制香蕉的根结线虫、控制玉米的锈病等。

三是按照科技特派员派遣计划的任务要求，培养科技示范户及培养脱贫致富带头人，传帮带贫困户从事农业生产。2018年昌江大风农业科技110服务站培育科技示范户致富能手9户，示范种植作物主要有香蕉、南瓜、泡椒、甘蔗、毛豆、玉米等，种植面积达1700亩，示范户平均种植规模达189亩，最大种植规模达580亩，最小的有70亩。

四是科技特派员与贫困户结对帮扶。何如波与昌江县大风村结成对子进行帮扶，实施科技帮扶贫困户脱贫行动。

3. 特派员扶贫模式的成效

一是开展科技示范，带动贫困户脱贫。科技特派员何如波2014年种植50亩橡胶，带动1人，收入约6万元；2015年种植香蕉70亩，带动2人，收入约15万元；2016年种植香蕉180亩，带动4人，收入约80万元；2017年种植香蕉140亩，带动5人，收入约70万元；种植南瓜260亩，带动10人，收入约30万元。

二是利用科技特派员身份及农业科技110品牌，为贫困农户产品销售争取有利价格，可以减少小农户生产销售的劣势。外地商人比较相信农业科技110服务品牌，愿意与特派员服务站合作收购大宗农产品。特派员利用示范基地进行规模化经营，生产规范且能保证产品质量，可以供给收购商标准化的产品。而小农户在市场竞争中不具备相应的优势，种植的农产品规格千差万别，其中一些产品达不到收购商的要求，经常被收购商压低价格，给分散农户带来直接的经济损失。

三是科技特派员与贫困农户合作，农户以土地入股，部分农户出劳力，特派员提供资金、技术、种子、化肥、农药，负责经营管理，年底四六分成，提高了农户种植的积极性。特派员及其领办的服务站从贫困农户手中集中了260亩南瓜地，140亩香蕉地，农户出劳动力。如遇到市场行情较好，可保证南瓜1.25元/斤（1斤＝500克，全书同）收购，香蕉1元/斤收购，农户获益较大。

（二）科技副乡镇长扶贫模式的做法与成效

近年来，海南加大科技副乡镇长派遣计划专项的支持力度，每年引导和支持30~50名科技人员深入中西部市县贫困乡镇，实施一批对当地带动性强、经济效益好、技术含量高的农业科技示范推广项目，与建档立卡贫困户结成利益共同体，开展创业式扶贫服务。依托挂职科技副乡镇长派遣单位和科技人员技术优势，加强对贫困地区返乡农民工、本土科技人员、大学生村官、乡土人才、科技示范户等的培训，培养一批农村科技人才。

在海南农业发展和产业扶贫过程中，形成了一种科技副乡镇长精准扶贫的模式。海南省通过"三区"人才支持计划中的科技人员专项计划和中西部市县科技副乡镇长派遣计划，每年从中选派一批具有初级以上专业技术职称的科技人员到11个中西部市县乡镇挂职任科技副乡镇长，开展农业实用技术推广和服务工作，为乡村农业发展以及贫困户增收承担技术研发，引入技术元素，加快科技成果转化，增进农产品附加值，如图3-4所示。

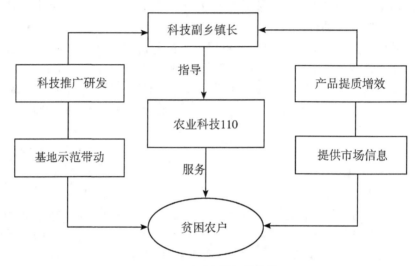

图3-4　科技副乡镇长扶贫模式

1. 公司与服务站及科技副镇长情况介绍

海南中正水产科技有限公司是由海南腾雷水产养殖管理有限公司发起组建的规范化股份制公司，是一家集科研、开发、生产、销售及技术服务为一体的科技型企业，是海南省农业产业化龙头企业。在行业内率先通过ISO9001、GAP等认证，荣获"海南省省级水产良种场""农业部水产健康养殖示范场"等荣誉称号，荣获2015年度中国南美白对虾苗"新锐企业"奖，被评为"2016年度中国水产行业十大健康安全种苗品牌"，荣获"2017年度十大种苗企业"称号，承建了"海南省东方市水生动物检测中心"严控品质，服务周边客户。公司在东方新龙建有设施先进的种苗繁育基地。基地固定资产投资超过9 000万元，现有繁育水体25 000多立方米，拥有先进科学的水处理系统，严格的生物防控体系，完善的质量控制体系，全程监控生产过程，严把质量关，确保每批虾苗达到SPF品质。公司现有员工280余人，其中育苗技术人员及技术服务人员120余人，主要经营南美白对虾种苗，年生产销售能力为SPF对虾幼体500亿尾，种苗100亿尾。公司以新龙基地为依托，向广东、福建、广西、浙江、江苏、山东等沿海地区辐射，建设多个培育基地，销售网络遍布全国主要对虾养殖区域，为广大养殖户提供更优质的种苗，与全国的养殖户形成长久的合作伙伴关系。2017年销售额达约4 000万元，2018年销售额达约6 000万元。销售种苗按照万尾计算，2018年销售300亿尾，主要以航空运输的方式销往上述省（区），每年支付给美兰机场的仓位费大约 1 500 万元。

2014 年以前，东方农业科技 110 水产服务站挂靠个体农资店，2014 年以后挂靠到海南中正水产科技有限公司。为广大养殖户提供免费检测、技术指导、免费培训。公司总经理兼服务站负责人王平挂任感城镇科技副镇长，主要在海洋养殖服务、科技示范、扶贫攻坚、基地示范、科技带动等方面为贫困农户提供帮扶，东方水产服务站内常驻技术员 23 个。

2. 科技副乡镇长扶贫模式的主要做法

一是依托中正水产公司的资源，科技副乡镇长及时跟踪市场信息，为农产品生产销售服务。经过广泛的企业调研掌握市场信息，包括市场和技术两个层面，形成及时的信息日报、月报、季报、年报制度，包括潜在客户有哪些，哪些区域有问题，养殖模式、同类产品等存在哪些问题，怎样治理公司，战略目标及具体措施。与全国各大市场对接，及时获取各大市场的有效信息，形成全国市场信息库，为研发、生产、销售提供基础资料，同时利用全国市场信息库制订生产计划，错开产品上市高峰期，保证产品在市场上的价值和价格。

二是提供科技含量较高的优质农产品，通过公司研发，开发出一套检测方法，有效检测养殖产品残留的药品和废物等，保证入口质量。2018 年全国办会 40 场，北京、上海、海南形成农业产业联盟，形成监管体系，制定行业标准和行规。

三是依托科技项目推广，以基地示范带动对贫困户生产技术和管理，助力贫困村农业产业化发展。王平获得 2018 年海南省中西部市县科技副乡镇长派遣计划专项项目《斑节对虾虾苗标准化培育及健康养殖技术示范推广》资助。在带动示范过程中，帮扶那些不知用药与技术管理的养殖户，帮助养殖户更加科学合理管理养殖场。例如，检测出某种微量元素过高，可以手把手告知散户或者基地技术员，该怎样解决这个问题，从哪些方面入手，应该注意什么。这样可以达到双赢的目的，可以保证养殖户的基本收益，也可以提高从业者的基本素质，带动整个行业的良性发展。

四是注重公司科技研发与合作。科技副镇长王平依托东方海南中正水产科技有限公司研发，带领公司前后用了 10 年时间研发南美对虾，虾苗至少 5 代以上，需要的时间为 1~2 年，资金和投入较大，目前中正水产占全国的市场为 75% 左右，海南的气候条件适合育种。高新技术企业实行"两免三减"，半院士工作站 50 万元，高新技术企业给 50 万~100 万，专利申报 14 个，成功申请 5 个。每年科研经费投入 8 000 万元，与中科院、农科院、热科院等国家级科研机构合作提高研发力量。由于国外研发的种苗主控中国市场，加收 25% 关税导致进入中国市场的南美对虾的市场价格很高，外来物种进口时间长，成本高且适应性不强，质量不高、不稳定，所以王平带领公司实行走出去战略，到厄瓜多尔、越南、柬埔寨、泰国等国家走访学习，以满足公司逐步形成自主研发机制的需要。

3. 科技副乡镇长扶贫模式的主要成效

一是示范带动扶贫。帮助贫困户成立合作社，企业主要起到示范、带动、辐射贫困户的作用，政府共计投入 60 万元，第一年按照 15% 的比例返还，分三年返还完毕，2017 年开始实施该政策。

二是为贫困户提供就业。为贫困户提供就业岗位 10 个，主要采取对其进行技术培训、现场学习观摩、实践指导、示范带动等方面的工作，共计赠送物资 50 万元；带动整个片区就业，共计带动周边村庄 150 个人就业，其中有 30 个建档立卡贫困户。资助困难学生，科技副镇长王平依托东方海南中正水产科技有限公司支持贫困大学生上学，共计支持 50 个人，平均 3 000 元/人。

二、人才嵌入乡村治理模式：乡村振兴工作队/驻村第一书记+村干部/乡贤+公司+农户

2019 年 5 月，海南省委组织部、农业农村厅、财政部等部门，借鉴脱贫攻坚工作做法，向全省所有乡镇、行政村选派乡村振兴工作队，推动乡村振兴各项部署在农村基层落地见效。乡村振兴工作队在协助村干部开展乡村治理、发展集体经济、开展人居环境治理、推动乡村振兴和脱贫攻坚相衔接等方面发挥了一定的作用。海口市龙华区新坡镇农丰村第一书记/乡村振兴工作队队长杨再东，担任第一数据和乡村振兴工作队队长期间，依托村里的种植优势与基础成立了专业合作社，给村里带来了新的思路和发展理念，带来了项目和资金，形成了乡村振兴工作队/驻村第一书记+村干部/乡贤+公司+农户的发展模式，着力发展集体经济，重点发展村里的瓜菜产业等，注册了"浓丰农"品牌，重点推广浓丰农绿色蔬菜、浓丰农生态大米、浓丰农生态腌菜等，合作社两年内共营收 120 万元左右，浓丰农品牌在小范围内有了一定起色。

（一）乡村振兴工作队带来了项目和新的工作理念

杨再东入驻新坡镇农丰村第一书记期间，给村里带来了新的工作理念和发展思路。一是大力发展乡村产业。杨书记坚持从村里的实际出发，结合当地的特点和原有的产业基础，开展大棚瓜菜种植，将小农户与现代农业有机结合起来，着力开展品牌建设，使"浓丰农"品牌小有名气。二是带来了项目和资金。杨再东来自海口市政策研究室，凭借个人独特的知识背景与对乡村工作的热爱，通过沟通协调向龙华区政府争取到美丽乡村建设资金 1 000 多万，用于村庄基础设施和人居环境的改善工作。三是带来了新的乡村治理思路。杨书记在工作中坚持身子"沉下去"、问题"捞上来"的做法，坚持与群众在同一个频道上思考问题，善于从群众的角度思考问题，坚持在村里工作决不能成为"四体不勤、五谷不分"的干部。在开展乡村治理的过程中，要有决心和态度，如与农户吵架也是一种推动工作的方式，吵架有可能会增进彼此之间的感情，最重要的是驻村干部和两位干部要做出一两件漂亮的事情，而且漂亮事情一定要对农户有益才能慢慢得到农户的信任。

（二）发展村集体经济给农户带来了新生活

1. 成立了专业合作社

2018 年杨再东到了农丰村后，用了一年的时间与农户相互熟悉，抓好"十抓十好"工作，驻村期间杨再东坚持与农户打成一片，深入田间地头了解村里产业发展的现状，发现村里的土壤构成和土地现状适合发展瓜菜种植产业，于是成立了"浓丰农"专业合作社，将村里的乡贤、村干部及能干的农户统筹起来，选择一些责任心、公益心及思

想比较积极的农户吸纳进合作社，并建立起一整套的利益连接机制，保障带头人的基本收益，依托合作社开展生产、加工、销售、品牌建设等活动。2018年12月，合作社第一批菜6亩地卖了6.7万元，取得了开门红；2019年4月底，合作社生产的螺丝椒、豆角、叶菜品质过硬，广受欢迎，营业收入达到60万元；2019年10月，合作社联合中国热带科学院高建明博士开始生产不打药"沙帐菜"，尝试基地直供餐桌，经权威检测发现合作社生产的蔬菜粗纤维含量低，蔬菜口感嫩、甜，广受消费者好评；2019年12月，合作社尝试种植的不打农药生态米，所有涉农药指标全部"未检出"，3500千克大米一周内售空，价格比村里普通售卖翻了一倍；2020年3月，合作社尝试种植的新品种——耐热向日葵开始结籽（由于天热，海南以前基本没有成功种出葵花籽），价格卖到25元一饼；2020年4月，合作社生产的首批生态腌菜500千克一周售完，价格达到12元一斤（市场普通价仅为4~5元）；截至2020年6月，合作社营收已经超过120万元，直销瓜菜300余吨，提供固定和临时就业岗位50个，合计给村里工人发放工资46万，合作社迈出了成功重要的一步。

2. 配备了专业化的人才队伍

合作社共31个成员，村集体为其中一个成员，占股52%，其余人员为村干部、乡贤、种植能手。采取公司企业化管理方式进行管理，全体成员大会选举理事会、理事长负责日常，成立了生产部、市场部、综合部三个部门，理事长带领各部门部长具体运作，日常需要讨论的由理事会讨论决定，比如工人工资、种植计划、设备购买等，工人招聘村里人员，由生产部管理，每天计算工资。乡贤和党员在合作社的运转过中起了很大的作用，党员、村干部带头干，跑销路、找新品种，带头学技术、承担运输和管理职能，同时村干部与种植大户一同深入田间地头，摘菜、挑担、浇水和施肥等。关于财务管理工作，合作社还聘请了第三方财务专家到村里来管理账目，建立起管理专业、运转高效的财务管理体系。综上，合作社已经实现了专业化的公司制管理体制，基本建立起了由驻村工作队+村干部+党员/乡贤+种植大户+农户的人才队伍。

3. 产业发展有成效，农民获得感增强

一是农丰村产业发展从无到有，且实现了盈利。农丰村从集体经济空壳村白手起家，起初大家对发展集体经济没有任何的信心，认为干也赚不到钱。在此过程中，驻村工作队多次作带头人的思想工作。选定了村里做蔬菜批发省委陈道礼，致富能手郑义活挑起担子，筹集资金70万元，流转土地50亩（目前已经扩展到100亩），收入从2018年的6.7万元，增加到2020年的120万元。

二是种植种类由单一品种向多元品种扩展，由原来只种植叶菜、慢慢扩展至葵花籽、生态水稻及腌菜等品质种类，开始探索自有品牌建设，向绿色、有机、无公害的方向努力，并在小范围内得到认可。

三是销售渠道从自媒体宣传所对应的单一零散对象慢慢地扩展到与大超市、市场、机关食堂对接，拓展了销售主体，对叶菜类的产量和质量提出了更高的要求。

四是农户对乡村振兴工作队所取得的成绩高度认可，转变了原有的思维模式，积极参与大棚叶菜的种植、生态米及腌菜的加工等，主动学习新技术，主动引入新品种，2020年疫情防控期间，蔬菜销售利润薄，还有亏损的风险，杨再东作为乡村振兴工作队队长坚持让合作社大力运转，每天吸纳近 50 名村内工人采摘，有效防止了困难群众因疫情而生活困难，使农户的获得感和幸福感明显增强。

（三）大力推进农村人居环境整治给村庄带来了新变化

农丰村基础设施短板多，村庄脏乱差问题突出。经过反复思考，杨再东确定了村庄建设"拆除破旧腾空间、义务劳动造氛围、争取项目换面貌、完善机制利长远"四步走的整体思路，并于 2019 年初开始实施。

1. 开展农村人居环境整治工作首先从拆除私搭乱建开始

拆迁是"天下最难的事"，在没有任何补偿的情况下发动村民拆除破旧房屋和猪圈牛棚，难度可想而知。杨再东和工作队选取了涵乐坡村作为第一个试点，在全村召开了 5 次全村大会做动员，逐点进行拆除登记，挨家挨户做工作，这些工作难度不小，杨再东就有 3 次被一家农户赶出来的经历，但他仍坚持不懈。看到第一书记在最难最苦的地方顶在最前面不退缩，乡贤干部们也为之动容，他们带头拆自己及亲属的，不遗余力发动村民，迅速形成了强大合力，涵乐坡的全村大拆运取得了巨大成效，短短一个月拆除断壁残垣和卫生死角 100 余处，清运砖石瓦砾、建筑垃圾 400 余车。

2. 着力开展村庄公共区域卫生清洁活动

2019 年 4 月 6 日，在大拆迁的基础上，涵乐坡开展全村义务劳动。活动取得了出乎所有人意想不到的成功，近 200 人浩浩荡荡参与全天的清理，很多人专门从城区赶回来参加，不能回村的纷纷捐款给全村吃劳动餐。乡贤李昌彪说："杨书记一个外人，对我们村都这样尽心尽力，我们哪还有理由不尽力？有这样的机会，我们肯定能建设好自己的家园。"村里很多老人回忆，已经几十年没有见过村里这样齐心来做一件事了，非常好。在这样热烈的氛围带动下，还出现了两件杨再东非常意外的事：一是几户村民主动让地，畅通了村里横路，二是全村主动每人出资 20 元，义务投工投劳修建了一条村里的便道。

3. 驻村工作队和党员干部带头掀起了农户参与人居环境整治的高潮

第一步党员干部做出榜样来，农户参与意识也不断觉醒，农丰村农村人居环境整治工作也不断向纵深方向推进。首先，涵乐坡陆陆续续开展了数次全村大劳动，林排村紧跟其上，全村义务劳动也达到 300 人参与，形成了乡村建设的热潮。接下来，在人居环境整治工作持续推进中，农户积极参与，自觉打扫房前屋后的卫生，积极参与村庄公共区域的卫生，自觉开展红黑榜、村规民约评议活动，形成人人参与、人人在做的良好局面，省脱贫攻坚第一督导组到农丰了解情况后也非常高兴："有当年学大寨的气氛。"同时，杨再东带领村干不断完善村里的基础设施，在各级支持下，两年来杨再东争取了一千多万的项目资金投入到村，修缮了村里集体公社时候留下的"振兴楼"，拓展了村里灌溉水利，新建了合作社基地大棚，修建了下屯停车场，联通了涵乐坡村内水系、启动了林排巷道及排水建设等，更有多个项目正在进行中，农丰的面貌翻新指日可待。现在，杨再东正在筹划下一步的村庄治理，他带着乡亲们制定了《涵乐坡公约》《农丰苗木管理办法》《门前三包标准》等，即将开展全村垃圾分类试点。

（四）取得成效

人才嵌入乡村治理模式，即乡村振兴工作队/驻村第一书记+村干部/乡贤+合作社+

农户取得的成效主要包括以下几个方面：一是政府派遣第一书记/乡村振兴工作队到村，给村里带来了输入性人才，同时带来了相应的资源、项目和资金；二是工作队嵌入村庄后凭借个人的能力和人格魅力开展乡村治理工作，通过开展多轮思想工作和动员工作后，促进集体经济在村内布局，建立起蔬菜生产合作社，将乡贤和致富带头人吸纳进合作社，形成村民筹资、土地流转、农户参与、农民增收的良好局面，驻村第一是书记从"外乡书记"变成乡亲们乡村治理的主心骨；三是给农丰村留下了一个产业，培养了一支队伍。农丰村自 2018 年开始发展叶菜种植产业以来，乡亲们对该产业形成高度认可，并愿意参与到种植、管理、打包、销售、运输等环节，农户愿意积极投身到产业发展中，并取得了一定效益。截至 2020 年底，已累计获得收益 120 余万元，解决固定+流动就业岗位共计 50 个。同时，培养了一支能干的乡贤和党员队伍。合作社成立之初，缺技术员，杨书记就"三顾茅庐"请回技术和经验过硬的乡贤陈学书和陈道礼作带头人，负责带动村里的农户从事种菜，培养了一支硬核队伍，以陈学书、林秋菊等党员干部为核心，以乡贤、入党积极分子、村里年轻人为依托，组建了 30 余名成员志愿者服务队，带动 150 名群众常态化，积极为村里的乡村治理事业提供服务。

三、电商销售模式：乡土人才+合作社+农户

（一）合作社简介

海南白沙富涵家禽专业合作社，理事长陈少芳，成立于 2009 年，合作社的前身为 2008 年注册的富涵商标，成立合作社的前期基础为 2004—2007 年成立的白沙第一家生态养殖场，主要是通过利用白沙的山区优势及家人农业大学毕业的科班优势，用生态养殖的方法养殖出味美、肉鲜深受广大消费者喜欢的生态山鸡。为达到扩大生产经营规模，带动农户致富的目的。自 2009 年成立专业合作社以来，陈少芳和陈荣夫妇在此领域深耕，重视养殖的技术和养殖的品牌建设，用心经营合作社，不断地探索养殖山鸡的饲料和技术难题，想方设法使产品的品质独具一格，又保证生态和原汁原味，如什么样的食材会保证山鸡喜欢吃有味道鲜美，玉米、象草及橡胶地里的个中鲜美食材；在技术上坚持用丈夫陈荣的农业畜牧专业探索出来一整套的前期消毒、疾病防控、中期动态监控、后期把控品质等环节，保证养殖中的品质和出栏量。在农产品建设的路上一直在努力。2012 年为保证将自己的鸡等农产品能够卖出品质和价格，专门成立了白沙农产品直销店，2016 年以后开始逐步探索多网络平台网上销售的模式，解决了白沙农产品的卖难问题，2016 年电商销售额为 500 万元，以后每年以 100 万~200 万元的速度递增，截至 2020 年底已突破 1 500 万元的销售大关。同时，陈少芳夫妇利用十大电商平台将白沙农产品销往全国的同时，自己也在经营一些产业如养殖土鸡 5 万只，养殖黑山羊 100 头，五脚猪 100 头，蜜蜂 2 500 箱，带动 6 个贫困户就业，330 个普通农户就业或者获得利润分红。

（二）领办人简介

陈少芳，1979 年生，中专毕业，参加中国热带农业科学院举办的现代青年农场主培训班，于 2020 年参加海南省妇联举办的女创大赛，为白沙富涵家禽专业合作社的理

事长，主要负责农产品销售各大平台的订单管理和门店管理。丈夫陈荣，白沙县工业电子商务协会秘书长，2017 年 2 月获得第十届全国农村致富带头人，2019 年获得海南省乡土人才荣誉。

（三）主要做法和成效

1. 用 4 年时间"匠心"打造白沙农产品品牌

2012 年白沙农产品直销店实体店成立了，主要是为了解决自己合作社山鸡的销售问题，陈少芳夫妇当时围绕这样一个问题而开始了慢慢品牌之路的建设，为什么我们自家合作社的鸡和鸡蛋品质很好、质量很高也一直卖不出去，或者说卖不出好的价格？因此白沙农产品直销店被赋予了神圣的使命与职责，在白沙县城和海口帮助白沙的父老乡亲销售农产品，包括自己合作社的土鸡、土鸡蛋、白沙绿茶、白沙红茶、竹笋、百香果、红心橙等。为了将白沙农产品推向全岛及全国各地，白沙农产品直销店分三步走，第一步，通过把好品控关将白沙老百姓手里的农产品回收，给予相对较合理的收购价，将回收的初级农产品进行整理、简单包装贴上白沙特有的品牌，如白沙红心橙、紫玉淮山、雷公笋等农产品的包装与品牌打造；第二步，每年通过参加扶贫集体、海南省冬交会等将白沙产品推向全岛；2014 年和 2015 年通过参青岛、北京、福州等地的冬交会将白沙农产品推向全国，渐渐地白沙绿茶已经在全国有了知名度，为 2016 年以后的畅销全国打下了伏笔；第三步，通过多平台、多途径、多主体销售白沙农产品。自 2016 年以来，白沙农产品直销店开始迈开网上销售之路，2016—2018 年主要依托淘宝店和微信来销售白沙农产品，2019—2020 年通过实体店+天猫+京东+淘宝+扶贫集市网+抖音/快手等自媒体平台，销售额从 2016 年 500 万元、2017 年 750 万元、2018 年 900 万元，到 2020 年的 1 500 万元，在 1 500 万元的销售额中白沙绿茶占了 900 万元，可见，多元多主体网络销售平台发挥了巨大的作用，使白沙农产品在后端的销售环节有了保证。同时，使海南白沙的农产品走向了全国。

自媒体时代，多元销售平台在带动农产品销售方面发挥了很大的作用，同时在信用建设方面也对白沙农产品直销店提出了更大的挑战和更高的要求，首先要严格把好品控关，其次是要做好信用建设，对一些运输过程中出现的破损要及时处理和理赔，保证网络平台的品质和信誉。

从单一的实体店到多元多主体网络平台的打造，陈少芳夫妇也彷徨过，2016 年淘宝店刚刚起步时，一包白沙绿茶的邮费大概为 6~7 元钱，加上要从给供应商那里拿货，基本上都赚不到什么钱，其他农产品走出白沙时邮费也占了大部分成本，夫妇两个都是通过自己的产业养鸡和养蜂等给予淘宝店一定的补贴，一路坚持了 4 年。到了 2020 年，他们坚持的品牌之路终于有了起色，白沙绿茶已经远销至宁夏、西藏、银川、福建、江西等全国各地，白沙红心橙已经销往热带地区各省份，白沙农产品品牌已经成为深得消费者喜爱的品牌。

2. 带动白沙农户销售

白沙乡镇的农户都知道白沙农产品直销店，每个农户都可以随时将自己种植的农产品拿到白沙农产品直销店，换成现金。笔者在白沙农产品直销店进行深入访谈时发现，有个别牙叉镇的农户和贫困户将自己种植的百香果大概 100 千克拿到实体店来销售，一位种植大户拉了一车大概几千斤的白沙红心橙，2020 年疫情防控期间，白沙元门的毛薯几万斤滞销，白沙农产品直销店将农户的毛薯全部收购完，但由于疫情防控期间配送不是很方便，一部分毛薯通过平台销售，一部分通过配送至海口等小区，还是剩余了一部分毛薯没有卖完，白沙农产品直销店自己承担了全部损失，一分都没有少给农户。由此看来，白沙农产品直销店不仅能解决散户的销售问题，也能解决种植大户的销售问题，为白沙农产品供应链和价值链的建设作出了很大的贡献，同时也解决了农产品销售难的大问题。

3. 以合作社为载体带动白沙农户养鸡与养蜂

陈少芳夫妇到目前为止已养殖土鸡 50 000 只，拥有养殖基地 6 个，专业户 20 户，社员 200 多名，年出栏土鸡 120 万只，自 2012 年以来，调动农户创收 8 000 多万元，当地的老百姓都亲切地称他们为"鸡总"。陈少芳夫妇的养鸡合作社不但能解决劳动就业的问题，还通过合作社+扶贫产业资金+农户的模式，目前，已经吸纳 50 个合作社，1 866 个贫困户，从一开始的 12 个合作社投入扶贫产业资金，经过 3 年的发展增加到 50 个合作社，每个专业合作社都来源于不同的乡镇如七坊、牙叉、青松等，每个合作社注入的资金从 1 万~5 万元不等，共筹集入股资金 180 万元，合作社年底享受利润 8% 的分红；即使在 2020 年疫情防控期间，一个鸡蛋的价格跌至 0.3 元，合作社也在坚持按照和同的金额给每位贫困户分红，保证他们的收入，而自己的养鸡合作社则面临着巨大的销售和成本运行压力。另外，合作社还通过养蜂的方式带动农户增收，蜜蜂共计 2 200 箱左右，吸纳 160 位农户为他们代管养蜂，每位农户领取蜜蜂 2~3 箱，农户遍布白沙的各乡镇，每位农户每年可获得 5 000~6 000 元的收入，在养殖过程中由富涵合作社提供种蜂，逐渐形成了"农户+蜜蜂+养蜂技术+收购+组加工+销售"的模式，提升了农户的技术水平，增加了农户的就业，打造了白沙农产品的品牌。

4. 主要成效

白沙富涵家禽专业合作社、白沙农产品直销店作为乡土人才带动农户及白沙农产品品牌方面的主要成效表现如下：一是带动了一些农户和贫困户就业，总数可达 200 人左右，使普通农户和贫困户慢慢掌握了养蜂、养鸡等技术；二是作为白沙农产品品牌建设的推介者，通过 4 年时间将白沙农产品推向全国，建立了稳定的供销体系，使白沙农产品成为一张亮丽的名片，取得了一定的品牌效益；三是白沙农产品直销店解决了农户端销售的难题，使普通百姓与销售平台可进行无缝对接，在初级农产品上获得稳定的收入，解决了普通农户在销售上的困扰。

第六节　热区乡村人才振兴的对策与途径

一、政府应建立持续投入机制

各级政府应优先保障在"三农"领域的投入，特别是要优先保障人才在振兴板块的持续投入，将投入比例作为乡村建设行动的重要考核内容，建议各级政府在政策制定、项目落地、资金支持、领导关怀等方面持续发力，支持和助力乡村人才振兴工作的推动。首先，在政策上支持和鼓励多元主体，包括致富带头人、返乡创业大学生、青年农场主、新乡贤、青年企业家返乡创业，发展实业，在工商税收、土地规划、政府补贴等方面提供优惠政策，提供良好的营商环境及各类保障服务；其次，各级政府要建立乡村人才振兴的项目库，将人才振兴的相关项目入库管理，待乡村建设和发展需要项目支持时，通过项目制的形式，落地支持到企业和个人，以起到激发人才创业积极性，助力乡村振兴的作用；最后，政府支持与领导关怀。有领导关怀与政府支持，农户的内生动力源还是可以激发出来的，没有上级部门的大力支持、细化支持，村里没有信心干成什么事、没有希望，他们不会主动去干事的，需要支持，上级要及时兑现承诺，引导发展，毕竟光靠村里单边蹦跶也干不成多大的事。上级部门的支持不是锦上添花，更需要脚踏实地、雪中送炭，甚至"沉"下去、"沉"到群众中。

二、政府要在农村设立专项发展岗位

实施乡村振兴和脱贫攻坚政策以来，各级政府在乡村进行重点投入和扶持，包括产业扶贫产业发展资金、人才输入等，如在海南，海南省委组织部和海南省农业农村厅在各村派驻了乡村振兴工作队，工作队由省直机关、县及政府、国有企业等单位派驻，任期 2 年，海南省各职能局在贫困村设置了各类公益岗位，包括护林员、护河员、保洁员等以促进乡村振兴和脱贫工作的有效开展。乡村振兴工作队的派驻是一个很好的办法，优秀的乡村振兴工作队可凭借个人能力和资源平台作用，调动人力、物力和财力，协调各方力量促进产业发展，带出事业发展队伍，吸纳农户有效参与到乡村建设当中去。也可尝试着在农村设立农业技术人员和市场信息专技人员，形成对农业产业的点对点、一对一指导，在生产技术指导、挖掘新品种、对接销售方面三管齐下，促进小农户与现代农业和市场的有效衔接，充分发挥专业技术岗位在农业生产、产品销售、乡村治理中的作用和功能。

三、留住青壮年劳动力，加快文化技能提升行动

关于人才的定义，不好说。农村人才的定义很模糊，留住青壮年在村都很难，这个是社会价值导向，没有什么有效的措施。很多村庄邀请一些年轻人回来，工资很高，不比城里低，他们说一个很现实的问题：回村里老婆都找不到。村里有干劲、有想法的基本在外面创业、当老板、打工，基本不愿意务农。就算务农，村里大多数都是"兼职"，同等劳动力的付出，从事其他行业比农业的效益高，性价比高，这是大环境的原因，不是简单一些措施就能把人吸引到农村。如果真要吸引青壮劳动力回农村，建议从以下几个方面着手：一是农业龙头企业到村，带着人员到村里从事产业发展，这些人才不仅可以促进产业发展，也可示范、带动和辐射村里的年轻人，激发年轻人的工作热情和创业激情；二是大力度地扶持农村创业，支持和鼓励一些有能力和有信心的新乡贤、村庄能人、返乡大学生等群体开展农业创业，拓展农业效益；三是政府专门在农村设立发展岗位，派驻工作队、农业技术人员、大学生村官等也是一个办法。

四、抓好致富带头人，组建干事创业的团队

抓好致富带头人，组建干事创业的团队在乡村振兴中至关重要。第一，村里要发展就要有一个带头人和一支村里干事创业的团队，带头人需要有公心、有情怀、有奉献和担当，不然带不起来；干事创业的团队最好是多元主体，包括新乡贤、党员干部、优秀的致富带头人等组成的团队，团队需要齐心和奉献精神，同时需要有沟通协调能力和对接市场及调动资源的能力，是能带领农户发展产业和发家致富的一支团队。第二，无论是致富带头人还是团队要有目标。有了队伍，还要有明确的目标，我们要做什么，要发展什么样的产业，要建设怎样的村庄，如何抓好村里的文化娱乐。这些都是相通的，但需要有一个个的目标任务去落实，有事情抓起来了，队伍才有信心，群众才有信心，团队干劲就越足，这个是良性循环，但刚开始肯定需要有人付出和牺牲。

五、吸引龙头企业入驻村庄，带动村庄可持续发展

龙头企业入驻村庄是好事，但企业和农户之间的利益连接机制也很重要，机制建立落到实处，农户和村庄都受益，如果利益机制不完善或者执行过程中变了味道，那么就会影响农户的积极性和村庄的发展。首先，龙头企业入驻村庄，需要政府和村庄在规划、用地和许可证办理上开辟绿色通道；其次，龙头企业入村应保障农户的既得利益，如种植技术的标准化、规范化，农产品的回收，劳动力就业，土地入股后的分红等；最后，龙头企业入村后，不但能给农户带来就业和增收，也可给村庄带来人气，对于村庄的休闲农业、美丽乡村、特色小村发展等发展带来希望，有望留住消费者，给村庄的可持续发展带来了动力之源。

六、提高基层干部的补贴水平，确保他们安心工作

调研发现，大多数村干部，补贴水平偏低，工作任务很重，压力重重，占用的工作时间非常多，无法安心工作，或者说没有工作积极性，因此，提高村基层干部的贴水平迫在眉睫。首先，在政府转移支付上按照人头预留出足够的经费用于村委会组织的补贴，其次，可鼓励村里发展集体经，集体经济发展收益可以允许村委会干部按照一定的比例进行分层，以提高村委会干部的补贴水平；最后，可以通过对基层党组织、村委会组织及基层干部设考核指标，将考核指标落到实处，年末根据各组织和党员干部之间的考核分数进行奖励，对于一些表现突出的组织和个人要加大奖励力度，以激发他们工作的积极性。

第四篇　热区乡村治理模式构建的社会基础研究

第一节　前　言

一、研究意义、目的

"治理有效"是乡村振兴"二十字方针"中之重要一条,国家《乡村振兴战略规划(2018—2022)年》中明确指出,"乡村振兴,治理有效是基础。"推进乡村治理体系和治理能力现代化,对深入贯彻落实党的十九大精神和贯彻执行《中共中央、国务院关于实施乡村振兴战略的意见》重大部署具有重要意义。正是当下的时势之需要,实践之火热,推动了时下学界乡村治理之研究繁荣,充分而科学的研究也成为指导乡村治理实践的重要前提。2019 年 6 月,中共中央办公厅、国务院办公厅印发实施的《关于加强和改进乡村治理的指导意见》明确提出"各级党委和政府要充分认识加强和改进乡村治理的重要意义,把乡村治理工作摆在重要位置",并在乡村治理的组织实施问题上提出要"加强分类指导""各级党委和政府要结合本地实际,围绕加强和改进乡村治理的主要任务,分类确定落实举措。"经过多年的乡村治理实践,我们已经意识到广袤农村天地间不同地域的差异,这种差异不但是地理条件、自然资源禀赋、经济市场条件的差异,同时也有一个中间视域上的乡村社会形态与结构的差异。不同区域的乡村社会,为乡村治理制造着内在的结构难题,又为先进的地方经验提供着内生的创新条件。因此,学界中乡村治理研究也就有了"区域化"的新发展趋势。

中国热带农业科学院(以下简称热科院)位于祖国之南,是国家农业农村部的直属事业单位。一直以来以研究热区 9 省(区)农业为立院之本,可以说是专注于区域研究的重要研究机构,以往主要关注在热区特有的农业生产技术。但随着国家部委职能的调整优化,热科院在发展进程中立即拓展自身的研究领域,扩充研究队伍,不止看到农业,也看到农村,去往乡村不再只是目中有"田",更是目中有"人"。"田"由"人"耕作,乡村治理问题的解决与农业生产力发展息息相关,从热区特色的农业研究拓展至热区特色的农业农村研究,既结合了热科院既有的研究基础,也将深度推进和发展热区乡村社会研究,十分符合习近平总书记所提出的"把论文写在祖国大地上,使理论和政策创新符合中国实际、具有中国特色,不断发展中国特色社会主义政治经济学、社会学"的要求。

"哲学家们只是用不同的方式解释世界,而问题在于改变世界。"我们努力开展着的热区乡村治理研究，有着强烈的使命感和实践追求，这不仅仅是学术研究和理论研究，不满足于建立为热区农村社会提供新的解释范式，而是以"治理有效"和乡村振兴为目标，直面热区乡村治理实践将要面对的基础、条件、现状和困境，思考有利的对策。

二、研究方法

区域研究。本研究是介于宏观与微观之间的"中观"区域研究，意味着以区域为研究对象，以区域调查为资料收集手段，以区域条件和特征为分析的前提，以社会科学的中层理论为分析工具，以区域诠释为研究终点，不上升全局，也不落于细碎，但以区域研究成果本身为度量，为整体与具体的问题提供解决思路或其他意义。在本研究中，我们的区域就是热区。

问卷调查。根据党的十九大报告精神，参考乡村振兴战略实施规划、乡村治理指导意见等国家政策文件中对乡村治理的相关论述开展问卷设计，对热区乡村的农户及村干部群体进行问卷调查，调查涵盖家庭生产生活基本数据与乡村治理活动及相关数据，以便在实践的前沿开展研究。

田野访谈。与定量研究相配合地开展质性访谈研究，在热区各省调研过程中与基层政府工作人员、村干部及普通农户进行质性访谈，挖掘乡村治理中的具体经验与因果机制。

三、数据资料来源

中国热带农业科学院2019年春开始组建"热区乡村振兴研究创新团队"，针对中国热区乡村振兴战略实践进行经验调查、数据分析和理论探索。2019年8月至2020年6月，团队已先后走遍广东、云南、贵州、四川、湖南、福建、江西共7个省开展实地调查。各省区在热区范围内随机抽样2~3个行政村，各村发放农户及村干部问卷15~20份，累计回收有效问卷354份，以及其他质性访谈收集材料。

四、研究过程

2019年3月，组建团队。

2019年5月，团队进行问卷设计与访谈提纲设计。

2019年6—7月，在海南、广西等村庄开展调研，进一步完善问卷设计。

2019年8月至2020年6月，2019年8月至2020年6月，团队已先后走遍广东、云南、贵州、四川、湖南、福建、江西共7个省开展实地调查。

2020年7月至2020年12月，进行数据、资料的整理分析与报告写作。

第二节　热区乡村治理模式构建的社会基础

中国热区主要指中国热带地区及南亚热带地区，主要分布于内地9省（区）（海南、广东、广西、云南、福建南部、贵州、四川南端河谷地带以及湖南的永州、郴州地区、江西南部地区）和中国台湾地区。其中，内地9省（区）的土地面积48万平方千米，约占国土面积的5%，占9省（区）土地总面积183.78万平方千米的26.1%。这里出现的问题是，热区的范畴界定以地理学与气候学为依据，是否可作为区域性社会科学的分析单位，这是我们开展热区乡村治理研究必须首先回答的问题。我们的答案是，不仅可以，且较之中国乡村研究市场上的各区域研究分类有其更独到的合理性。

目前社会科学界对于中国乡村社会的区域分类中较有影响力的区域划分是：①"华中乡土派"划分。以贺雪峰教授为首的学者基于常年田野调查的经验性判断，综合中国地理相对区位和村庄的社会结构差异归纳出南方农村、中部农村和北方农村，分别以华南地区、长江流域、华北平原为典型（尽管贺雪峰提出按生态和历史的差异还能再细分为8个区域，但与其社会学分析并不紧密），村庄社会结构依次为团结型、分散型和分裂型。此分类在社会学界产生较大影响，许多社会学的乡村研究在此基础上开展。②"田野政治学派"划分。以徐勇教授为首的学者，以质性研究视角出发，基于一对（更倾向是政治学视角下的）"分"与"合"分析框架，综合自然、社会、历史条件将中国农村划分为七大区域类型，即华南宗族村庄、长江家户村庄、黄河村户村庄、西北部落村庄、西南村寨村庄、东南农工村庄和东北大农村庄。"田野政治学"派学者在此分类基础上开展了大规模田野调查，近几年也产出了一些较有分量的学术成果。③华南农村研究区域。严格来说，华南农村研究区域不是依据某一种标准或分析框架的划分，而是历史因素下的建构。20世纪初，陈翰笙、傅衣凌、顾颉刚、葛学溥（Daniel HarrisionKulp）等一批海内外学者率先在广东、福建等地区开展农村调查并产出了一系列极为优秀的社会经济史、人类学、社会学和民俗学的研究著作，他们在研究中均以"华南农村"为对象；20世纪下半叶，一方面华南地区较少受国内"政治史"范式主流束缚，学术传承上国内学者较好继承区域社会经济史、历史人类学的研究传统，另一方面海外汉学家由于不容易进入内地研究，在香港、台湾等地进行了一系列历史人类学调查研究，都是以华南宗族乡村为底色，在此背景下产生的海外中国研究著作不少产生了世界范围影响。一些知名学者因此提出了"作为方法的华南"，华南乡村研究对中国农村研究具有方法论意义，能从华南认识中国，既在于华南地区作为"边缘"保留着较中国"中心"地区更为完整的汉人社会结构事实与经验，也在于其在海内外学者高质量的学术积累上已然成形和发展的田野范式。

既有中国乡村区域研究成果对我们所要研究的热区乡村社会将有所助益，但任何一个划分都不能涵盖或等于热区乡村。当前的热区乡村除了典型的团结型村庄，也有分散型村庄，既有宗族型村庄，也有村寨型村庄，也不限于华南地区。然则其作为区域分析对象的共相和独到性何在？

我们还是要回到马克思主义政治经济学的视野。长期以来，我国知识界之所以将农业、农村、农民相关问题统合为"三农问题"，只是因为政治经济学视角下三者间的相互区别与密切联系。热区乡村虽然在9省（区）不均分布，但作为共同的热带南亚热带气候决定了其共通的农业生产的作物选择与耕作方式，围绕相似的生产资料与生产方式，就会形成相应的生活图式与社会关系，尽管由于具体地理环境与区位、文化的差异会使热区乡村有具体的不同，但相似的农业生产结构为他们的社会结构实际上提供着潜在的共同底色，为他们的治理现代化提供着共同命题，也为可复制与推广的乡村社会治理模式构建提供着共同社会基础，因此我们必须准确把握这一基础。本节以下内容就将从空间、生产、文化3个角度去分析这一基础。

一、热区乡村空间基础：分散与对立

所谓空间基础，考察的是热区乡村社会生长的局部具体环境特征，其对于社会结构形成的影响深刻。总体上，我国热带与南亚热带地区覆盖的乡村位于中国南方各省（区）南部（海南省、台湾省除外），大部分地区因地形条件复杂，形成了自然村散布、平地村庄与坡地村庄并存、聚居型村落与空心化村落混杂为典型的局部空间特征。

（一）松散分布的自然村

前往热区乡村，与非热区乡村和北方乡村形成鲜明对比的第一直观特征就是分布极为松散的自然村落。内陆各省（区）的热区乡村多位于省级交界的山谷、丘陵、沿江沿海之地，农业资源的紧张以及地理上的天然屏障，历史形成过程中自然选择了以10户、20户左右的家庭人口小聚落分散独居的空间分布格局。1949年进入国家现代化进程之后，基层政权建设从人民公社制度逐步演化至当下"乡镇—行政村—村民小组（自然村）"的建制单元体系，热区乡村治理中就或多或少地存在着具有单一性的行政中心——乡镇、行政村委会与各松散的治理单元——村民小组、自然村之间相对立的矛盾。

（二）平地村庄与坡地村庄的对立

热区乡村地区多是有丘陵、山地，切割出一片片分散的小平原、洼地或盆地。基于人多地少的国情，热区乡村在同一基层治理单元——乡镇，或是行政村——内部往往出现平地村庄与坡地村庄两种空间上截然不同的村庄形态，其生产与生活习惯的迥异也为地方乡村治理带来了挑战。

（三）聚居型村落与空心化村落

热区乡村相较于长江、黄河流域的平原农村，地形更为复杂，农村更为分散，导致实际农村社会运行中的资源配置，无论是自在的资源积累（包括经济发展、本土文化传统、自治经验），还是行政资源的投放（管理、动员与优惠政策）的不平衡、不充分的差异，都会随着发展逐渐扩大，尤其是改革开放后的市场经济发展不断与乡村社会接轨之后，普遍在热区乡村治理的某同一治理范畴内同时形成了聚居型村落与空心化村落两种村落类型。前者占据资源向其倾斜的要素（或交通，或产业，或其他），村落的居住规模、劳动力人口都逐年扩大；后者往往因客观上的条件制约导致本土资源的流失。尽管在中国各地域农村都在市场经济发展过程中呈现类似的两极化发展趋势，但由于热区独特地理环境下的复杂地势和多样化的农业条件，聚居型村落与空心化村落的对立更为明显。

二、热区乡村生产基础：小农生产中的社会惯性

热区乡村的生产基础是指热区乡村社会在自身既定条件下的生产活动、生产方式及由此而产生的相对稳定的社会生活方式。马克思指出："不同的（农村）公社在各自的自然环境中，找到不同的生产资料和不同的生活资料。因此，它们的生产方式、生活方式和产品，也就各不相同。"本节主要考察热区乡村较具有特色的粮食作物、经济作物及渔牧业三种生产活动及其对热区乡村社会惯性的形塑。

（一）粮食作物生产及其社会惯性

粮食作物生产是乡村生产亘古以来的核心活动，也是塑造乡村社会惯性的最关键的劳动实践。位于中国南方的热区农村，其粮食作物平原地区以水稻为主，中西部山区、丘陵地带以土豆、玉米为主。水稻种植方面，热区以多季稻为主，一年二至三熟，在传统时期，由于土地相对贫瘠，农民必须终年耕作，并穿插种植其他作物，才能保证一年的粮食饱饭。加上本就分散的居住空间所造成的较为有限的社会分工基础，热区农民长期以来首先就为作物生产形式及其相关地理条件本身而牢牢束缚于土地上。"他们的生产方式不是使他们相互交往，而是使他们相互隔离。"马克思所谓的分散的、无分工的"马铃薯"式小农可以说是热区粮食小农的典型写照。

新中国成立后的建设时期，热区的自然地理条件，尤其是中西部的丘陵山地，难以实现农业的工业化、规模化转型发展。改革开放开启市场化进程后，本土稻种在生产体量和品牌力上都难以与中国中部和北部粮仓省份的稻种在市场上竞争。除少部分东南亚地区引入的稻种如泰国香米等可因其特色性在市场上占一定（但并不大）份额外，整个粮食作物生产的发展基本是没有跟上在市场化现代化进程，而是被置于其之外，也就是说，原先主要从事粮食作物生产的热区农户并没一个内生发展的融入市场的角度，而是从外在于市场或者在市场的边缘化位置出发被卷入市场化变革。一部分人依旧在农村长时间从事传统的粮食生产，另一部分人则干脆中断生产，进城务工。

在这样的背景下，粮食作物生产直接或间接地形塑热区农户两方面的社会惯习：一是个体化底色，面对公共性事务以被动配合为主，无力也无心去"代表自己"参与，而是等待"被代表"，具有公共性的社会交往和协商参与主要产生于公共性事务之后而非事前；二是更为彻底的流动性，虽然实地调查中不难发现有很多"半工半耕"农户（即家庭内部进行从业分工或季节性分工）的存在，但粮食生产与外出务工生产性质上难以结合的张力往往造成粮食生产的中断与土地抛荒，叠加原本小农户的松散性及社会联系，形成当代热区乡村治理的"空心化"问题。

（二）经济作物生产及其社会惯性

可以进行种类丰富的经济作物生产是热区农业的重要特色和独特优势。水果蔬菜作物、油料作物、糖料作物、三料（饮料、香料、调料）作物、药用作物等都在热区各省（区）小范围地形成规模化生产，这种形成既有政府和市场从外部引导和介入的影响，也有的是本土传统的延续和开发，也能较好地以内生型发展方式使农民社会与现代

化接轨。

不同经济作物生产形式的差别形成了不同的社会习惯。一部分非规模化的三料作物、水果作物和冬季瓜菜种植成为热区农户自主的选择，形成自主性强、多样化经营的兼业生产惯习，使农户长期在乡、按理在乡，有益于公共性的生成，但事实却并不一定如此，不同农户种植不同的热区经济作物，反而缺少同生产步调的相互认同与交流。一部分则是在政府引导或自我联结作用下形成区域性、规模化的整村集体经营的生产形式，而通过土地承包、流转而搞活了的热区乡村集体经济能够较好地在后农业税时代使农村形成乡村治理必要的"利益相关"条件，提升村民的公共性惯习，如四川攀枝花市农村的杧果产业。另一部分经济作物生产则反而是在市场化进程中日渐衰落，其过程对农民社会惯习的影响往往成为乡村治理中的消极因素，如海南的天然橡胶业生产，在20世纪末橡胶成为海南农村的"摇钱树"，农民无需投入大量的生产时间，只要做好防虫害护理和较短的割胶工作就能用原胶从市场上换取可观的收入。与北方或中部地区农民在面临人多地少矛盾、粮食耕作为主等条件下所形成的经营思维与抱团意识不同，胶农更自由散漫、喜欢消费。而进入21世纪，随着中国市场大门进一步打开，海南橡胶价格受到外国橡胶的冲击，在市场上走向没落，而出于国家战略性需求又不可轻易将橡胶山林推倒换新。另觅财路的胶农在其余市场化竞争中被污名化以"懒散"的标签，导致这部分农村在治理中经常出现分歧和误解，这部分农户在外出务工时也容易面临困难。

（三）渔牧业生产及其社会惯性

渔牧业生产及其产生的社会惯习也是热区乡村社会生产基础中尤为值得关注的一环，尤其是渔业。一般热区农村的山地丘陵养殖业、牧业与其他地区农村并不在生产形式及其社会惯习上有显著差异，但渔业不同，其相对独立的一套社会生态对农村有巨大影响。

以海南临高县海角的新盈镇地区渔村渔业为例。开海后，船主农户自主招募船员出海捕鱼，一般农户家用的中小型船只，一个船主招募2~3名年轻船员即可。连续出海2个月左右返航，所有捕鱼所得财富，照惯例船主因为出资出船，拿大头，其余船员平分。一般情况下，一次出海的收入就能满足船主以及船员家庭一年的费用。等出海次数多了，船员有足够经验与财富购置渔船成为船主，又去雇比他年轻的船员，生产形式如此往复延续。

这种生产形式形塑何种社会惯习呢？一是团体性，渔业协作离不开家族但远不局限于家族，招募船员的范围是极广的，且渔业就其本身而言相比农业需要更多的内部分工，这些都有助于渔业地区农村农户团体性意识的生成。二是文化封闭性，其体现于：渔业生产技能的单一性、短劳动与快效益致使渔村年轻人容易形成对渔业的路径依赖而不易介入其他发展路线。在调研中发现，渔村年轻人读书意愿普遍不强，一个很重要原因在于不用读书或长时段辛苦工作，下海捕鱼一样能吃饱喝足。另一个原因则是由于生产特殊性带来的区域文化。如海南新盈地区的农民既不外嫁也不外娶，因为他们一般比非临海区农民富有，也因为生产生活习惯大相径庭。再如，广东地区的胥民人家，历史上胥民因缺乏土地与社会经济地位而在岸边形成自在的社会，在国家现代化整合过程中引导胥民上岸，但大部分胥民依旧选择依水居住，保持着相对狭窄的社会交往。

三、文化基础：宗族文化与民族文化

热区乡村在特定的地理空间基础与生产生活基础之上也形塑了特定的文化基础。中国热区乡村地区因为其地形的复杂性、人类聚居的分散性，成为保留着最具丰富性和多元性传统文化的地区，这些文化基础可以成为现代化的重要资源，也可能成为地区发展的沉重包袱。国家推进乡村治理体系现代化建设之所以提及自治、法治与德治的有机结合，背后的道理正是基于关注、认识和利用各地本土文化资源的意涵。虽然热区乡村文化异质性之高，可谓"一村一方言""百里不同风，千里不同俗"，但归根结底可以概况为宗族村落和少数民族村落两种主要传统，二者也最能代表热区乡村特色。

（一）宗族村落治理传统

宗族村落，并非简单地归结为有宗族的村落，而是宗族文化占主导地位的村落，如单姓自然村、围绕祖宗祠堂而建的村庄等。宗族村落的治理传统主要在于关注其围绕血缘关系建构起来的一套社会意识，有学者称之为"血缘理性""祖赋人权"，表现为生命、财产、规则的起点同等性、年龄、性别、身份的过程差等性和第三法则是位置、权力、责任的关系对等性。一言蔽之，宗族村落有着极具韧性的文化权力体系，村庄成员在宗族中被分类分等，但又有着强大的团体意识。宗族组织本身具有前现代要素，可能与现代乡村的公共治理对冲，但同时又有着实现简约化治理、有利于社会和谐稳定的积极作用。在宗族文化浓厚的地区，如海南儋州、广东海陆丰地区、广西博白县、赣南客家地区，往往有着集体经济或乡村治理的优秀个案，但同时大量的土地纠纷与团体械斗事件也经常出现在这些地区。

（二）少数民族村落治理传统

少数民族村落，顾名思义是地方性少数民族为主要聚居人口的村落，热区各省（区）中，云南、贵州、广西、海南都是多少数民族聚居的省（区）。南方少数民族不同于北方几大少数民族那样组内具有文化的同一性，而是高度多元化、高度异质性，同为壮族、瑶族或黎族，不同山头与地域间可以有着天差地别。因此，少数民族村落的治理传统主要围绕地缘关系构建，尽管这种地缘关系不过是自然隔绝结果下的所谓血缘关系的空间投影，但它在发展过程显然有别于宗族村落的血缘关系，根据美国学者詹姆士·斯科特的考证观点，热区的少数民族是在与北方南下汉人民族的交战中不断落败，因而进入山区生活，并为了继续能够逃避国家的奴役与税收建立起具有自己文化特点的社会传统，这种特点就包括主动放弃文字（弱教育水平）、刀耕火种生产必需的流动性、扁平化的（而非平原宗族地区村落那样层级化、差等式的）社会组织等。这些传统特征在乡村治理体系现代化建设的实践过程中也影响着诸如教育问题、村级组织松散化等问题的产生。

四、热区社会基础上的治理现代化挑战

"人们自己创造自己的历史，但是他们并不是随心所欲地创造，而是在直接碰到的、既定的、从过去承继下来的条件下创造。一切已死的先辈们的传统，像梦魇一样纠缠着活人的头脑。"构建现代化的热区乡村治理模式不是搭建"空中楼阁"，而必须了解热区乡村由历史延承下来的社会基础。这些基础本身就已经部分决定了当前热区乡村治理体系构建中仍亟待解决的挑战。在政治学视域下，现代化的乡村治理体系模式构建意味着一种国家整合。即现代国家在其发展过程中要不断调和不利于发展的矛盾，解除妨碍现代化的阻滞因素，使原本松散的乡村社会接轨现代社会组织体系，进一步释放或赋予其发展的活力，并保持社会的稳定。因此，这些治理挑战实际上也就是"整合挑战"。

（一）空间结构现代化整合的挑战

乡村社会在地理上的空间分散化以及复杂地形中不同空间形态的对立化，都将使国家机构末梢的基层政府与村民自治体系在建设过程中面临整合的困难与针对性治理的挑战。一方面，必须考虑如何有效供给交通、信息通信等物质条件（过去谈修路总是强调"致富"，其实"三通"也有着非常深刻的乡村治理意涵），另一方面也要考虑同地区统一政策在落地过程中，如何对本地区内社会形态截然不同甚至具有对立性的村庄进行有效施政。

（二）生产形式现代化整合的挑战

农业问题长期以来被认为是"三农"问题的核心，但也往往局限于经济学领域的分析，在学者与官员的"发展主义"观察视角下，社会、政治或文化的因素往往容易视为外在于经济并干扰经济的因素，如"某村农业发展得不好，是因为当地社会整体/政府/文化的落后"等。但农业生产本身并不是单一而抽象的存在，而是具体且多元的，尤其在热区更是如此。从另一个治理研究的角度来说，特定的农业生产并不只是乡村治理的外在影响因素，而相当程度上决定了治理所需要面对的对象特征。热区农村的分散与资源差异化特征，使各村的农业生产方式在较长历史周期中相应地形成了相对固定的社会生活方式并作为一种社会惯性而存在。尽管生活方式会随着新生产方式的变化而变化，但这个变化的过程却可能充满新旧的碰撞。通过前面对热区农业主要特色生产形式进行论述，热区生产形式现代化整合面临两方面的挑战：一是农户的旧路径依赖性，附着于难以规模化和现代化却又是自然资源比较丰富的生产资料条件；二是生产传统本身的散漫性和拖欠于传统后难以控制的流动性生产惯习。进而，从生产形式的角度看，这里的治理挑战主要是天然缺乏生产组织化抓手条件下的社会治理，和能够适配小农户与现代农业相结合的治理体系建设问题。没有生产的组织化、没有在制度上供给小农户衔接现代农业生产的渠道，不在这两个挑战上解决问题的乡村治理模式也许可以是新概念，但很难能被称之为"现代化"。

（三）社会文化现代化融合的挑战

在宗族村落文化或少数民族村落文化的影响下，乡村治理传统具有一定自主性与

封闭性特征，这种作为"小传统"的地方文化自主性在现代化变迁过程中遭遇国家整合的"大传统"，就要不断在"团结—封闭"与"发展—斗争"两种变迁取向间摇摆。如何使传统的乡村社会文化融入现代化的"大传统"，可能既需要自上而下作为第三方的"大传统"文化，如我们的党建文化在输入乡村的过程中如何能有效起到引导、融合的作用，也需要治理者追求在同一地区内实现少数民族村落与宗族村落的善治过程中发挥"因地制宜"的"绣花功夫"，发挥"小传统"服务地方治理的"化劲儿"。

第三节　热区乡村治理模式构建的现状

乡村振兴战略规划中提出，要从加强党的领导、促进"三治结合"等方面实现治理有效。我们在调查中也着重从这两方面对热区乡村治理模式构建的现状进行考察。

一、农村基层党组织建设现状

2019 年中央《关于加强和改进乡村治理的指导意见》中主要任务的开篇是"完善村党组织领导乡村治理的体制机制"和"发挥党员在乡村治理中的先锋模范作用"。农村基层党组织建设是乡村治理的最关键问题。

（一）村党支部领导坚强稳固，但不同地区、家庭认识或有差别

1. 热区乡村整体满意本村党支部领导工作

根据 7 省问卷调查结果，在"您对本村党支部在乡村治理的领导能力"问题上，全部 354 户受访农户中有 30.5% 的农户认为"非常好"，52.3% 的农户认为"比较好"，认为"一般"及"比较差"者共 17.2%，正面评价人数超过 80%，见表 4-1。

表 4-1　农户对本村党支部乡村治理领导作用反馈

农户评价	样本数/户	占比/%
非常好	108	30.5
比较好	185	52.3
一般	57	16.1
比较差	4	1.1
合计	354	100

注：有效样本为 354，缺失值为 0，下同。

在"您对本村党支部工作作风是否满意"问题上，全部受访农户的 29.4% 表示"非常满意"，51.7% 表示"比较满意"，认为"一般""不太满意""很不满意"等不足两成，正面评价同样超过八成，见表 4-2。综上可见，整体上受访农户对村党支部领导作用是认可的。

表4-2　农户对本村党支部工作作风满意度评价

农户满意度	样本数/户	占比/%
非常满意	104	29.4
比较满意	183	51.7
一般	60	16.9
不太满意	5	1.4
很不满意	2	0.6
合计	354	100

2. 党员干部对村党支部评价明显更高

在进一步操作中，我们就农户本身是否党员家庭、是否为村干部家庭进行比较统计，这种比较分析有利于进一步从群众视角看村党支部的政治领导情况。

是否党员家庭比较。就以上村党支部的领导能力问题以及村党支部工作作风满意度两个问题从是否党员家庭的比较分析中发现，是否为党员家庭对于农户对党的评价密切相关，7省（区）数据反映具有统计学意义上的相关性。

党员家庭对党支部领导能力评价更高。党员家庭中对党支部领导能力评价"非常好"的占44.4%，明显高于非党员家庭的21.9%；认为"比较好"者占45.2%，略低于非党员家庭的56.6%。并且，非党员家庭中给出"一般"及更差评价者就分类占比上较党员家庭多出10%。由此可见，党员家庭对本村党支部领导能力的评价明显高于非党员家庭；另外，非党员家庭的正面评价户数总体比例也接近八成（78.5%），依然能够反映群众对党领导能力的认可，见表4-3。

表4-3　党员/非党员家庭对本村党支部领导能力评价比较　　　　（单位:%）

是否党员家庭	农户对党支部领导能力的评价					合计
	非常好	比较好	一般	比较差	非常差	
党员家庭	44.4	45.2	10.4	0	0.0	100（135户）
非党员家庭	21.9	56.6	19.6	1.8	0.0	100（219户）
合计	30.5	52.3	16.1	1.1	0.0	100（354户）

注：$P = 0.00$，下同。

党员家庭对党支部工作作风满意度更高。40.7%的党员家庭对党支部工作作风"非常满意"，相比之下非党员家庭仅有22.4%；23.3%非党员家庭对党支部工作作风只认为"一般"，远高于持相同态度的党员家庭的6.7%的占比；另外，回答"比较满意""不太满意"的占比两种家庭相差不大，见表4-4。由此看出，党员家庭对党支部工作作风的看法也整体优于非党员家庭。

表 4-4　党员/非党员家庭对本村党支部工作作风满意度比较　　（单位:%）

是否党员家庭	农户满意度					合计
	非常满意	比较满意	一般	不太满意	很不满意	
党员家庭	40.7	51.1	6.7	1.5	0.0	100（135 户）
非党员家庭	22.4	52.1	23.3	1.4	0.9	100（219 户）
合计	29.4	51.7	16.9	1.4	0.6	100（354 户）

是否村干部家庭比较。进一步从"是否为村干部家庭"进行比较操作，得出村干部家庭对党支部领导能力予以"非常好"评价占比50.6%，远高于普通家庭24.7%的占比；普通家庭中对党支部领导力评价"一般"和"比较差"分别占比18.5%和1.5%，明显高于村干部家庭的7.6%和0%，见表4-5。

表 4-5　村干部/普通家庭对本村党支部领导能力评价比较　　（单位:%）

是否村干部家庭	农户对党支部领导能力的评价					合计
	非常好	比较好	一般	比较差	非常差	
村干部家庭	50.6	41.8	7.6	0.0	0.0	100（79 户）
普通家庭	24.7	55.3	18.5	1.5	0.0	100（275 户）
合计	30.5	52.3	16.1	1.1	0.0	100（354 户）

村干部家庭中"非常满意"的评价占比48.1%，占比最高，普通家庭中仅为24.0%；有22.2%的普通家庭给予"一般"及更差满意度评价，而村干部家庭仅有5.1%评价"一般"，2.5%评价"不太满意"，合计不超过10%，见表4-6。

表 4-6　村干部/普通家庭对本村党支部工作作风满意度　　（单位:%）

是否村干部家庭	农户满意度					合计
	非常满意	比较满意	一般	不太满意	很不满意	
村干部家庭	48.1	44.3	5.1	2.5	0.0	100（79 户）
普通家庭	24.0	53.8	20.4	1.1	0.7	100（275 户）
合计	29.4	51.7	16.9	1.4	0.6	100（354 户）

综上可知，村干部家庭更明显地给予村党支部领导和工作作风更多正面评价。普通非干部农户家庭也给予党支部较多正面评价，一般及负面评价占比在1/4左右。

3. 不同收入农户对党支部评价都较高

课题组也检验不同经济状况是否会影响农户对党支部乡村治理作用的评价，以全面评估党支部乡村治理领导能力。

就是否为国家建档立卡贫困户进行比较操作方面，比较发现，贫困户无论是在对本党支部领导能力的评价还是工作作风的满意程度评价上，与普通农户相比都不具有显著差异。不同农户少部分对本村党支部给予负面评价，而贫困户评价反馈都在"一般"以上，见表4-7、表4-8。由此可得，贫困户与普通农户对党支部领导能力和工作作风评价总体较高，差异不大。

表4-7　是否贫困户对本村党支部领导能力评价比较 （单位：%）

是否贫困户	农户对党支部领导能力的评价					合计
	非常好	比较好	一般	比较差	非常差	
贫困户	26.3	50.0	23.7	0.0	0.0	100（38户）
普通农户	31.0	52.5	15.2	1.3	0.0	100（316户）
合计	30.5	52.3	16.1	1.1	0.0	100（354户）

注：$P=0.515$。

表4-8　是否贫困户对本村党支部工作作风满意度 （单位：%）

是否贫困户	农户满意度					合计
	非常满意	比较满意	一般	不太满意	很不满意	
贫困户	28.9	42.1	28.9	0	0	100（38户）
普通农户	29.4	52.8	15.5	1.6	0.6	100（316户）
合计	29.4	51.7	16.9	1.4	0.6	100（354户）

注：$P=0.266$。

对受访农户按家庭人均可支配收入高低进行收入分组，分别比较他们对本村党支部关于以上两个问题的评价。数据比较发现，不同收入的农户对党支部领导能力及工作作风评价均较高，人均可支配收入在15 000元以上的农户给出"非常好""非常满意"评价的农户均超过30%，较其他更低收入分组略高，但总体各收入分组农户的评价分布相同，见表4-9，表4-10。所以，不同收入的农户对村党支部的评价认识总体相同。

表4-9　农户收入分组比较对本村党支部领导能力评价 （单位：%）

收入分组	农户对党支部领导能力的评价					合计
	非常好	比较好	一般	比较差	非常差	
5 000元以下	25.4	50.8	20.3	3.4	0.0	100（59户）
5 000~10 000元	29.5	48.4	21.1	1.1	0.0	100（95户）
10 000~15 000元	21.7	60.0	18.3	0.0	0.0	100（60户）
15 000~20 000元	36.0	56.0	6.0	2.0	0.0	100（50户）
20 000元以上	37.8	50.0	12.2	0.0	0.0	100（90户）
合计	30.5	52.3	16.1	1.1	0.0	100（354户）

注：$P=0.177$。

表 4-10　农户收入分组比较党支部工作作风满意度　　　（单位:%）

收入分组	农户满意度					合计
	非常满意	比较满意	一般	不太满意	很不满意	
5 000 元以下	28.8	50.8	16.9	3.4	0.0	100（59 户）
5 000~10 000 元	23.2	51.6	23.2	1.1	1.1	100（95 户）
10 000~15 000 元	20.0	60.0	18.3	1.7	0.0	100（60 户）
15 000~20 000 元	36.0	56.0	8.0	0.0	0.0	100（50 户）
20 000 元以上	38.9	44.4	14.4	1.1	1.1	100（90 户）
合计	29.4	51.7	16.9	1.4	0.6	100（354 户）

注：$P=0.339$。

综上可知，各村党支部的领导能力和工作作风总体上获得不同收入阶层农户（包括建档立卡贫困户）的广泛认同。

4. 热区西部有内部差异性，热区东部评价更高

考察热区内不同地区党支部领导状况是否有所区别，将 7 省（区）由西到东分为 3 块地区进行比较分析，并有所发现。

在对党支部领导能力评价方面，热区东部地区和中部地区整体评价分布相似，认为村党支部领导能力"非常好"的农户分别占比 25.7% 和 22.9%，认为"比较好"的农户分别占比 62.4% 和 65.6%，认为"一般"者分别占比 11.5% 和 11.9%；西部热区认为"非常好"和"比较好"的农户分别占比 38.2% 和 37.6%，均低于中部和东部热区，认为"一般""比较差"的分布占比 21.7% 和 2.5%，均高于中部、东部热区，见表 4-11。可见，热区中、东部对党支部领导能力评价整体高于热区西部。

表 4-11　农户收入分组比较对本村党支部领导能力评价　　（单位:%）

地域分区	农户对党支部领导能力的评价					合计
	非常好	比较好	一般	比较差	非常差	
热区西部	38.2	37.6	21.7	2.5	0.0	100（157 户）
热区中部	22.9	65.6	11.5	0.0	0.0	100（96 户）
热区东部	25.7	62.4	11.9	0.0	0.0	100（101 户）
合计	30.5	52.3	16.1	1.1	0.0	100（354 户）

注：$P=0.018$。

对村党支部工作作风评价的分析发现，一是"一般"及不满意评价的农户从西到东逐渐减少，西部最多，占 21.7%，"不太满意""很不满意"分别占 3.2%、1.3%；中部次之，"一般"占 15.6%，东部最少，占 10.9%。二是正面评价中，西部农户评价"非常满意"最高，占 31.2%，但较中部占比 25.0%、东部占比 30.7% 优势不高；"比较满意"西部热区占 42.7%，明显低于中部热区和东部热区的 59.4% 和 58.4%，见

表4-12。可见，西部热区受访农户在对党支部工作作风认识上内部差异较中部、东部更明显，整体满意度上热区从西到东满意度越来越高。

表4-12　农户收入分组比较对党支部工作作风满意度　　　　　　（单位:%）

地域分区	农户满意度					合计
	非常满意	比较满意	一般	不太满意	很不满意	
热区西部	31.2	42.7	21.7	3.2	1.3	100（157户）
热区中部	25.0	59.4	15.6	0	0	100（96户）
热区东部	30.7	58.4	10.9	0	0	100（101户）
合计	29.4	51.7	16.9	1.4	0.6	100（354户）

有效样本：354；缺失值：0；$P = 0.00$。

本节对调查数据分析发现，热区乡村整体上基层党组织的领导地位稳固，得到农户们的普遍认可；党员、干部农户明显高于一般群众，但并意味着一般群众认可程度低；热区西部与中东部的差异应是多种共同影响的结果。但就课题组的实地考察经验来看，至少两个地理间差异对此能形成一定解释：一是村庄空间类型问题，东部的福建、江西、广州热区地势相对平坦，民居、土地相对集中，基层党组织在领导上的沟通成本低、难度小；相反西部由于地势相对险峻和民居、土地的分散，以及农民生产工作较高的流动倾向，都使沟通成本增加，很可能导致领导具有局部性和断裂性。二是宗族文化的团结性，地方宗族文化在广东、福建、江西是普遍存在并有一定影响力，基层党领导有借力宗族促成团结（但尚无充足证据说明家族主义已经捕获基层党组织，这恐怕也不是事实），而热区西部则缺乏这样的文化资源来调和矛盾。其他因素尚待在后续更多数据与经验材料中进一步综合分析。

（二）基层党组织建设与联系群众能力总体较强

1. 村两委组织状况

围绕村级党组织建设情况，就受访农户对"村两委班子是否团结""村级党组织是否存在弱化"等问题进行了考察。

从整体看，农户们认为本村两委班子"比较团结"者最多，占比52.8%；认为"非常团结"者也占36.5%；给予"一般"评价只占10.7%，见表4-13。可见农户普遍认为本村两委班子团结程度较高。

表4-13　村两委班子团结程度认知

农户认知	频率/户	占比/%
非常团结	129	36.5
比较团结	187	52.8

（续表）

农户认知	频率/户	占比/%
一般	38	10.7
合计	354	100

在其他数据的相关性检验中还发现，除了党员、干部对村两委班子团结程度认知偏高之外，值得关注的是年龄与团结程度认知呈现相关性。年龄越高，认为村两委班子"非常团结"的占比相对越低，"比较团结"占比相对越高，而"一般"认知占比也相对越发减少，见表4-14。其数据背后可能反映着村两委班子工作对象人群和群众方法问题。

表4-14　不同年龄农户对村两委班子团结程度认知　（单位:%）

年龄分组	村两委班子团结程度认知			合计
	非常团结	比较团结	一般	
19~30 岁	40.6	37.5	21.9	100（32 户）
31~40 岁	37.1	51.6	11.3	100（62 户）
41~50 岁	39.3	47.2	13.5	100（89 户）
51~60 岁	35.4	53.5	11.1	100（99 户）
61 岁以上	31.9	66.7	1.4	100（72 户）
合计	36.4	52.8	10.7	100（354 户）

注：$P = 0.048$。

在村党支部组织是否存在弱化问题上，绝大部分农户认为村党组织不弱反强，占66.1%；认为党组织与往常相比没有变化者第二多，占比29.7%；认为有弱化问题的农户总计不足5%，是受访者中的极少数。但值得注意的是，极少数认为党组织弱化的农户中，有73.3%是党员家庭，46.7%是村干部家庭，见表4-15。在调研中具体采访他们为何认为党组织存在弱化现象，反馈主要是对未来基层党组织年轻化问题的悲观看法，一方面是发展年轻党员的困难，村内年轻人较多出去打工，很难从本地开始发展，村内少数年轻党员大都是在外读书期间入党而后组织关系转回的；另一方面是中青年党员在村时间都较少，日常不易指挥和发动，很多党组织活动工作都靠老年党员参加进行。

表4-15　党组织弱化程度认知

农户认知	频率/户	占比/%
严重弱化	10	2.8
较为弱化	5	1.4

（续表）

农户认知	频率/户	占比/%
没有变化	105	29.7
有所强化	234	66.1
合计	354	100

2. 基层党建活动以本村党员为主要受众

党建活动是基层党组织建设工作的重要抓手之一。调查数据显示，最近两年，42.6%的受访农户认为党建活动"更加丰富了"，但也仍有半数以上（50.6%）的农户不清楚基层党支部建设组织活动的发展情况，仅少数农户认为党建活动没有变化（占比5.4%），甚至变得更少了（占比1.4%），见表4-16。由此可见，四成农户认为近两年本村党建活动越发丰富，但也有超半数农户并不清楚村内党建活动的变化状况。

表4-16　近两年村党建活动开展情况

农户对党建活动认知	频率/户	占比/%
更加丰富了	151	42.6
没什么变化	19	5.4
活动更少了	5	1.4
不清楚	179	50.6
合计	354	100

进一步对不同认知的农户成分进行分析发现，党员、村干部家庭与一般农户认知差异明显。表示"不清楚"的农户中村干部家庭仅占6.7%，其余93.3%的非干部家庭，有8.4%为党员家庭，91.6%都是非党员群众，见表4-17、表4-18；另一方面值得注意的是，表4-18反映了只有认为党建活动"更加丰富了"的农户成分中党员家庭超过非党员家庭，占比72.8%，其余评价中皆是群众家庭占多数。综上可见，认为村党建活动更丰富的农户主要以党员、村干部为主，绝大部分群众不太清楚近两年农村党建活动的变化。

表4-17　村干部/普通家庭近两年党建活动认知比较　　　　　　（单位:%）

农民党建活动认知	是否干部家庭		合计
	是	否	
更加丰富了	41.7	58.3	100（151户）
没什么变化	15.8	84.2	100（19户）
活动更少了	20.0	80.0	100（5户）

（续表）

农民党建活动认知	是否干部家庭		合计
	是	否	
不清楚	6.7	93.3	100（179 户）
合计	22.3	77.7	100（354 户）

注：$P=0.00$。

表 4-18　党员/非党员家庭近两年党建活动认知比较　（单位:%）

农民党建活动认知	是否党员家庭		合计
	是	否	
更加丰富了	72.8	27.2	100（151 户）
没什么变化	42.1	57.9	100（19 户）
活动更少了	40.0	60.0	100（5 户）
不清楚	8.4	91.6	100（179 户）
合计	38.1	61.9	100（354 户）

注：$P=0.00$。

上述分析使我们有必要考察农户参加村委组织的党建活动情况。调查数据显示，2019 年44.9%受访农户参加了村党建活动，其中72.3%是党员，27.7%是群众，37.7%是村干部，62.3%是非干部群众；总数的55.1%没有参加，九成来自非党员或非干部群众，即亲身参加过村党建活动的农户超四成但不足半数。从另一个角度看，85.2%的党员家庭参加过，还有14.8%没参加过；干部家庭中75.9%参加过，也有24.1%没有参加过。可见，目前基层党建活动主要受众还是本村党员。

3. 党建活动参与精英化

对整体调查数据分析后还发现，是否参加村庄组织党建活动与农户的收入、受教育程度相关。

首先，人均年收入不足5 000 元的农户参加村庄组织党建活动户数仅有32.2%，占比随着收入增加不断上升；人均年收入15 000~20 000 元间的农户参加党建活动最多，占比达58%；20 000 元以上的农户亦有53.3%参加，占比第二高，见表 4-19。可见总体趋势是，农户的人均整体收入越高，参加村庄党建活动的人数越多，两者总体呈正相关。

表 4-19　不同人均年收入农户参加村党建活动情况　（单位:%）

人均年收入分组	是否参加村庄组织党建活动		合计
	是	否	
5 000 元以下	32.2	67.8	100（59 户）
5 000~10 000 元	40.0	60.0	100（95 户）

（续表）

人均年收入分组	是否参加村庄组织党建活动		合计
	是	否	
10 000~15 000 元	41.7	58.3	100（60 户）
15 000~20 000 元	58.0	42.0	100（50 户）
20 000 元以上	53.3	46.7	100（90 户）
合计	44.9	55.1	100（354 户）

注：$P = 0.026$。

其次，不同受教育程度也与农户参与党建活动数据相关。只有 15.4% 的文盲参加村庄党建活动，占比为各受教育水平中最低；高中文化程度的农户中参加党建活动的人最多，有 68.7% 的受访高中农户都参加过；从文盲文化程度到高中文化程度，文化程度越高，参加过村党建活动的人数占比越高；大学及专科以上学历农户虽只有 44.8% 参与党建活动，但仍远高于"文盲"和"小学"，见表 4-20。

表 4-20　不同受教育程度农户参加村党建活动情况　　　（单位:%）

受教育程度分组	是否参加村庄组织党建活动		合计
	是	否	
文盲	15.4	84.6	100（13 户）
小学	27.7	72.3	100（101 户）
中学	46.1	53.9	100（128 户）
高中	68.7	31.3	100（83 户）
大专及以上	44.8	55.2	100（29 户）
合计	44.9	55.1	100（354 户）

注：$P = 0.00$。

以上数据分析结果，值得我们从多个角度切入以探索其背后所反映的问题。从因果机制上看，正是因为农户生产生活的物质水平与精神需求得到满足，农户的政治认同与理论认同都得到增强，更有参加党建活动的积极性。但从党建活动人员构成的另一个客观角度看，从党建活动就已开始了党组织建设的"精英化"过程，即不断从社会基层吸纳地方精英加入到党组织工作中来。一方面，"精英化"趋势使得村党组织队伍在人员上的战斗力和组织力有所提升，更有利于基层党组织的领导；另一方面，"精英化"却可能导致党建活动逐渐失去面向普通农户的内在向度，而问题是，收入偏低、教育程度偏低的底层农户可能才是乡村党建活动群众工作的重点对象。

二、自治、德治、法治建设现状

国家乡村振兴战略提出建立健全乡村自治、法治与德治相结合的治理体系。乡村治理的"三治结合"研究应成为"三农"问题的热门领域，然目前研究也是以个案剖析或宏观理论的研究为主，缺少区域性分析视角的研究，更缺少对热区"三治结合"的专门研究。本部分总体分为两部分，一是对热区乡村自治、德治与法治三种不同治理类型在开展工作过程中呈现状况的考察；二是探讨三者在农户视角中的认识，进而更好地帮助我们了解三者既相互区别又相互联系的关系。

（一）自治建设现状

作为中国基本政治制度之一的村民自治制度实际上正是诞生于热区乡村。实践过程中，村民自治建设在不同地区有着丰富的内容和意涵，我们主要从不同地区村民自治制度建设过程中可作为具体抓手的村规民约、村委会选举制度、村级自治组织建设方面进行考察。

1. 村规民约：中部认识较高，更为长辈与精英认同

村规民约是村民自治制度建立的基本标志和重要组成部分之一，也是日常乡村社会治理中极容易被忽略的要素。调查数据反馈，总体上，有八成（79.7%）的农户能够肯定本村有村规民约或村庄自治章程，但也仍有二成农户反映本村"没有"或"不清楚"本村村规民约或自治章程的存在。就目前乡村治理的规范化建设情况来说，订立村规民约已几乎成为基本操作。农户的调查反馈只能说局部反映出村规民约"上墙不入心"的问题。

进一步调查发现，对村规民约的认识存在显著地域性差异。中部热区农户对村规民约认识程度最高，92.7%的农户认为本村有村规民约；东部热区次之，有76.2%；西部热区认识最低，为73.9%，且有19.7%不清楚村规民约的情况。也就是说，热区乡村对村规民约的认识程度上排序是：中部>东部>西部，见表4-21。

表4-21　不同地区农户对本村是否有村规民约的认识　　　　　　　（单位:%）

地区分组	您村有村规民约或自治章程吗			合计
	有	没有	不清楚	
热区西部	73.9	6.4	19.7	100（157户）
热区中部	92.7	1.1	6.2	100（96户）
热区东部	76.2	8.9	14.9	100（101户）
合计	79.7	5.6	14.7	100（354户）

注：$P = 0.003$。

另外，对村规民约的认识也存在显著年龄差异。19~30岁的受访农户中认识村规民约的仅占56.3%，而年龄越大，认识村规民约的比例基本保持着逐渐升高的趋势，二者总体呈正相关。最高的是51~60岁年龄分组的农户，认识农户占87.9%；61岁以上年龄分组农户第二高，占86.1%，见表4-22。由此可见，年龄越大农户认识程度也逐渐提高。结合实地调研，出现这种情况的原因至少包括以下两方面：一是因为中青年农户在外流动性增加，对本村村民自治制度建设情况了解越发变少；二是因为村规民约主要在村民自治制度建设初期发挥效力相对更大，随着乡村社会的现代化变迁，村规民约的影响逐渐式微，没有很好应对社会环境的变化，也就成了较年轻农户认知村庄公共

事务中可有可无的非必须项。

表4-22　不同年龄农户对本村是否有村规民约的认知　　　　（单位：%）

| 年龄分组 | 您村有村规民约或自治章程吗 | | | 合计 |
	有	没有	不清楚	
19~30岁	56.3	12.5	31.3	100（32户）
31~40岁	69.4	9.7	21.0	100（62户）
41~50岁	80.9	5.6	13.5	100（89户）
51~60岁	87.9	2.0	10.1	100（99户）
61岁以上	86.1	4.2	9.7	100（72户）
合计	79.7	5.6	14.7	100（354户）

注：$P=0.006$。

那么，明确表示有村规民约的这部分农户又是如何认识村规民约的执行效力呢？在调研中看到各村村规民约设置了诸多关于社会治安、农村人居环境整治等工作的禁止事项和违者处罚措施，这些条款究竟能否起到具体约束力？数据反映，在此项上情况并不乐观。在热区西部，56.9%农户表示本村违反村规民约者确实将受处罚，32.8%人明确表示没有处罚；在热区中部，有处罚与无处罚的反馈数据为29.2%和46.1%，后者高于前者；在热区东部，有处罚的反馈进一步走低，两数据为25.6%和57.7%。从热区的总体数据反馈看，也是表示没有处罚者高于确有处罚者（39.6%<43.8%），见表4-23。由此可得，热区乡村中村规民约的处罚频率由西至东逐渐降低，总体上能依条约严格执行惩罚的地区并不占多数。

表4-23　不同地区农户对村规民约处罚执行的反馈　　　　（单位：%）

| 地区分组 | 您村有因违反村规民约受处罚的吗 | | | 合计 |
	有	没有	不清楚	
热区西部	56.9	32.8	10.3	100（116户）
热区中部	29.2	46.1	24.7	100（89户）
热区东部	25.6	57.7	16.7	100（78户）
合计	39.6	43.8	16.6	100（283户）

注：$P=0.00$。

访谈村干部、小组长等治理权力主体也了解到，不执行具体处罚不一定代表村规民约就没有发挥作用。对农户实施以村规民约为依据的口头教育，也是村规民约发挥作用的体现。热区不同地区对村规民约作用的认识不同，热区西部表示"作用很大"者最多，占37.1%，但给予"一般""作用很小"等较负面评价者也最多，分别占据20.7%和9.5%，累计为30.2%；中部地区认为"作用较大"者为三区最多，占56.2%，较负面评价总占据29.2%；东部地区较负面评价最少，总占据25.6%，见表4-24。由此可知，在认识村规民约的农户中，其中西部热区认为"作用很大"者明显多于中、东部，结合表 4-23 数据分析，可能恰好反映出严处罚的作用；不过，各地区都有近三成的农户不太认可村规民约的作用，这数字由东向西稍显增多，可能对农户而言不同地区村规民约发生作用的方式并不尽相同。

表 4-24　不同地区农户对村规民约作用的认知　（单位:%）

地域分组	你觉得村规民约规范村民作用如何				合计
	作用很大	作用较大	一般	作用较小	
热区西部	37.1	32.8	20.7	9.5	100（116 户）
热区中部	14.6	56.2	25.8	3.4	100（89 户）
热区东部	24.4	50.0	20.5	5.1	100（78 户）
合计	26.5	44.9	22.3	6.4	100（283 户）

注：$P=0.00$。

再一个值得注意的相关性数据是不同收入农户对村规民约作用的认识。数据的总体趋势反映，收入越高的农户对村规民约的作用认识也越高。以人均年收入 15 000 元为分水岭，人均年收入 15 000~20 000 元和 20 000 元以上农户给出"一般""作用较小"等较负面评价者累计不超过 20%，而在不到 15 000 元的收入分组中这一数据全超过 20%；人均年收入 20 000 元以上农户给予村规民约作用高评价者也最多，占 38.0%，人均年收入 15 000 元~20 000 元农户次之，为 31.9%，显著高于其他较低收入分组农户，见表 4-25。不同收入农户对村规民约作用的不同认识背后实际反映着农户内部的精英群体与一般群体的认知差异，精英农户更认可，也更能意识到村规民约所发挥的作用。

表 4-25　不同收入农户对村规民约作用的认知　（单位:%）

人均收入分组	你觉得村规民约规范村民作用如何				合计
	作用很大	作用较大	一般	作用较小	
5 000 元以下	23.3	48.8	18.6	9.3	100（43 户）
5 000~10 000 元	20.0	40.0	34.3	5.7	100（70 户）
10 000~15 000 元	17.3	42.3	32.7	7.7	100（52 户）
15 000~20 000 元	31.9	55.3	10.6	2.1	100（47 户）
20 000 元以上	38.0	42.3	12.7	7.0	100（71 户）
合计	26.5	44.9	22.3	6.4	100（283 户）

注：$P=0.019$。

最后，从总体的数据表现来说，村规民约规范村民的作用是受认可的，在认识村规民约的农户当中，认为村规民约"作用较大"的农户最多，占样本数的 44.9%，"作用很大"者次之，占 26.5%，认为"一般""作用较小"总体上分别只占 22.3%

和 6.4%。

2. 村委会选举制度建设：赞成改革，选举总体积极

村委会选举制度是村民自治制度最正规也最重要的制度成分，也是正在进行时的建设成分。过往几十年的村委会选举实践，由于地方贿选、霸选等乱象叠生及其他制度性弊病，村委会选举制度的意义和功能都受到极大质疑和遮蔽。

但作为重要的政治参与手段，农户依然对村委会选举十分关心。调查显示，在"您是否支持村委会选举制度规则和程序强化"问题上，44.6%的农户认为"非常必要"，40.1%的农户认为"比较必要"，占据总样本的绝大多数，见表4-26。农户关注也赞同选举制度的建设，对于规则和程序进一步强化有普遍的认同。

表4-26 农户是否支持村选举制度规则和程序强化

农户认知	样本数/户	占比/%
非常必要	158	44.6
比较必要	142	40.1
一般	43	12.2
不太必要	10	2.8
没有必要	1	0.3
合计	354	100

2018年，国家在党政基层组织制度上做出重大改革，修改《村民委员会组织法》，将村委任期由原先的3年改定为5年，改革利弊引起社会的广泛讨论。在这方面关注参与选举的农户本身的想法也就尤为重要。调查发现，76.8%的热区农户支持村委会任期改革方案，持不支持态度者仅占6.8%，另有16.1%的农户则表示"说不清"。可见，绝大部分农户是支持村委会任期改革的，如图4-1所示。

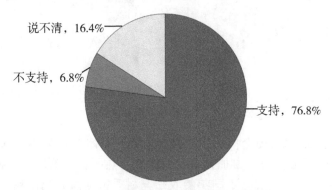

图4-1 农户是否支持村委会任期改革

研究人员作为外人对改革的评价用意失于经验感的缺乏而落入偏颇或臆想，因此具体了解农民自己支持任期改革的原因，有助于更好理解改革的意义。问卷调查的数据显示，让农民选择支持改革的原因时，响应百分比最高的三个原因分别是：有利于增强村干部工作连续性（29.3%）、有利于村庄长远规划（27.4%）和有利于提升干部的专业性（17.2%）。由此可知，农民也较为关心村干部队伍的工作连续性，有利于村庄长远规划，如图4-2所示。

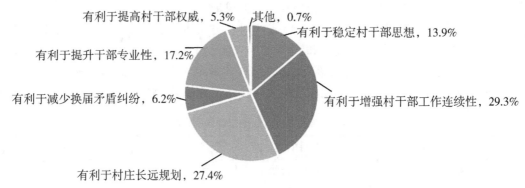

图4-2　支持任期改革原因

另外，不支持村委会任期改革的农户虽然不多，了解他们的担忧依然十分必要。根据农民回答的数据显示，农户选择最多的不支持理由是"如做得不好，将长时间不能更换"，响应百分比占41.2%，次之的理由是"任期时间长不利于年轻人"，占33.3%，以及"容易导致村干部权力过大"，占13.7%。答案背后实际上反映了两大问题：一是农民缺少对村干部的有效问责机制；二是村干部队伍普遍老龄化的问题，如图4-3所示。

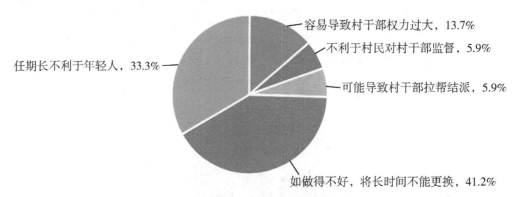

图4-3　不支持任期改革原因

我们调查最近一届的村委会换届投票情况发现，总体上有77.4%的农户参加了换届选举投票，22.6%的农户没有参加投票，即近八成热区农户参加了本村的换届选举。我们考察了诸相关性因素发现，不同年龄农户与村委换届投票情况密切相关。19～30岁的农户参与投票者仅有31.3%，为各年龄阶段最低；41～50岁农户有86.5%的人参加投票，为各年龄阶段最高；31～40岁农户、51～60岁农户以及61岁以上农户参加投票者依次为74.2%、79.8%和86.1%，见表4-27。综上可得，总体趋势为，年龄越大，农户的参与村委会换届投票的概率越高。

表 4-27　不同年龄农户参加村委换届投票情况　　　　（单位:%）

| 年龄分组 | 您是否参加上一届村委会换届选举投票 | | 合计 |
	是	否	
19~30 岁	31.3	68.8	100（32 户）
31~40 岁	74.2	25.8	100（62 户）
41~50 岁	86.5	13.5	100（89 户）
51~60 岁	79.8	20.2	100（99 户）
61 岁以上	86.1	13.9	100（72 户）
合计	77.4	22.6	100（354 户）

注: $P=0.00$。

热区内不同地区的农户参加村委会选举情况也有显著差异。热区东部有 88.1%的农户参加了换届选举投票,是参加投票率最多的;热区西部有 75.8%的农户参加换届选举投票,参加投票率次之;热区中部参加换届选举投票的受访农户最少,仅为 68.8%,见表 4-28。可见,热区东部农户参与投票最为积极,而热区中部地区农户则相对最弱。结合我们的调查观察来看,参加村委会选举投票既与村委会的具体建设和工作情况相关,其实很大程度上受地域文化的影响。东部热区较多受宗族文化影响,宗族文化的组织性实际上能为农户参与提供了更多公共意识;西部热区虽然地形较东部更为复杂,但分散的自然村落内部的紧密性和少数民族文化的团体性也对公共参与有所助益。而地区性文化相对浅薄的中部热区,村民的个体化相对较高,公共意识相对较低。

表 4-28　不同地区农户参加村委会选举投票情况　　　　（单位:%）

| 地域分组 | 您是否参加上一届村委会换届选举投票 | | 合计 |
	是	否	
热区西部	75.8	24.2	100（157 户）
热区中部	68.8	31.3	100（96 户）
热区东部	88.1	11.9	100（101 户）
合计	77.4	22.6	100（354 户）

注: $P=0.004$。

3. 村民自治日常工作情况:协商议事运行的地区差异

村民自治不只是简单的选举治理,分析日常治理工作状况更为重要,其中还要包括村民会议、群众议事、村务公开及讨论等。以下就这些情况进行调查研究。

76.0%的受访农户参加过村民会议或村民代表大会,数据反映,村民年龄与是否有参会经历密切相关。年龄村民的年龄越大,农户参加村民会议的经历越多。19~30 岁的农户只有 50%参加过村民会议或村民代表大会,31~40 岁的农户有 71%参加过,41岁以上的农户则普遍在八成左右,见表 4-29。这种治理主体老龄化的情况在热区各地都很普遍,其中因素很多,既与大量村内中青年外出务工有关,又与当前村级治理单元的组织吸纳能力逐渐弱化有关。

表 4-29　不同年龄农户参加村民会议或代表会议情况　（单位：%）

年龄分组	您是否参加过村民会议或村民代表大会		合计
	是	否	
19~30 岁	50.0	50.0	100（32 户）
31~40 岁	71.0	29.0	100（62 户）
41~50 岁	82.0	18.0	100（89 户）
51~60 岁	77.8	22.2	100（99 户）
61 岁以上	81.9	18.1	100（72 户）
合计	76.0	24.0	100（354 户）

注：$P=0.003$。

　　会议是群众参与治理的形式，但在实践中往往也容易流于形式，故而群众参与治理的关键在于村庄具体治理决策中是否真的实现群评群议。热区调查数据反映，对于本村庄基础建设、集体经济建设等重大决策，38.1%的农户表示都会通知到他们，51.7%的农户表示大部分重大决策会通知，8.2%的农户表示少部分通知，其余表示"很少通知""从不通知"的农户仅占 1.4%和 0.6%。总体上，热区乡村治理在重大决策上群众参与程度是较高的。但需要注意到具体地区之间的差异。热区西部农户反馈本村决策"都会通知"的人数最多，占 43.3%，但表示仅少部分通知到的农户也最多，占12.1%，认为"很少通知""从不通知"的农户分别占 1.9%和 1.3%，整体上消极评价是地区间最多。热区东部在"都会通知"数据上为 38.6%，但表示"大部分通知"的农户反馈占 57.4%"少部分通知"与"很少通知"各占 2%，整体消极评价为地区间最低。热区中部仅 29.2%的农户表示"都会通知"，是地区间最低的，见表 4-30。综上可见，热区东部重大决策通知群众情况整体上最好，热区中部、西部稍微落后，西部地区通知情况内部差异较其他地区更大。

表 4-30　不同地区农村重大决策群众议事情况的农民反馈　（单位：%）

地域分组	您村重大决策是否及时通知村民					合计
	都会通知	大部分通知	少部分通知	很少通知	从不通知	
热区西部	43.3	41.4	12.1	1.9	1.3	100（157 户）
热区中部	29.2	62.5	8.3	0.0	0.0	100（96 户）
热区东部	38.6	57.4	2.0	2.0	0.0	100（101 户）
合计	38.1	51.7	8.2	1.4	0.6	100（354 户）

注：$P=0.007$。

另外，我们再考察热区各地区农村村务公开情况。从农户满意度视角来看，首先，热区农户总体上对村务公开情况感到满意，30.8%的农户"非常满意"，"比较满意"农户占46.6%，中立或消极评价近二成。其次，热区内部各地区对本村村务公开情况的满意度差异显著。热区东部农户"非常满意"的农户占34.7%，较其他地区比最高，表示"一般""不太满意"的农户分别占12.9%、1.0%；热区中部表示"非常满意"的农户仅占23.9%，为各地区中最少，但"比较满意"的农户占56.3%是各地区最多；热区西部表示"非常满意""比较满意"的农户分别占32.5%、37.6%，整体积极评价占比为各地区间最少，但表示"一般""不太满意""很不满意"的农户分别为21.0%、7.0%、1.9%，整体消极评价占比为各地区间最高，见表4-31。由此可见，热区农户对村民村务公开情况满意度是东部>中部>西部。

表4-31　不同地区农户对村务公开情况的满意度　　　　（单位：%）

| 地域分组 | 您对您村村务公开情况是否满意 | | | | | 合计 |
	非常满意	比较满意	一般	不太满意	很不满意	
热区西部	32.5	37.6	21.0	7.0	1.9	100（157户）
热区中部	23.9	56.3	19.8	0.0	0.0	100（96户）
热区东部	34.7	51.5	12.9	1.0	0.0	100（101户）
合计	30.8	46.6	18.4	3.4	0.8	100（354户）

注：$P=0.002$。

4. 组织情况建设：资源非均衡供应下的组织格局

2018年的《乡村振兴实施战略（2018—2022年）》中，在乡村治理方面首要提出，要加强农村群众性自治组织建设，要依托村民会议、村民代表会议、村民议事会、村民理事会等，形成民事民议、民事民办、民事民管的多层次基层协商格局。在后续国家提出的乡村振兴五大路径中，很重要的一项就是"组织振兴"。有介于此，课题组实地调查热区各地农村群众性自治组织的建设情况。

先看村民协商议事组织的建设情况。数据所示，明确表示本村有村民理事会等协商议事组织的农户，在热区西部内只占35%，为各地区最低，热区中部占比则可达79.2%，为各地区最高；否认本村有协商议事组织的农户中，热区西部农户占比最高，达28.7%，热区中部占比最低，仅为9.4%；而表示不清楚本村协商议事组织建设情况的农户，热区西部最多，占比达36.3%，热区中部最少，占比为11.5%，见表4-32。综上可知，从农户反馈情况看，热区中部的村民协商议事组织至少在成立情况上要优于其他热区地区，热区西部则相对落后于其他热区地区。

表4-32　不同地区村民协商议事组织建设情况　　　　（单位：%）

地域分组	您村是否有村民理事会等协商议事组织			合计
	是	否	不清楚	
热区西部	35.0	28.7	36.3	100（157户）
热区中部	79.2	9.4	11.5	100（96户）
热区东部	53.5	23.8	22.8	100（101户）
合计	52.3	22.0	25.7	100（354户）

注：$P=0.00$。

群众性自治组织重在群众参与，知晓本村村民协商议事组织的农户是否加入协商议事组可进一步反映协商议事组织运行情况。所有了解本村协商议事组织的受访农户中，只有51.1%的农户加入组织，48.9%农户没有选择加入，即仅一半左右的受访农户为协商议事吸纳。具体分析，热区内不同地区有明显差别。热区西部农户参与率最高，可达67.3%，热区中部次之，参与率仅为46.8%；热区东部农户参与率最低，为40.7%，见表4-33。由此可知，热区西部农户更多参加本村协商议事组织，热区中部和东部农户则相对更少参加本村协商议事组织。

表4-33　不同地区村民加入协商议事组织情况　　　　（单位：%）

地域分组	您是否加入村民理事会、议事会等组织		合计
	是	否	
热区西部	67.3	32.7	100（55户）
热区中部	46.8	53.2	100（77户）
热区东部	40.7	59.3	100（54户）
合计	51.1	48.9	100（186户）

注：$P=0.013$。

评估对于协商议事组织在乡村治理中产生的实际作用，农民的评价是重要参考。首先，热区西部农户评价具有两极性，一方面，认为"作用很大"的农户占43.6%，远高于热区中部与东部地区；另一方面，认为"作用一般""完全没作用"的农户也明显高于中部与东部地区，分别占25.5%和5.5%，是负面评价较高的地区。其次，热区中部给予"非常满意"的农户最少，仅占比11.7%，但有64.9%农户表示相对满意。再次，热区东部表示"非常满意""作用较大"的农户分别为24.1%和53.7%，整体积极评价要高于热区中部与西部，见表4-34。由此，整体看，超七成的热区农户对本村协商议事组织的作用是积极肯定的，其中热区东部评价相对较高，热区中部次之，热区西部评价具有两极化特征。

表4-34　不同地区村民对协商议事组织作用的评价　　　（单位:%）

地域分组	您觉得村民理事会发挥的作用如何					合计
	作用很大	作用较大	作用一般	作用不大	完全没作用	
热区西部	43.6	23.6	25.5	1.8	5.5	100（55户）
热区中部	11.7	64.9	19.5	2.6	1.3	100（77户）
热区东部	24.1	53.7	20.4	0.0	1.9	100（54户）
合计	24.7	49.5	21.5	1.6	2.7	100（186户）

注：$P = 0.00$。

综上所述，我们有必要从建立、参与和评价3个角度对热区内不同地区的协商议事组织情况进行阶段性梳理和原因探析。第一，热区西部，协商议事组织成立相对最少，但农户参与程度相对较高，对组织的评价呈现两极化。西部热区乡村相对更多封闭而分散的自然村，组织化资源很难均衡供应，在有协商议事组织的村落往往因为地域相近、文化相同能够实现较高参与度，也正因为协商议事能够实现矛盾的冲突和解决，容易导致两极化评价。第二，热区中部，协商议事组织成立相对最多，但农户参与程度不高，对组织的评价情况在各地区比较中不突出。从实地调研看，热区中部乡村组织化资源供应较为均衡，但是村民本身无论是文化传统还是平原地理条件的形塑，原子化程度相对较高，许多村落的协商议事组织，虽然挂牌宣传到位，但在一定程度上流于形式较多。第三，热区东部，协商议事组织成立相对不多，农户参与程度相对较低，但反而对组织的评价较高。热区东部乡村集体经济相对较发达，有的村建立农村经济合作组织，许多乡村治理的协商议事工作已融入其中。于是尽管协商议事组织的成立情况农民了解不多，参与亦不多，但因村民自治组织总体上的有效治理面貌而给予相对较高评价。

接下来，我们考察另一类群众性自治组织——村务监督组织的建设情况。整体看，70.6%的热区乡村农户都表示本村已建立了专门的村务监督组织，5.6%农户反馈本村没有村务监督组织，其余23.7%农户则不清楚村务监督组织情况。具体来看，热区西部乡村农户反馈本村有村务监督组织比例仅占61.1%，低于热区中部与东部地区；反馈"不清楚"的农户占31.1%，即近1/3的人不清楚村务监督组织情况，远高于热区其他地区。热区东部农户有81.2%表示本村有村务监督组织，表示"没有""不清楚"情况的农户分别占3.0%和15.8%，分别都低于其他分区，见表4-35。据此可得，就村务监督组织建设状况而言，热区东部农户反馈的建设情况要明显优于热区中部地区和热区西部地区。

表4-35　不同地区村务监督组织建设情况　　　（单位:%）

地域分组	您村是否有村务监督组织			合计
	有	没有	不清楚	
热区西部	61.1	7.6	31.2	100（157户）
热区中部	75.0	5.2	19.8	100（96户）

（续表）

地域分组	您村是否有村务监督组织			合计
	有	没有	不清楚	
热区东部	81.2	3.0	15.8	100（101户）
合计	70.6	5.6	23.7	100（354户）

注：$P=0.01$。

再看热区各地区农户对村务监督组织发挥作用的评价。热区西部农户认为村务监督组织监督作用"很大"者占比36.5%，为各地区中最多；认为"一般"者仅占17.7%，为各地区中最少；也有少部分农户认为其监督作用"较小""很小"，分别占4.2%和3.1%，相比于其他地区占比仍算较高。热区中部农户认为监督作用"很大"者为各区中最少，仅占16.4%；但认为作用"一般"者却占32.9%，为各地区中相对最高。热区东部农户认为作用"较大"者最多，占比48.8%，见表4-36。从此可得，热区东部的村务监督作用整体上优于热区西部。

表4-36　不同地区村民对村务监督组织作用的评价　（单位：%）

地域分组	您村村委监督组织对村委会监督作用					合计
	很大	较大	一般	较小	很小	
热区西部	36.5	38.5	17.7	4.2	3.1	100（96户）
热区中部	16.4	47.9	32.9	2.7	0.0	100（73户）
热区东部	26.8	48.8	22.0	2.4	0.0	100（82户）
合计	27.5	44.6	23.5	3.2	1.2	100（251户）

注：$P=0.032$。

5. 热区村民自治评价

分析完热区村民自治在村规民约、选举和组织等诸方面情况后，我们最后看看农户对村民自治效果的评价，这无疑是衡量乡村振兴"治理有效"要求完成情况的重要参考。首先，从整体上看，热区农户对本村村民自治评价"非常好"的占22.9%，持"比较好"者占50.3%，为占比最高，所以从整体看，热区对村民自治制度近些年取得的成就还是给予了普遍的认可。其次，考察不同地区之间的差异。在热区西部中，被认为"非常好"的农户占31.2%，为各地区中最多，但"一般""不太好"者分别占31.8%和2.5%，同样为各地区间最高；在热区中部，认为"比较好"的农户最多，占比达66.7%，认为"一般"给予消极评价的农户最少，见表4-37。于是可知，热区农户还是普遍认可本村村民自治效果，七成农户给出认可的评价。而不同地区的实践比较上，热区中部农户整体积极评价相对较高，东部次之，热区西部有一定的内部两极化现象，整体上相对较低。

表 4-37　不同地区农户对本村村民自治效果的评价　　　　（单位：%）

地域分组	您村村民自治开展效果如何				合计
	非常好	比较好	一般	不太好	
热区西部	31.2	34.4	31.8	2.5	100（157 户）
热区中部	13.5	66.7	19.8	0.0	100（96 户）
热区东部	18.8	59.4	19.8	2.0	100（101 户）
合计	22.9	50.3	25.1	1.7	100（354 户）

注：$P = 0.00$。

（二）法治建设

乡村治理"三治结合"方针提出，引导"依法治国"理念与实践进一步在乡村基层得到落地与强化，"依法治村"早已是一直以来我国推进乡村治理体系现代化建设中必不可缺一环，如今更是赋予新时代意涵。因为法治在基层，应包含镇村治理主体的行动参与和乡村社会法治理念宣传两大基本内容，以下的农户调查数据主要从这两方面的内容考察。

1. 法治开展情况

镇村治理主体施行依法治村，包括乡镇政府依法行政、村干部依法办事两个方面，课题组主要从农户反馈角度来客观呈现具体情况。我们的调研数据显示了热区内不同地区农户对乡镇政府依法行政情况的满意度差异，具体表现为：各地区认为"比较满意"的农户都占绝大多数，其中热区中部、热区东部占比都超过半数，分别占 57.3% 和 52.5%，热区西部最少，仅占 38.9%。热区西部认为"一般"的农户占比 28.0%，"较不满意"的农户占比 3.8%，"非常不满意"的农户占比 0.6%，较负面评价在各地区中占比均属最高。相反，热区东部对本乡镇政府应付行政满意度"非常满意"者占比高达 34.7%，为各地区间最高，认为"一般""较不满意"者分别占 11.9% 和 1.0%，总体低于其他地区。可见，在热区内农户对乡镇政府依法行政的满意度评价上，热区东部整体优于其他地区，热区西部整体落后于其他地区，见表 4-38。

表 4-38　不同地区农户对乡镇政府依法行政的满意度评价　　　（单位：%）

地域分组	您对乡镇政府依法行政满意度如何					合计
	非常满意	比较满意	一般	较不满意	非常不满意	
热区西部	28.7	38.9	28.0	3.8	0.6	100（157 户）
热区中部	20.8	57.3	21.9	0.0	0.0	100（96 户）
热区东部	34.7	52.5	11.9	1.0	0.0	100（101 户）
合计	28.2	47.7	21.8	2.0	0.3	100（354 户）

注：$P = 0.005$。

再看村干部依法办事的农户反馈情况。热区西部中，农户反馈村干部任何时候都能够依法办事的农户占比 56.1%，为各区中最高；但也有 5.1% 的村民表示村干部只有少部分时候依法办事，高于其他地区。热区东部反馈任何时候都能够依法办事的农户为50.5%，高于热区中部（45.8%）。热区中部农户反馈村干部"大部分时候依法办事"者占比最高，达54.2%。由此，从整体上看，热区各地区村干部依法办事情况应是热区东部略高于热区中部与西部，见表4-39。

表4-39　不同地区农户对本村干部依法办事情况的反馈　　（单位:%）

地域分组	您认为本村干部依法办事情况如何			合计
	任何时候都依法办事	大部分时候依法办事	少部分时候依法办事	
热区西部	56.1	38.9	5.1	100（157户）
热区中部	45.8	54.2	0.0	100（96户）
热区东部	50.5	48.5	1.0	100（101户）
合计	51.7	45.8	2.5	100（354户）

注：$P=0.018$。

2. 各地区普法宣传

课题组系统关注了农户接受普法宣传的情况。实地采访热区农户的第一手数据显示，近两年来热区内不同地区农户接受普法宣传的力度都挺大，热区西、中、东部地区农户接受过专门的普法宣传教育的人数都占到七成以上，其中最高的是热区中部，有79.2%的农户接受过普法宣传，略高于热区西部及热区东部的77.1%和73.3%，如图4-4所示。可见，热区各地区的普法宣传工作做得都比较扎实，各地区都有超过七成的农户接受了普法宣传。

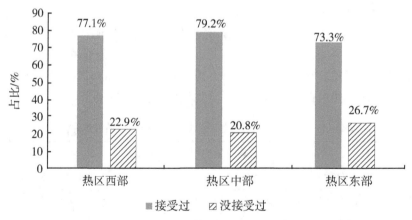

图4-4　近两年不同地区农户接受普法宣传情况

针对可能影响农户接受普法宣传的诸相关性因素进行考察后发现，从不同受教育程度分析农户接受普法宣传发现，不同受教育程度农户接受普法宣传建设有显著差异，第一，各学历农户接受过普法宣传的人数都不少，占比均显示在60%以上。第二，从文盲到高中的教育分组上，农户接受普法宣传的占比在不断提升。从文盲学历中69.2%

的农户接受过普法宣传，到高中学历农户中有 86.7% 的农户接受过普法宣传。背后原因在于，文化程度越高，农户了解的普法宣传渠道越多，且素质越高也更愿意接受普法宣传。第三，学历为大专及以上农户中有 62.1% 的人接受过普法宣传，是不同受教育程度中最低的，原因在于这些高学历农户较广的就业方式使得他们大部分时间都在外地务工闯荡，接受和参加本地普法宣传活动的机会相对较少，见表 4-40。

表 4-40 不同受教育程度农户接受普法宣传的情况 （单位：%）

受教育分组	近两年，您是否接受过普法宣传		合计
	接受过	没接受过	
文盲	69.2	30.8	100（13 户）
小学	70.3	29.7	100（101 户）
中学	78.9	21.1	100（128 户）
高中	86.7	13.3	100（83 户）
大专及以上	62.1	37.9	100（29 户）
合计	76.6	23.4	100（354 户）

注：$P = 0.025$。

分析不同地区农户对普法宣传效果的看法。我们从中看到：第一，热区西部农户对普法宣传给予"很好，使我知法懂法"的高评价的农户最多，占 32.2%，相比之下，热区东部该数据仅为 27.3%，热区中部最低，占比本地区农户的 17.1%；第二，热区中部的消极评价最多，认为"效果一般，感觉用不上"的农户占 32.9%，多于热区西部的 30.6% 和热区东部的 19.5%；第三，热区东部给予中间评价"比较好，增加一些了解"的农户最多，占比 53.2%，超过半数，见表 4-41。综上可知，不同地区间比较的话，热区东部和热区西部的普法宣传效果要显然好于热区中部，另外热区东部认为效果良好者整体多于西部，热区西部认为效果很好者整体多于东部。

表 4-41 不同地区农户对普法宣传效果的反馈 （单位：%）

地域分组	您觉得普法宣传效果如何			合计
	很好使我知法懂法	比较好增加一些了解	效果一般感觉用不上	
热区西部	32.2	37.2	30.6	100（121 户）
热区中部	17.1	50.0	32.9	100（76 户）
热区东部	27.3	53.2	19.5	100（77 户）
合计	26.6	45.3	28.1	100（274 户）

注：$P = 0.038$。

普法宣传效果如何，最终还是要看农户是否形成了法治社会的知法、懂法、用法的维权意识，从法律渠道维护自己的权利。课题组对受访农户的维权意识进行考察，在回答"如合法权益受损会不会想要诉诸法律"这一问题时，热区东部农户反映维权意识强的农户最多，表示"只要受损就会诉诸法律"的农户占比58.4%，热区西部和热区中部这一数据分别为55.4%和41.7%；表示"万不得已才诉诸法律"的农户占比最高是热区中部，为51.0%，热区西部则有43.3%农户作此回答，热区东部农户占比33.7%；回答"无论如何都不会诉诸法律"解决问题的农户，各地区占比以低到高依次为热区西部（1.3%）、热区中部（7.3%）和热区东部（7.9%），见表4-42。可得两方面信息，一是热区西部、热区东部农户的维权意识要明显高于热区中部，且综合来看维权意识强弱农户对普法宣传效果的评价紧密相关；二是整体上农户的维权意识还不够强，受损诉诸法律的农户仅在半数左右（52.5%），可见法制建设的任重而道远。

表4-42　不同地区农户维护合法权益的法治维权意识　　　　（单位:%）

地域分组	您合法权益受损会不会诉诸法律			合计
	只要受损就会诉诸法律	万不得已才诉诸法律	无论如何都不会诉诸法律	
热区西部	55.4	43.3	1.3	100（157户）
热区中部	41.7	51.0	7.3	100（96户）
热区东部	58.4	33.7	7.9	100（101户）
合计	52.5	42.7	4.8	100（354户）

注：$P=0.007$。

在此基础上，尽管表示"无论如何都不会诉诸法律"的农户不多，我们还是追问这部分农户不愿诉诸法律的原因，其实也能较好反映当前热区乡村法治建设可能存在的薄弱环节有哪些。被选择最多的三大原因依次是："打官司太麻烦"，相应百分比为39.3%；"不懂法律"，相应百分比为30.8%；"没钱打官司"，相应百分比为14.1%；如图4-5所示。这三个原因反映了热区基层法治建设中存在的法治运行的程序规范性与农民社会的衔接张力、群众普法宣传效果不足和群众用法成本过高等几大问题。

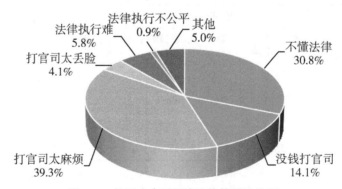

图4-5　热区农户不诉诸法律的原因分析

（三）德治建设

在"三治结合"的乡村治理体系现代化建设中，德治建设亦极为关键，起着自治、法治所不能替代的关键作用。乡村振兴时代的乡村治理，尤为重视对乡村内在治理资源的挖掘、继承创新，而中国自古以来的传统乡村治理就有着丰富的"以文治理"的德治传统。德治建设以宣传引导为表征，但不局限于宣传文化或政策，而是要最终达到对不同热区村落实现因地制宜、移风易俗、法俗合一相结合的乡村善治。

1. 道德教育宣传

在德治建设方面，主要询问了村庄道德教育宣传、道德评议活动开展，以及乡贤能人吸纳治理体系几个方面的内容。首先来看村庄的道德教育活动开展情况，关于村庄是否开展道德宣传教育活动，72%的受访农户表示已开展，12.7%的农户表示未开展，还有15.3%的农户表示不清楚该活动开展情况，如图4-6所示。说明热区省（区）道德宣传教育活动开展情况基本良好，大部分的村庄都有开展。

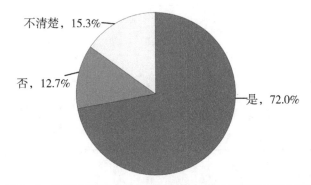

图4-6 热区农村农户对道德宣传教育活动开展情况的反馈

接着，询问了已经开展道德活动的村庄，村民参与村庄道德宣传教育活动的情况，整体来看，村庄道德宣传教育活动参与情况基本良好。有77.25%的村民表示参与过村庄的道德宣传教育活动，参与率较高，有22.75%的村民表示未参与过道德宣传教育活动，如图4-7所示。

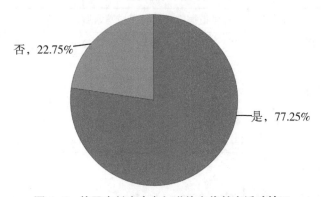

图4-7 热区农村农户参加道德宣传教育活动情况

　　进一步对不同教育程度的农户参与村庄道德教育宣传活动的情况进行分析，结果显示，教育程度的不同和对村庄道德宣传教育活动的认知有着很强的相关关系（$P=0.004$），随着教育程度的升高，认为本村开展了道德宣传活动的比例就越高。数据显示，文盲教育程度的受访者，认为本村开展道德宣传教育的比例仅为 53.8%，而高中教育程度受访者，认为本村开展道德宣传教育活动的比例提升至 79.5%，虽然大专及以上的受访者认为开展活动比例略有回落，但仍然在 75% 以上。综上可得：一方面，随着教育水平的提升，农户的政策认知能力有所提升，另一方面，大专及以上教育认知水平的回落，可能与该部分群体外出工作的比例更高，而对村庄事务不熟悉导致，见表4-43。

表4-43　不同教育程度农户认识道德宣传教育活动的情况　　　　（单位：%）

地域分组	您村是否开展道德宣传教育活动			合计
	是	否	不清楚	
文盲	53.8	0.0	46.2	100（13 户）
小学	61.4	18.8	19.8	100（101 户）
中学	76.6	10.2	13.3	100（128 户）
高中	79.5	13.3	7.2	100（83 户）
大专及以上	75.9	6.9	17.2	100（29 户）
合计	72.0	12.7	15.3	100（354 户）

注：$P=0.004$。

　　不同地区农户对道德宣传教育作用的认识情况，大部分热区7省（区）受访农户认为道德宣传教育活动作用较大，其中，热区东部省份农户认为村庄道德宣传教育作用大的比例最高（75.3%），热区中部农户认为作用大的比例相对最低（64.7%），而热区西部省份农户认为村庄道德宣传教育作用小的比例相对最高（8.8%），见表4-44。因此，热区中部和西部省份应进一步加强村庄道德宣传教育活动。

表4-44　不同地区农户对道德宣传教育作用的认识　　　　（单位：%）

地域分组	您认为村里道德宣传对村民道德素质作用					合计
	作用很大	作用较大	一般	作用较小	作用很小	
热区西部	29.8	36.8	24.6	7.0	1.8	100（114 户）
热区中部	11.8	52.9	32.4	2.9	0.0	100（68 户）
热区东部	27.4	47.9	19.2	5.5	0.0	100（73 户）
合计	24.3	44.3	25.1	5.5	0.8	100（255 户）

注：$P=0.057$。

2. 道德评议活动

　　分析不同地区开展文明户、文明家庭的评选活动情况，结果显示，热区中部村庄开展文明户、文明家庭的比例最高（69.8%），其次是热区西部，开展文明户、文明家庭的比例为54.8%；开展文明户、文明家庭比例最低的是热区东部，比例为51.5%。同时需要注意的是，热区西部和热区东部选择"不清楚"的比例均在20%以上，见表4-45。因此，热区东部和西部省份不仅需要继续加大道德评议活动的开展，同时也要注重政策活动宣传。

表 4-45　不同地区开展文明户、文明家庭等评选活动情况　　（单位：%）

地域分组	您村是否开展文明户、文明家庭等评选			合计
	是	否	不清楚	
热区西部	54.8	22.3	22.9	100（157户）
热区中部	69.8	16.7	13.5	100（96户）
热区东部	51.5	23.8	24.8	100（101户）
合计	57.9	21.2	20.9	100（354户）

注：$P=0.085$。

针对不同地区农户对文明户、文明家庭评比活动作用的认知情况，我们发现，大部分热区省（区）农户认为村庄文明户等评选活动作用大，占比为79%。分地区来看，热区东部村民认为村庄文明户评选活动作用大的比例最高，达到82.7%；热区西部村民认为村庄文明户评选活动作用大的比例最低，占比为75.6%，而热区西部认为村庄文明户评选活动作用小、比例最高，占比为9.3%。因此，热区西部省份应当进一步改进工作方法，将道德评议活动落实落好，给农民群众更加真切实在的体验，提升村民对道德评议活动的认可程度，见表4-46。

表 4-46　不同地区农户对文明户、文明家庭评比活动作用的认知　　（单位：%）

地域分组	您认为村里的文明户等评选对村民促进作用					合计
	作用很大	作用较大	一般	作用较小	作用很小	
热区西部	40.7	34.9	15.1	9.3	0.0	100（86户）
热区中部	17.9	62.7	11.9	6.0	1.5	100（67户）
热区东部	19.2	63.5	15.4	1.9	0.0	100（52户）
合计	27.8	51.2	14.1	6.3	0.5	100（205户）

注：$P=0.005$。

家风家训是体现家庭礼仪道德风范的重要特征，良好的家风家训是新时代传承中华美德，构建和谐社会的重要力量。目前，全国多地开展了优良家风家训的评比活动，本次我们也关注了热区省的活动开展情况。针对不同地区农户对优良家风家训评比活动的认知，结果显示，不足一半的热区省（区）农村开展了优良家风家训评比活动，地区之间存在较大差异。热区省（区）农村开展优良家风家训评比活动的比例为48.9%，热区中部开展优良家风家训评比活动的比例最高，达到66.7%；热区西部和热区东部开展优良家风家训评比活动的比例均较低，为40%左右；同时，热区西部和热区东部不清楚活动开展情况的比例高达30%；因此，热区西部和东部省份应当进一步加强家风家训评比活动的举办，充分进行活动宣传，扩大活动影响力，提升村民参与水平，见表4-47。

表4-47　不同地区农户对优良家风家训评比活动的认知　　　　　（单位:%）

地域分组	您村是否开展优良家风家训评比活动			合计
	是	否	不清楚	
热区西部	41.4	26.8	31.8	100（157户）
热区中部	66.7	17.7	15.6	100（96户）
热区东部	43.6	25.7	30.7	100（101户）
合计	48.9	24.0	27.1	100（354户）

注：$P = 0.002$。

3. 乡贤能人吸纳治理体系调查

近年来，乡贤能人在村庄治理中发挥了重要作用，是村庄德治的重要力量。我们对村庄乡贤能人吸纳治理体系的情况进行了调查。关于村庄在村级治理中对乡贤能人的重视情况，15.2%的村庄表示非常重视，33.1%的村庄表示比较重视，23.2%的村庄表示一般，21.7%的村庄表示不太重视，仅有6.8%的村庄表示非常不重视，见表4-48。因此，仅有接近一半的村庄表示重视发挥乡贤能人参与村庄治理的作用，有接近三成的村庄表示不重视乡贤能人参与村级治理的作用。在当前乡村治理展开"三治结合"的前提下，各地区村庄应当重视发挥乡贤能人在参与村庄事务中的能力，进一步为村庄治理贡献力量。

表4-48　热区农村乡贤能人参与社会治理重要性的认知

村庄重视程度反馈	频率/户	百分比/%
非常重视	54	15.2
比较重视	117	33.1
一般	82	23.2
不太重视	77	21.7
非常不重视	24	6.8
合计	354	100

调研农村对对乡贤能人参与社会治理的作用认知。数据显示，12.7%的农户认为乡贤参与社会治理的作用很大，认为乡贤作用较大的占比为31.6%，认为乡村参与社会治理作用一般的占比为23.2%，认为作用较小和作用很小的占比分别为18.1%和14.4%，见表4-49。整体来看，四成左右村民认为乡贤在社会治理中的作用大，因此，应当进一步挖掘有能力的乡贤参与到村庄治理之中。

表 4-49　热区农户对乡贤能人参与社会治理作用认知

农户认可程度	频率/户	百分比/%
很大	45	12.7
较大	112	31.6
一般	82	23.2
较小	64	18.1
很小	51	14.4
合计	354	100

党员和非党员家庭对乡贤能人参与社会治理的作用认知情况是，党员家庭认为乡贤能人参与村庄治理作用大的比例更高（59.5%），而非党员家庭认为乡贤能人参与村庄治理作用大的比例更低（40%），卡方检验的 p 值也说明了两者之间存在强相关关系，见表 4-50。因此，具有干部身份的农户家庭对乡贤能人参与社会治理作用认知普遍更好，而非党员农户家庭对乡贤能人参与社会治理作用认知则相对较差。

表 4-50　党员/非党员农户对乡贤能人参与社会治理作用认知　　　　（单位:%）

是否党员家庭	您村乡贤能人在村庄治理中的作用					合计
	很大	较大	一般	较小	很小	
是	24.1	35.4	19	10.1	11.4	100（79户）
否	9.5	30.5	24.4	20.4	15.3	100（275户）
合计	12.7	31.6	23.2	18.1	14.4	100（354户）

注：$P=0.00$。

受访农户对乡贤能人参与社会治理的满意度情况是，14.1%的农户对乡贤能人参与社会治理表示非常满意，31.4%的农户表示比较满意，29.1%的农户对乡贤能人参与社会治理表示一般，而对乡贤能人参与社会治理表示较不满意和非常不满意的比例为18.6%和6.8%，见表 4-51。从结果来看，农户对乡贤能人参与村庄治理的满意度并不高，结合前文分析结果来看，当地村庄乡贤能人发挥的作用可能也比较有限，因此，应当进一步挖掘有能力的乡贤能人充分参与村庄治理，提高村庄德治水平，实现村庄治理能力的全面提升。

表 4-51　热区对乡贤能人参与社会治理的满意度认知

农户满意度	频率/户	百分比/%
非常满意	50	14.1
比较满意	111	31.4
一般	103	29.1

（续表）

农户满意度	频率/户	百分比/%
较不满意	66	18.6
非常不满意	24	6.8
合计	354	100

（四）"三治结合"认知调查

目前学界有不少学者对"三治结合"体系构成的逻辑，自治、法治与德治之间的衔接关系进行系统的论证。这些研究固然有助于帮助我们厘清概念和方向，但视角终究是外在的，了解作为治理实践主体的农民的想法十分重要。但是询问热区农户，他们很难就自治、德治、法治的关系和结合给出学理性解答，这是研究者与施政者的工作，但是向农民澄清这些概念，并与他们交流何为重点、何为薄弱环节，则对我们研究和定位热区不同地区、具体情境下的"三治结合"关系具有重要参考意义。

课题组在澄清自治、德治、法治概念及其在实践中的具体表现事项后，让受访农户从其自身理解出发，对自治、德治与法治进行重要性排序。被农户排到"最重要"的选项赋值 3 分，"其次重要"赋值 2 分，"再次重要"赋值 1 分。将各项所得赋值总分进行统计分析、分地域分析，见表 4-52。从各地区情况看，热区西部与热区东部，农户总体重要性排序相同依次为：自治最重要，法治次之，最后是德治；热区中部农户则认为自治、法治同等重要，德治相对次要。从总体情况看，统计热区省（区）所有地区受访农户的重要性赋值发现，总体农户认为自治建设最重要，法治次之，德治是最后。

表 4-52　热区农户对乡村治理"三治结合"方式的重要性认识　　（单位：户）

地域分区	治理重要性赋值			合计
	自治重要性	法治重要性	德治重要性	
热区西部	334	323	285	942
热区中部	205	205	166	576
热区东部	210	202	194	606
合计	749	730	645	2 124

我们调查了热区农户认为当前其所在农村治理的薄弱环节是哪方面建设，见表 4-53。不同地区农户对最薄弱环节的认识不同，热区西部，农户认为村民自治建设最为薄弱，法治建设次之；热区中部农户则认为目前村庄精神文明道德建设最为薄弱，村民自治建设次之；热区东部农户认为村民自治建设最薄弱，村庄精神文明道德建设次之。这一数据为当前热区不同地区乡村治理从何处优先发力应有着重要参考价值。

表 4-53   热区农户对乡村治理"三治结合"的薄弱环节认识   （单位：%）

地域分组	您村村庄治理最为薄弱的环节有哪些			合计
	村民自治建设	村庄法治建设	村庄精神文明道德建设	
热区西部	40.8	30.6	28.7	100（157 户）
热区中部	34.4	18.8	46.9	100（96 户）
热区东部	45.5	25.7	28.7	100（101 户）
合计	40.4	26.0	33.6	100（354 户）

注：$P=0.02$。

三、热区乡村治理的阶段性特征

结合以上热区 7 省（区）的调研数据与田野材料的分析，现在我们可以对热区乡村治理当前阶段所表现的特征进行提炼分析。

（一）热区乡村治理正全面体现党建引领特色

热区乡村紧跟国家大政方针导向，基层党组织全面加强了对乡村治理诸项工作的领导作用，体现在：一是党建活动常态化、积极化、全面化，即强调党组织内部建设，也强调将党建融入乡村法治、乡村环境整治、乡村组织化建设等多元化的乡村工作事项之中；二是党在群众中的影响力得到全面提升。农户对党员干部队伍普遍给予正面评价反映了党组织工作得到人民群众的普遍认可。

（二）热区内的地域异质性仍然深刻影响治理过程

分析发现，热区内西部、中部、东部地区之间农户对本村治理资源供给了解状况、农户自身的参与状况、农户对乡村治理效果的评价等方面都存在明显差异，这种差异造成的数据相关性之多是我们研究者难以回避的。前述已对数据反映的纷繁复杂的问题进行分析和归因，这里我们从整体的高度上看，热区地区间的差异显然来自两个方面：一方面是不同地区之间地理条件、文化传统的高度异质性导致，如热区东部强宗族文化、西部强少数民族文化的团结性、封闭性，喀斯特地貌、丘陵、山地村庄自然村的分散性，以及中部弱文化地区农户的流动性，都会从不同角度和方向影响农户对乡村治理的认知和实践。另一方面是由于地区内部条件制约下的外部资源不均衡供给，如制度输入、经济输入、组织输入等方面的不均衡，或多或少影响着农户相关评价的高低。

（三）治理参与主体的老龄化特征

在前述分析过程中，由年龄造成的主体治理参与的差异较为常见。治理参与包括乡村治理组织的加入、活动的参与、相关资讯的接受等。目前总体上看，热区乡村各地区的情况表现都是年龄越大的农户，治理参与程度越高，可以说呈现为治理参与主体的老龄化特征。这一特征来源包括但不限于以下三个方面：一是社会外部原因，年轻农户的流动性相对加强，仅剩中老年人在村；二是当前乡村治理的组织制度本身的吸纳能力并不强，展现出一定的历史延续性，外界帮助也有限，中青年农户对于乡村治理事务大多没有兴趣。三是高龄农户本身具有一定的参与积极性和内在动力，除时间相对充裕外，还需考虑到内在的历史延续性，年岁较长的农户在 20 世纪实际上经历了较好的组织社会化，对于乡村治理事务的参与会有较强的主观意愿。很长一段时间内，学者都将基层组织的"老龄化"视为一个有待解决的问题，提倡乡村治理干部队伍的"年轻化"。我们则认为这块研究首先需要将"价值悬置"，将老龄化视为一个客观的、由于内外部因素影响下必然出现的阶段性特征，发现其中的优与劣，而非看到"老龄化"就进行全盘性否定。

第四节　存在问题

热区乡村治理实践必将是一个不断遇到问题和解决问题的过程。由热区乡村具体的地理历史和社会条件所造成的、必将长周期存在的治理挑战，与新时代社会主义建设背景下的一系列力图克服以往建设弊病、提升乡村治理水平的乡村治理举措相叠加，构成当前热区乡村治理体系构建过程的问题域。但在以下存在问题的研究中我们不具体探讨由非治理主体主动造成的、可调节实践转向之外的问题因素，如自然地理条件和大规模城乡流动背景所造成的问题，了解这些条件无疑有助于我们认识问题，但这里回避讨论这些条件是为了更直接地指出治理工作中的问题，以便更直接地指导实践。

一、过程管理转向的程序化与活力困境

近几年，整个基层政府行政系统的管理由"结果管理"转向"过程管理"，通俗地讲，就是问责监督管理体系的发展从"重结果，轻过程"转变为"重结果，也重过程"。有学者探究了这一转向背后的基层政府央地关系变革原因及其对基层政府自主性空间、自由裁量权的压缩问题，实际上还应注意到进一步影响乡村治理，因其反而与乡村振兴背景下乡村治理"治理有效"总要求的"结果导向"存在张力。热区调研中我们就发现，热区乡村的村委会饱受过程管理导向下造成的过度程序化之苦，也即所谓"规则下乡"问题，村委会疲于应对上级检查，在日常工作中还不得不完成超出知识能力之外的一些填表、痕迹化管理工作。过程管理影响下的乡村治理主体原本工作时间、工作方法上的灵活性被精细化，也就失于琐碎，缺少真正面向村庄经济发展需要、因地制宜开展乡村治理的自主性。"累于迎检"、"忙于填表"、"脱离生产"是我们调研中热区乡村村干部向我们倾吐的共同苦衷。尽管调研数据似乎显示，热区乡村需求规范化建设，但在具体实践情境下去理解，这种需求在于村干部恰是觉得不合理的规范化造成的工作困扰，在于村民恰是规范化的僵硬让他们觉得办事不畅。为解决困境，许多地区采取的是为村委下派专干或从社会上招募专职的材料工作人员，但这种解决思路"治标不治本"，下派村委的人才精英应该是从治理技术上为乡村治理输入能量，如今却沦为材料整理与专门迎检，不得不说是一种异化。

二、组织建设形式化与吸纳能力弱化

在城乡人口流动、农村"空心化"的大背景之下，乡村本土的组织体系不断萎缩。不少研究者强调乡村振兴战略时代的乡村治理需要实现乡村的"再组织化"。近年来，国家一直着力加强乡村组织化建设，热区乡村调研中也发现村委会都成立了不少协商议事组织、监督组织、经济合作组织等。这些组织大多是"有挂牌，无运转"，组织建设流于形式化，很多组织都是"N 套牌子，一班人马"，最后实践工作还是落在村委会干部、村小组长身上，号称多元化的自治组织实际的组织吸纳能力不断弱化的，对各种组织的好评，实际都只是村委会的好评，绝大部分农村农民群众内部并没有真正实现组织起来的激活效应。

三、法治落地所需资源难以供给

2020 年 3 月，中央全面依法治国委员会印发了《关于加强法治乡村建设的意见》，要在 2023 年基本建成法治乡村。由于农村的"空心化"，热区乡村需要法律解决的矛盾纠纷较以前有所减少，但绝不意味着法律"缺场"可以成为不去解决的问题。我们前述已简略提及，虽然当前热区乡村在做不少法治宣传，也安排了律师驻村工作，但实际普法宣传效果不足，用法成本对于农户而言依旧过高，所以农户或许能充分了解法治的重要性，却很难称得上充分了解法律，有用法需求，却缺少用法意愿和主动性。

第五节　对策建议

现代化的热区乡村治理模式构建不是可以一蹴而就、拔地而起的工程，而是在既有基础之上不断完善的过程。针对以上提出问题，课题组提出以下建议，希望为下一步热区乡村治理模式构建提供有益参考。

一、在治理中协调过程管理与结果有效的平衡

我们首先应该肯定"过程管理"转向在当前阶段出现的必要性和合理性，对整个热区基层治理体系现代化发展长远看具有积极意义，但我们也不能回避解决"过程管理"的规范化建设中所出现的一系列阶段性问题。热区乡村不同地域之间甚至相同地域内部的乡村社会都极为多元化，其治理体系的规范化、程序化必然是个漫长过程，因而热区可能相比中国其他地区更迫切需要把握好过程管理与结果有效、规范化与自主性之间的平衡。在整个"过程管理"导向的行政变革背景下，"规则下乡"既然是难免的，我们就要在制度内外解决规范化要求和维护自主性、释放治理活力的方法。制度内的变革，应诉诸管理标准的"因地制宜"性调整，制度之外的变革则可诉诸信息技术的应用和引入，以期能够在保证过程规范化监管的同时把党员干部从填表和材料中解放出来。

二、提倡作为方法而非作为目标的"再组织化"

在一个以流动为常态的现代化时代，我们要实现乡村社会的"再组织化"不能以过往高度组织化、集体化的乡村社会为参照去找一个平衡点，应该说这在现时代也是很难找到的。强调集体经济、合作化建设，增加乡村治理与经济建设的融合点是一个可行路径，但其落脚点终究在于经济发展。在单纯的社会治理领域来说，我们不应该把"组织化"作为一种"体"的目标，而是"用"的手段，提倡多元、专业的、以具体工作事项为核心的、有抓手且可操作化的"弱组织化"，即不将组织化建设作为目的，而是日常乡村治理工作中的手段，即在基层政府官员的指导、村委村干部带领下奉行类似"项目制"的"人随事聚，事毕人散"的工作方法，可能是更好的解决思路。这种作为手段的组织化可能只建立短暂的组织，但至少是实际运作的组织，重在激活农民主体性，扩大群众对村治事务的参与力度。这样就不是把村民放入某一个组织，而是在不断的组织化训练中培养村民组织化的惯习，在解决问题中发展组织化的善治本身。

三、作为策略的"软法"规范化建设

作为国家行政体系的末梢和远于城市的社区，乡村社会的法治资源供应的相对匮乏，其本身自然的社会秩序与法治强调的规范化建设之间的内在张力便会显现，在地区内部差异大的热区乡村更是如此，尽管进一步加强普法宣传和法治资源供给仍是必须工作，但另一条策略性路线也值得注意。学界将乡村治理分为"硬法"与"软法"，"硬法"指国家明文规定的法律，"软法"则是乡村社会内在的礼俗，软法和硬法是乡村法治建设的"一体两面"，但是在当前的乡村治理实践中，过度强化"硬法"的价值功效而弱化了"软法"的建设。我们在此提出作为法治建设策略性路线的"软法"规范化建设。日常乡村生活中，农户沉浸在"软法"的包裹之中，依"软法"办事，不存在影响力不足问题，问题在于我们如何开发这部分法治资源，与国家行政体系的"硬法"形成相互补充之势。这就必然涉及地方"软法"的规范化引导建设。从具体操作上来说，要实现"规范化引导建设"我们研究以为的具体路径应包括：制度授权，从给予乡村"软法"定位和授权，将其置于现代法律体系的框架下；精神统合，要求对"软法"进行去粗取精，使其具有公正、平等、民主等现代法治精神；组织参与，基层党组织应牵头全面支持软法的制定和实施，在实践中关注"软法"的作用边界与局限，开展"软法"精神的公共性与规范化引导等。

第五篇　热区乡村区域布局与协调发展研究

　　我国热区农村土地面积占我国国土面积达 80% 以上，而且农村人口数量在热区人口总数中占有较高的比例。"三农"问题解决的好与坏不仅关系到农业产业效益的提升和农民收入水平的提高，尤其还关系到国家长期和平稳定和第二个百年目标是否能顺利实现。依据国际形势发展和我国社会经济发展水平，党的十九大明确提出了乡村振兴战略发展规划及其实施方案，同时要求全国各省市根据全国的规划与实施方案，依据自身的实际情况，科学制定各自的乡村振兴战略发展规划及实施方案并认真落实。2018—2020 年连续 3 年的中央一号文件，又对农业农村发展提出进一步的要求和政策支持，强调农村人、财、物及土地等各方面的改革要顺应复杂的国内外政治经济形势变化，解决"三农"工作中瓶颈问题，坚决打赢全面脱贫和阻止返贫攻坚战，实现乡村全面振兴和全面小康的目标。2018 年 11 月 29 日，《中共中央国务院关于建立更加有效的区域协调发展新机制的意见》由中共中央国务院发布实施，区域协调发展受到党和国家的高度重视，区域布局持续优化。我国热区乡村涉及 400 多个市县，本研究将在定性定量研究各地区自然资源禀赋、社会经济发展水平及农业产业发展现状的基础上，试图打破原有的空间经济布局，对整个热带地区实行统一安排、全区域统筹建设、各区域分头推进，实现热带地区乡村区域协调发展新局面。

第一节　前　言

一、研究方法

　　本章主要研究对象为海南省 18 个市（县）农业农村（除三沙市），18 个市（县）包括海口市、三亚市、五指山市、昌江黎族自治县、白沙黎族自治县、琼中黎族苗族自治县、儋州市、澄迈县、临高县、文昌市、琼海市、万宁市、陵水县、乐东县、东方市、保亭黎族苗族自治县、屯昌县、定安县。针对不同来源数据，本文均通过统一校核，保证了数据的口径一致。

1. 理论研究

　　以产业经济学、区域经济学和空间经济学为基础，开展热带地区农业、农村资源禀赋、农业产业集群、区域协调发展机制等理论的内涵及需求研究，为应用研究提供理论支撑。

2. 文献检索与分析法

　　以国内外有关乡村振兴的文献资料为检索对象，通过 CNKI、万方、维普等三大中文数据及 CAB 等权威外文数据库进行采集收集，并归纳、整理，系统总结和分析国内外乡村振兴现状、成功和失败经验，利用前人的研究成果并修正自己研究中存在的不足，提出符合实际、可操作性的对策建议。

3. 案例分析法

通过实地调研，选取典型案例，对其发展过程中的关键点和关键数据进行梳理和提炼，掌握其发展现状、体制机制、瓶颈和成功经验。

4. 计量分析法

以调研数据及文献数据为基础，借鉴前人研究成果，构建评价指标体系，利用熵权赋值法及德尔菲法评估其指标权重，利用耦合协调函数法评判其产业协调度，获取热区产业区域布局演变规律与差异化类别，对热区产业耦合协调度进行排名，引导热区乡村产业定位与区域布局优化。

二、数据来源

数据源自《海南统计年鉴》（2001—2018 年）、《广东统计年鉴》（2001—2018 年）、《云南统计年鉴》（2001—2018 年）、《广西统计年鉴》（2001—2018 年）、《福建统计年鉴》（2001—2018 年）、《贵州统计年鉴》（2001—2018 年）、《新中国六十年统计资料汇编》等，海南省历年统计公报，农业农村部统计资料，以及海南省 18 个市县实地调研数据资料。

三、技术路线（图 5-1）

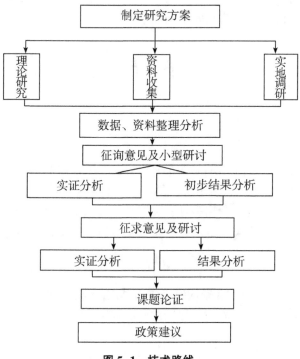

图 5-1 技术路线

第二节 发展现状

一、中国热区区域布局现状

从地理学定义上看，热带地区是指处于赤道两侧，南北回归线即南北纬 23°26′间的地带，该地区高温多雨、全年长夏无冬、水热资源丰富、植物生长繁茂。全球热带区域面积 2.03 亿平方千米，共有 156 个国家和地区处于该区域，这些国家分布于亚洲、拉丁美洲、非洲和北美洲热带地区和环地中海、北非、西亚等亚热带地区。而在我国，国内学者从气象学上认为，热带地区除典型热带区域外还应包含南亚热带地区，即同时满足日平均气温≥10℃ 的天数 285 天以上，年积温≥6 500℃，最冷月平均气温≥10℃，年极端最低气温多年平均值≥2℃等 4 个指标的区域，这些区域主要分布于海南、台湾全省，香港和澳门特别行政区，福建南部、广东大部分地区、广西中南部、云南南部与西南部，四川、云南交界处的金沙江干热河谷地带，贵州南部的干热河谷地带，湖南南部郴州、永州市，江西赣南地区，西藏的林芝地区等 11 个省区的 464 个县区。据不完全统计，我国热区面积共为 53.8 万平方千米，占全国国土面积的 5.6%。

热带农业是指分布于北纬 23°26′至南纬 23°26′之间的亚洲、拉丁美洲、非洲、大洋洲及环地中海地区等典型热区，以及依托热带地区特有的自然资源及气候特点发展形成的，不在南北回归线内、但能生长典型热带作物地区的非典型热带地区的农业，主要包括天然橡胶、木薯、剑麻、油棕、甘蔗等热带经济作物，热带粮食作物，热带园艺作物（热带水果、热带瓜菜、热带花卉、香辛饮料作物、南药等）、热带畜牧、热带海洋生物资源和热带林等，是重要的国家战略资源和日常消费品。

由于受限于数据获得性，下面以国内外热区（不含台湾省）热带作物分布为例，来分析热带农业区域分布现状。

（一）全球主要热带农产品分布情况

全球热带地区涵盖亚洲、非洲、拉丁美洲、大洋洲等四大洲 156 个国家（地区），且大多是"一带一路"沿线国家，基本上是发展中国家，总人口约 44 亿人。世界 95% 的热带农产品生产在发展中国家，80% 的消费主要集中在发达国家。近年来，随着全球经济一体化，各国政府产业政策引导，加之气候变暖及病虫害、劳动力成本等因素影响，世界热作生产由原产地向优势产区集中，如天然橡胶种植由原产地南美洲转至东南亚和中国东南部地区，目前这两个产区的产量已占全世界的 85% 以上；油棕种植由原产地非洲转到印度尼西亚和马来西亚，目前两国棕油产量已占全世界的 85% 以上；香蕉种植由原产地中国东南部和东南亚地区转移至南美洲和非洲；澳洲坚果第一大国已由澳大利亚变为中国，见表 5-1。

表 5-1　全球主要热带作物区域分布

种类	主要分布国别和地区
天然橡胶	印度尼西亚、泰国、中国、马来西亚、越南
木薯	尼日利亚、刚果民主共和国、泰国、巴西、坦桑尼亚
剑麻	巴西、坦桑尼亚、肯尼亚、墨西哥、海地
槟榔	印度、孟加拉、印度尼西亚、缅甸、中国台湾
胡椒	印度尼西亚、印度、越南、斯里兰卡、巴西
咖啡	巴西、越南、哥伦比亚、印度尼西亚、洪都拉斯
香蕉	乌干达、印度、菲律宾、哥伦比亚、尼日利亚
荔枝	中国、印度、越南、泰国、马达加斯加
龙眼	中国、泰国、越南
杧果	印度、泰国、中国、墨西哥、菲律宾
澳洲坚果	中国、南非、澳大利亚、肯尼亚、危地马拉

数据来源：FAO 统计数据库。

（二）国内其他省区热带作物区域分布情况

1. 不断优化热带作物布局，农业产业结构协调性增强

1995—2018 年，热带作物效益和面积呈波动上升趋势，2015 年种植面积达到历史最高峰 15 324.04 万亩，2018 年因统计口径的调整，剔除了部分作物数据，主要热带作物种植面积为 6 575.56 万亩，同比增长 2.08%。

不断优化热带水果和经济作物。主要表现为：经济作物实有面积比例小幅减少（从 1995 年的 64.92% 降至 2018 年的 59.67%），热带水果种植面积占比有所上升（从 1995 年的 35.08% 增至 2018 年的 40.33%）。

各作物内部产业结构协调性增强。随着市场需求变化及地方的产业规划和产业的全国区域规划交叉影响，在经济作物内部，经济作物的生产布局越来越向优势产区集聚，优势产区的种植面积和产量均有所提高，其稳产增产的作用日益显现。近年来表现较好的咖啡、槟榔、八角等高效作物实有面积所占总面积比例小幅增加，其他类别经济作物规模占比小幅下降；热带水果方面，香蕉、荔枝、龙眼、杧果、柚子、西番莲等大宗水果及澳洲坚果、火龙果、番石榴、黄皮、杨桃等小宗水果种植面积占比有所增加，菠萝及其他水果种植面积占比下降。而在产量上，主要热带水果产量在热带作物总产量中从 1995 年的占比 11.33% 快速增至 2018 年的 85.70%。

2. 农产品向优势产区聚集的区域布局进一步优化，大宗农作物具备规模发展的优势

近年来，我国陆续出台了主要热带作物区域布局规划（2007—2015 年）、特色农产品区域布局规划（2013—2020 年）、主要热带作物优势区域布局（2016—2020 年）等，选定木薯、香蕉、荔枝、龙眼、杧果、菠萝、天然橡胶等进行重点扶持，经过近年来的发展，重点农产品生产优势区域初步形成，初步打破"大而全、小而散"的生产格局，热带农产品生产集中度稳步提高，促使优势农产品区域布局逐步完善，目前主要集中分布于广西（1 685.78 万亩）、云南（1 678.96 万亩）、广东（1 387.66 万亩）、海南

（1 324.71万亩）和福建（316.26万亩），贵州、湖南、四川和西藏有少量分布。热带农产品产值从2008年的1 478.14亿元增至2018年的1 493.56亿元。广东省南亚热带作物分布区位于北纬24°以南地区的20个地级市108个县（市、区）。南亚热带作物土地总面积14.2万平方千米，占全省土地面积的79.1%，主产于粤西地区，主要品种种类有天然橡胶、菠萝、香蕉、荔枝、剑麻（依据2018年种植规模排序），荔枝、剑麻产量居全国第一，木薯产量全国第二；广西热区共有54个县（市、区），热区总面积11.4万平方千米，占全区土地总面积的48%，占全国热区面积近1/4，主要品种种类有木薯、荔枝、肉桂、龙眼、杧果、香蕉、剑麻（依据种植规模排序），木薯、八角、龙眼、杧果、西番莲、火龙果的面积和产量居全国第一；云南省热区涉及15个州市、85个县市，土地面积8.11万平方千米，占全国热区土地面积的16.9%，占全省国土面积的21.9%，主产区为西双版纳、普洱、临沧、德宏等地区，主要品种种类有天然橡胶、咖啡、澳洲坚果、香蕉、杧果（依据种植规模排序）。天然橡胶、咖啡、澳洲坚果、辣木、砂仁的面积和产量全国第一；福建省南亚热区范围界定为51个县（市、区），热区土地总面积达5 100万亩，占全省30.8%，主要品种种类有柚子、龙眼、荔枝、香蕉、西番莲（依据种植规模排序）；四川热区主要分布在攀枝花、凉山、泸州、宜宾、自贡、乐山、内江、资阳8个市（州）的41个区县的部分低山河谷地区，热区总面积6.52万平方千米，占全省面积的13%，主要品种有杧果、龙眼、荔枝、香蕉；贵州省南亚热带作物分布区主要位于南北盘江、红水河流域、赤水河流域、乌江流域及支流、都柳江流域及以南地区，清水江流域的32个市县，土地总面积约22 844.0平方千米，占全省土地总面积的12.97%，主要品种有柚子、香蕉、火龙果、杧果、西番莲；湖南热区分布在湘南地区，辖郴州、永州两市热区土地面积5 879.04万亩，主要品种有木薯和热带水果；西藏自治区南亚热带作物分布区主要位于北纬28°~29°的林芝市墨脱县、察隅县、波密县，主要品种有香蕉，如图5-2所示。

尽管我国热带作物资源丰富，热带作物产品种类繁多，但热带作物生产集中在少数品种上，从作物品种分布来看，热带水果是我国第一大类热带作物产品，热带水果包括菠萝、荔枝、龙眼、杧果、柚子、杨桃、红毛丹、西番莲、番石榴、火龙果、黄皮果等12个品种，2018年种植总规模达到2 803.7万亩；第二是天然橡胶，2018年种植规模达1 717.38万亩；第三是槟榔，2018年末种植规模达164.93万亩；还有荔枝、香蕉、八角、龙眼、木薯、杧果、澳洲坚果、咖啡等种植规模均超过150万亩，以上作物占热带作物总面积的87.33%。

3. 以天然橡胶为代表的重要工业原料作物种植规模及布局进一步优化，有利于保障我国战略安全

1995年以来，我国天然橡胶、木薯、剑麻等重要工业原料作物种植面积稳步增长，特别是2010—2015年天然橡胶价格处于高位，天然橡胶种植规模持续扩大。据统计，2018年年底已达1 717.38万亩。在保障天然橡胶这一战略物资安全的前提下，天然橡胶种植规模一直居全国热带作物种植面积的首位。在天然橡胶、甘蔗、剑麻等工业原料布局上，天然橡胶主要布局于海南、云南（占种植总面积的96.05%），木薯主要布局于广西、广东（占种植总面积的90.36%），剑麻主要布局于广西（占种植总面积的81.26%）。

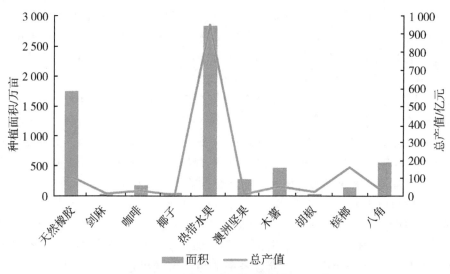

图 5-2　2018 年全国主要热带作物各品种生产情况

（注：数据源自农业农村部 2018 年统计资料）

4. 进口产品品种主要分布于传统作物产品，出口产品主要分布于新兴作物产品

据海关统计数据表明，2018 年，我国进口产品品种分布于天然橡胶、棕油、木薯等传统作物产品，出口产品品种主要分布于咖啡、荔枝、杧果、番石榴、杨桃、柚子、肉桂等新兴作物，这些产品实现贸易顺差。天然橡胶、棕榈油、木薯是贸易逆差最大的前三个品种，这三大产品对我国经济起着至关重要的作用，因此，如何提高天然橡胶、木薯、油棕的供给能力，提高产品国际竞争力，对我国热带农业产业发展至关重要，如图 5-3、图 5-4 所示。

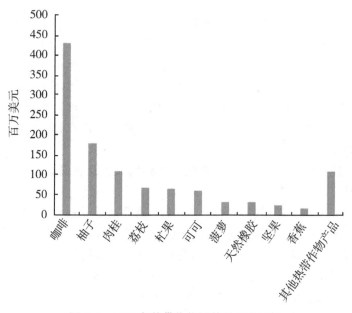

图 5-3　2018 年热带作物及其制品进口额

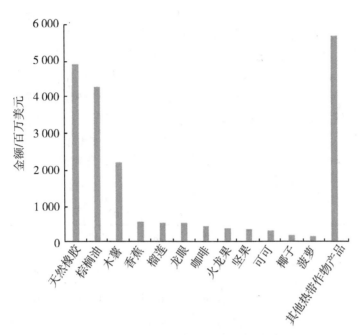

图 5-4　2018 年热带作物及其制品出口额

二、海南区域布局现状

（一）海南县域农村经济社会发展现状

1. 海南省基本情况

（1）海南省基本情况

海南省是中国最大的经济特区、自由贸易试验区（港），位于中国最南端，北与广东省以琼州海峡为界，西临北部湾与越南相对，东濒南海与台湾省相望，东南和南边在南海中与菲律宾、文莱和马来西亚为邻。海南省包括海南岛和三沙市（西沙群岛、南沙群岛、中沙群岛的岛礁及其海域）。全省陆地面积 3.5 万平方千米，海域面积约 200 万平方千米，其中海南本岛面积 3.39 万平方千米，共有 18 个市县，195 个乡镇。海南岛地处热带北缘，属热带季风气候，素来有"天然大温室"的美称，雨量充沛，年平均降水量为 1 639 毫米，有明显的多雨季和少雨季。地形为四周低平，中间高耸，以五指山、鹦哥岭为隆起核心，向外围逐级下降。山地、丘陵、台地、平原构成环形层状地貌，梯级结构明显。

（2）海南省经济社会发展总体概况

近年来，海南省在省委、省政府的正确领导下，全省各市县认真贯彻落实习近平总书记"4·13"重要讲话和中央 12 号文件精神，坚持稳中求进工作总基调，坚持新发展理念，坚持以供给侧结构性改革为主线，稳步推进海南自由贸易试验区和探索中国特色自由贸易港建设，全省经济总体运行平稳、稳中向好特征明显，高质量发展水平不断提升。根据统计年报数据显示，2019 年，海南省地区生产总值 5 308.94 亿元，比上年增长 5.8%；全口径一般公共预算收入 1 399.60 亿元；全年固定资产投资（不含农户）比 2018 年下降 9.2%；社会消费品零售总额实现 1 808.31 亿元，较 2018 年增长 5.3%；城镇居民收入可支配和农村居民人均可支配收入分别达到 36 017 元和 15 113 元，较 2018 年均增长 8.0%；全年全省居民消费价格指数（CPI）比 2018 年上涨 2.5%，其中，农业生产资料价格上涨 2.2%。海南省经济社会发展自 2015 年以来，总体呈现良好的发展势头。2015—2019 年主要社会经济发展指标见表 5-2。由表 5-2 可以看出，全省地区总值、工业增加值、全社会用电量、社会消费品零售总额、接待游客总人数、旅游总收入、全口径一般公共预算收入、全省常住居民人均可支配收入（元）连续 5 年来，逐年递增。

表 5-2　主要经济社会发展指标

指标	2019 年	2018 年	2017 年	2016 年	2015 年
一、全省地区产生总值/亿元 　其中：	5 308.94	4 832.05	4 462.54	4 044.51	3 702.76
第一产业	1 080.36	1 000.11	962.84	970.93	855.82
第二产业	1 099.04	1 095.79	996.35	901.68	875.13
第三产业	3 129.54	2 736.15	2 503.35	2 171.90	1 971.81
二、工业增加值/亿元	588.72	572.58	528.28	441.82	448.95
三、全社会用电量/亿千瓦时	354.58	326.78	304.83	287.27	270.86
四、货物运输周转量/亿吨公里	1 719.72	893.83	918.79	1 073.48	1 200.22
旅客运输周转量/亿人公里	993.06	968.42	848.64	743.53	619.00
货物吞吐量/万吨	19 209.43	18 282.00	18 473.00	13 578.00	13 065.58
五、房地产开发固定资产投资额/亿元	1 336.18	1 715.04	2 053.11	1 787.60	1704.00
房屋销售面积/万平方米	829.34	1 432.25	2 292.61	1 508.53	1 052.28
房屋销售额/亿元	1 275.76	2 083.29	2713.72	1 490.20	982.75
六、社会消费品零售总额/亿元	1 808.31	1 717.08	1 618.79	1453.72	1 325.14
七、实际利用外资总额/万美元	152 021.00	81 876	230 598	22.16	24.66
八、进出口总额/亿元	905.87	848.18	702.71	748.40	868.62
进口	562.15	550.42	407.06	607.72	636.26
出口	343.71	297.76	295.65	140.68	232.36
九、接待游客总人数/万人次	8 311.20	7 627.39	6 745.01	6 023.59	5 335.66
旅游总收入	1057.80	950.16	811.99	672.10	572.49
十、全口径一般公共预算收入/亿元	1 399.60	1373.98	1 222.24	1 080.81	1 009.99

（续表）

指标	2019 年	2018 年	2017 年	2016 年	2015 年
地方一般公共预算收入/亿元	814.13	752.67	674.11	637.50	627.61
地方一般公共预算支入/亿元	1 859.08	1 691.30	1 443.97	1 378.38	1 241.49
十一、金融机构期末存款余额/亿元	9 737.77	9 610.47	10 096.38	9 120.17	7 637.27
金融机构期末贷款余额/亿元	9 521.10	8 820.12	8 459.27	7 687.65	6 650.66
十二、全省常住居民人均可支配收入/元	26 679.00	24 579.00	22 533.00	20 653.00	18 979.00
城镇常住居民人均可支配收入	36 017.00	33 349.00	30 817.00	28 453.00	26 356.00
农村常住居民人均可支配收入	15 113.00	13 989.00	12 902.00	118 743.00	10 858.00
十三、居民消费价格指数/%	103.40	102.50	102.80	102.80	101.00
十四、环境空气质量优良率/%	97.50	98.40	98.70	99.40	97.90
十五、城市（镇）水源地水质达标率/%	100.00	100.00	100.00	100.00	100.00

注：表中数据主要来源于各年发展统计公报，个别数据与统计年鉴稍有不同。

（3）海南省农村经济社会发展总体现状

近年来，随着中央、省、市县、乡各级党委、政府的各项支农惠农政策的出台和贯彻落实，海南省农村在经济结构调整、基础设施建设、农民增收等方面有了较大的改善，在物质文明、精神文明和政治文明建设等方面也取得了一定的成效，促进了海南省农村经济和各项社会事业的发展。

1）农村基本情况。经国家统计局统一核算，2018 年，海南省有农村乡镇 195 个，村民委员会 2 638 个，乡村人口数 619.54 万人，乡村劳动力资源总数 364.70 万元，耕地面积 439 032 公顷。自 2015 年以来，农村基本情况基本保持稳定趋势，见表 5-3。

表 5-3　海南省农村基本情况

项目名称	2015 年	2016 年	2017 年	2018 年
乡镇个数/个	196	195	195	195
村民委员会/个	2 651	2 660	2 665	2 638
乡村人口/万人	605.08	618.24	624.98	619.58
乡村劳动力资源总数/万人	348.74	357.13	365.67	364.70
耕地面积/公顷	422 835	427 335	439 200	439 032

2）农村经济情况。2018 年，海南省农、林、牧、渔业总产值 1 535.73 亿元，较上年增加 3.28%；农、林、牧、渔增加值 1 020.16 亿元，比上年增长 2.71%。自 2015 年以来，农村经济稳步增加，如图 5-5 所示。

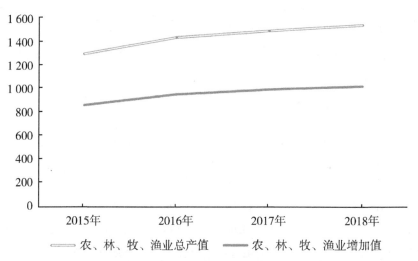

图 5-5　2015—2018 年农村经济情况

3）农村生活基本情况。2018 年，海南省农村居民人均可支配收入 13 989 元，较上年增加 8.43%，农村居民人均消费性支出 10 956 元，较上年增加 13.14%，每百户拥有家用计算机 10.0 台，较上年有所减少，年末乡镇卫生院个数 299 家，与上年持平。自 2015 年以来，农村生活水平稳中有升，见表 5-4。

表 5-4　2015—2018 年农村生活情况表

项目指标	2015 年	2016 年	2017 年	2018 年
农村居民人均可支配收入/元	10 858	11 843	12 902	13 989
农村居民人均消费性支出/元	8 210	8 921	9 599	10 956
每百户拥有家用计算机/台	11.6	11.8	12.3	10.0
年末乡镇卫生院个数/家	298	297	299	299

4）村庄建设情况。自 2015 年以来，海南省村卫生室逐年小幅增加，从 2015 年的 2 681 个，增加到 2018 年底的 2 716 个，累计建成文明生态村 18 597 个，如图 5-6 所示。

2. 海南省县域农村经济社会发展比较分析

海南省（除三沙市外）共有 18 个市县，195 个乡镇，分为东部、中部和西部 3 个大的区域。以 2018 年数据为例，对海南省县域农村经济社会发展进行比较分析。

（1）基本情况

海南东部地区包括海口市、三亚市、文昌市、琼海市、万宁市和陵水县；中部地区包括五指山市、定安县、屯昌县、琼中县、保亭县、白沙县；西部地区包括儋州市、东方市、澄迈县、临高县、乐东县。2018 年各市县基本情况主要指标见表 5-5。从基本情况来看，除了耕地面积西部地区较东、中地区多以外，其他指标东部地区均高于中、西部地区，如图5-7所示。

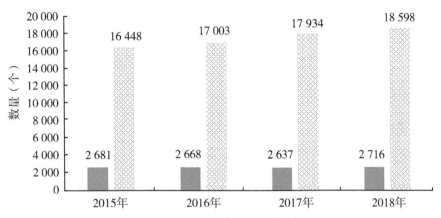

图 5-6　2015—2018 年农村村庄建设情况

表 5-5　2018 年各市县基本情况主要指标

名称		乡镇个数/个	村民委员会个数/个	乡村总户数/户	乡村总人口/人	其中，乡村劳动力总数/人	乡村从业人数/人	耕地面积/公顷
东部地区	海口市	22	248	190 026	780 600	429 309	383 604	48 855
	三亚市		92	59 754	277 624	182 525	157 416	14 541
	文昌市	17	255	128 268	495 425	284 127	256 969	39 896
	琼海市	12	189	101 354	384 225	227 235	210 158	23 049
	万宁市	12	207	116 228	459 038	271 212	244 147	19 223
	陵水县	11	107	64 721	321 289	181 119	158 897	11 812
	合计	74	1 098	660 351	2 718 201	1 575 527	1 411 191	157 376
中部地区	五指山市	7	59	17 703	61 430	47 979	43 980	3 272
	定安县	10	108	74 103	276 588	147 407	135 879	22 135
	屯昌县	8	104	40 865	175 961	111 964	91 570	13 382
	琼中县	10	100	25 333	107 210	66 328	62 680	10 016
	保亭县	9	60	22 730	90 277	65 885	58 227	6 008
	白沙县	11	83	26 307	114 513	76 200	71 556	11 644
	合计	55	514	207 041	825 979	515 763	463 892	66 457

（续表）

名称		乡镇个数/个	村民委员会个数/个	乡村总户数/户	乡村总人口/人	其中，乡村劳动力总数/人	乡村从业人数/人	耕地面积/公顷
西部地区	儋州市	16	240	144 712	670 103	395 879	338 911	52 768
	东方市	10	185	100 855	376 844	218 577	192 822	46 082
	澄迈县	11	185	104 655	478 813	290 275	267 901	30 606
	临高县	10	157	108 470	465 047	250 480	222 823	31 826
	乐东县	11	185	116 860	487 164	301 527	252 545	30 291
	昌江县	8	74	36 371	173 695	98 933	89 521	23 625
	合计	66	1 026	611 923	2 651 666	155 5671	1 364 523	215 198

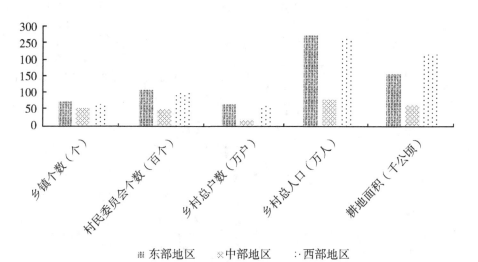

图 5-7　2018 年东、中、西部区域基本情况主要指标

（2）县域农村经济发展情况

农村经济的发展指标主要是农、林、牧、渔业产值和增加值，由农业、林业、牧业、渔业和农、林、牧、渔服务业的产值和增加值构成。2018 年各市县具体指标值见表 5-6。从图 5-8 可以看出，西部地区农业差值和增加值最大，其次为东部地区，中部地区最小。从构成结构上来看，农业对第一产业的产值贡献较大，而渔业在西部地区的贡献率较大，但在中部地区的贡献率较小。

表 5-6　2018 年海南省各市县农村经济发展情况

名称		总产值/万元					增加值/万元					
		总计	农业	林业	牧业	渔业	农、林、牧、渔业、服务业	总计	农业	林业	牧业	渔业	农、林、牧、渔业、服务业

名称		总计	农业	林业	牧业	渔业	农、林、牧、渔业、服务业	总计	农业	林业	牧业	渔业	农、林、牧、渔业、服务业
东部地区	海口市	1 035 085	497 620	63 102	276 586	124 948	72 829	672 653	343 635	43 032	161 970	83 463	40 553
	三亚市	1 023 860	657 647	33 318	92 389	188 508	51 998	686 461	437 659	21 856	51 488	142 129	33 329
	文昌市	1 223 280	520 918	31 447	282 150	337 174	51 591	803 694	342 634	22 594	171 273	240 987	26 206
	琼海市	1 349 104	724 853	99 147	249 017	173 976	102 111	869 242	472 527	67 137	148 780	127 361	53 437
	万宁市	1 002 619	537 485	90 276	155 613	193 248	25 997	651 930	344 602	59 334	86 043	148 296	13 655
	陵水县	711 978	336 882	18 881	71 963	233 721	50 531	487 187	230 671	11 203	51 049	163 656	30 608
	合计	6 345 926	3 275 405	336 171	1 127 718	1 251 575	355 057	4 171 167	2 171 728	225 156	670 603	905 892	197 788
中部地区	五指山市	99 104	48 482	22 540	24 908	2 732	442	63 569	31 678	15 697	14 202	1 798	194
	定安县	573 880	308 025	27 659	180 740	11 808	45 648	356 981	196 419	18 433	107 639	8 065	26 425
	屯昌县	492 416	250 625	68 507	106 603	19 314	47 367	298 016	155 816	44 042	61 733	11 166	25 259
	琼中县	318 024	160 764	82 617	54 204	12 545	7 894	193 632	100 406	50 964	30 129	8 100	4 033
	保亭县	264 569	168 064	32 814	46 799	3 314	13 578	184 382	123 027	22 528	28 991	2 005	7 831
	白沙县	334 080	120 950	123 063	62 940	18 624	8 503	218 344	81 523	85 004	36 328	11 800	3 689
	合计	2 082 073	1 056 910	357 200	476 194	68 337	123 432	1 314 924	688 869	236 668	279 022	42 934	67 431
西部地区	儋州市	1 842 700	519 646	162 390	293 851	830 940	35 873	1 283 511	350 764	111 520	175 466	624 590	21 171
	东方市	706 127	505 721	27 161	91 704	66 332	15 209	443 819	315 118	17 302	53 963	49 718	7 718
	澄迈县	1 211 538	580 710	115 412	234 372	234 256	46 788	799 717	380 735	73 515	149 435	172 210	23 822
	临高县	1 638 842	243 814	36 057	93 375	1 235 896	29 700	1 172 148	162 732	24 420	54 648	918 114	12 234
	乐东县	1 060 436	860 152	43 039	88 363	60 376	8 506	706 876	580 732	27 993	53 482	40 690	3 979
	昌江县	469 677	252 768	26 991	47 592	126 674	15 652	309 414	157 293	17 789	30 495	95 261	8 576
	合计	6 929 320	2 962 811	411 050	849 257	2 554 474	151 728	4 715 485	1 947 374	272 539	517 489	1 900 583	77 500

（3）县域农村居民人均可支配收入情况

自 2015 年以来，海南省农村居民人均可支配收入逐年增加，由 2015 年的 10 858 元增加到 2018 年的 13 989 元，农村居民家庭恩格尔系数由 2015 年的 42.7%降低到 2018 年的 41.8%。从不同县域来看，农村居民人均可支配收入最高的为三亚市，其次是琼海市，而排在最后两位的是五指山市和白沙县，详见表 5-7。从区位来看，东部地区人均可支配收入最高，中部地区人均可支配收入最低，如图 5-9 所示。其中东部地区比中部地区的年人均可支配收入高 18.27%，比西部地区高 8.42%。

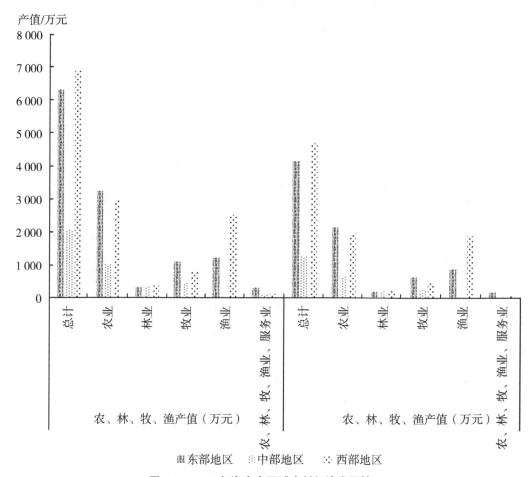

图 5-8　2018 年海南省区域农村经济发展情况

表 5-7　2015—2018 年海南省区域农村居民人均可支配收入情况

地区		农村常住居民可支配收入/元			
		2018 年	2017 年	2016 年	2015 年
东部地区	海口市	14 886	13 763	12 679	11 635
	三亚市	15 773	14 570	13 360	12 228
	文昌市	14 831	13 650	12 584	11 539
	琼海市	15 400	14 213	13 081	12 006
	万宁市	14 850	13 692	12 555	11 513
	陵水县	13 227	12 185	11 068	9 843
	合计	88 967	82 073	75 327	68 764

（续表）

地区		农村常住居民可支配收入/元			
		2018 年	2017 年	2016 年	2015 年
中部地区	五指山市	11 487	10 476	9 398	8 490
	定安县	13 445	12 418	11 311	10 301
	屯昌县	13 426	12 376	11 274	10 290
	琼中县	11 897	10 840	9 713	8 782
	保亭县	11 856	10 792	9 696	8 735
	白沙县	11 732	10 739	9 649	8 732
	合计	73 843	67 641	61 041	55 330
西部地区	儋州市	14 465	13 374	12 281	11 200
	东方市	14 206	13 147	12 006	10 958
	澄迈县	15 035	13 862	12 765	11 715
	临高县	12 915	11 789	10 678	9 707
	乐东县	13 217	12 175	11 149	10 204
	昌江县	13 707	12 650	11 532	10 536
	合计	83 545	76 997	70 411	64 320

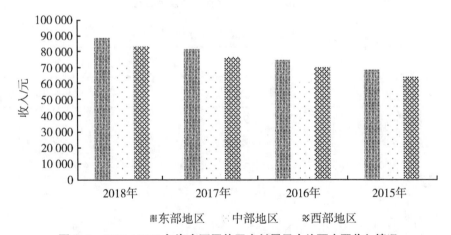

图 5-9 2015—2018 年海南不同片区农村居民人均可支配收入情况

（二）海南县域产业结构及其特色产业布局

海南省下辖 3 个地级市（不包含三沙地区），5 个县级市，4 个县，6 个自治县，分为东部、中部、西部三大地区，各地区市县分布为：东部——海口市、三亚市、文昌市、琼海市、万宁市、陵水黎族自治县；中部——五指山市、定安县、屯昌县、琼中黎族苗族自治县、保亭黎族苗族自治县、白沙黎族自治县；西部——儋州市、东方市、澄迈县、临高县、乐东黎族自治县、昌江黎族自治县。

海南省产业结构受地理、资源、通达性等因素的影响，三大产业在不同地区之间的分布存在着显著差异。

1. 东部地区

第一产业方面，琼海市、文昌市第一产业发展居东部各市县前列，第一产业产值占东部第一产业总产值的 20.2%、20%，陵水县第一产业发展为东部地区最低，见图 5-10、表 5-8。

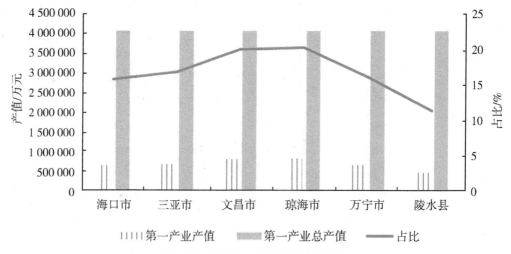

图 5-10　东部第一产业产值及其占比

表 5-8　东部第一产业产值

地区	产值	
	第一产业/万元	第一产业总产值/万元
海口市	639 564	
三亚市	682 744	
文昌市	813 325	
琼海市	823 319	4 071 437
万宁市	652 683	
陵水县	459 802	

第二产业方面，海口市、三亚市第二产业发展居东部各市县前列，第二产业产值占东部第二产业总产值的 48.3%、20.7%，陵水县第二产业发展为东部地区最低，见表 5-9、图 5-11。

表 5-9　东部第二产业产值

地区	产值	
	第二产业/万元	第二产业总产值/万元
海口市	2 759 965	
三亚市	1 182 467	
文昌市	559 935	5 710 738
琼海市	383 343	
万宁市	494 365	
陵水县	330 663	

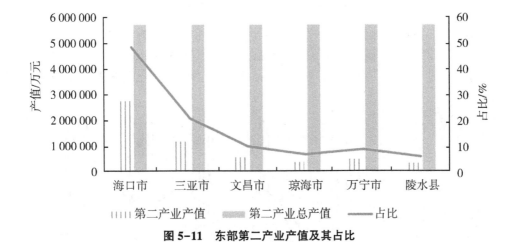

图 5-11　东部第二产业产值及其占比

　　第三产业方面，海口市、三亚市第三产业发展居东部各市县前列，第三产业产值占东部第三产业总产值的 58.3%、20.4%，陵水县第三产业发展为东部地区最低，见表 5-10、图 5-12。

表 5-10　东部第三产业产值

地区	产值	
	第三产业/万元	第三产业总产值/万元
海口市	11 705 601	
三亚市	4 089 846	
文昌市	938 131	20 065 222
琼海市	1 434 318	
万宁市	1 096 220	
陵水县	801 106	

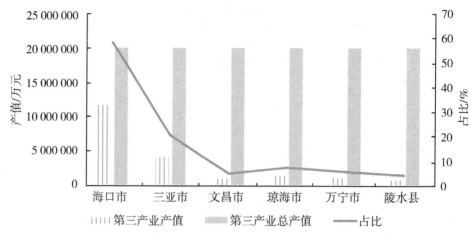

图 5-12　东部第三产业产值及其占比

　　总体上看，东部为海南省经济发达地区，三大产业结构比为 1∶1.4∶4.9，如图 5-13 所示，第三产业是东部地区发展重点产业，第二产业略高于第一产业。海口市为东部地区第二产业、第三产业发展最好的市县，琼海市为第一产业发展最好的市县，见表 5-11。

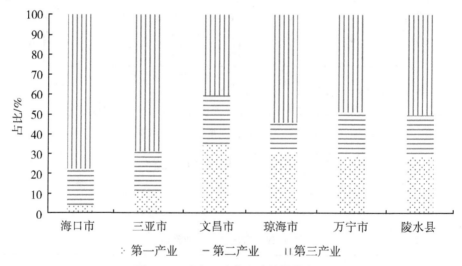

图 5-13　东部三大产业产值及其占比

表 5-11　东部三大产业产值

地区	产值		
	第一产业/万元	第二产业/万元	第三产业/万元
海口市	639 564	2 759 965	11 705 601
三亚市	682 744	1 182 467	4 089 846
文昌市	813 325	559 935	938 131
琼海市	823 319	383 343	1 434 318

（续表）

地区	产值		
	第一产业/万元	第二产业/万元	第三产业/万元
万宁市	652 683	494 365	1 096 220
陵水县	459 802	330 663	801 106

2. 中部地区

第一产业方面，定安县、屯昌县第一产业发展居东部各市县前列，第一产业产值占东部第一产业总产值的 26.6%、22.5%，五指山市第一产业发展为中部地区最低，见图 5-14、表 5-12。

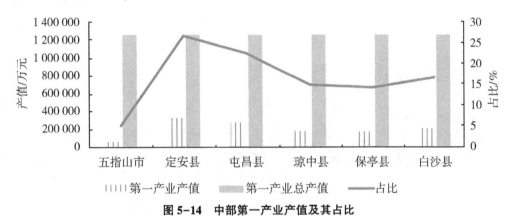

图 5-14　中部第一产业产值及其占比

表 5-12　中部第一产业产值

地区	产值	
	第一产业/万元	第一产业总产值/万元
五指山市	64 218	
定安县	333 977	
屯昌县	282 382	1 255 593
琼中县	187 412	
保亭县	178 776	
白沙县	208 828	

第二产业方面，定安县第二产业发展居中部各市县前列，第二产业产值占中部第二产业总产值的 29.2%，白沙县第二产业发展为中部地区最低，见表 5-13、图 5-15。

表 5-13　中部第二产业产值

地区	产值	
	第二产业/万元	第二产业总产值/万元
五指山市	64 905	
定安县	159 697	
屯昌县	104 989	
琼中县	79 181	533 803
保亭县	68 599	
白沙县	56 432	

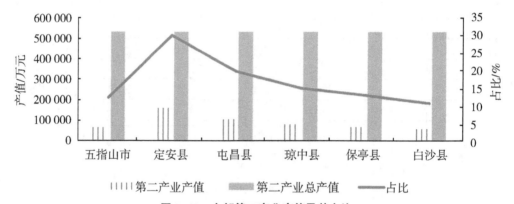

图 5-15　中部第二产业产值及其占比

第三产业方面，定安县、屯昌县第三产业发展居中部各市县前列，第三产业产值占中部第三产业总产值的 28.2%、22.2%，五指山市第三产业发展为中部地区最低，见图 5-16、表 5-14。

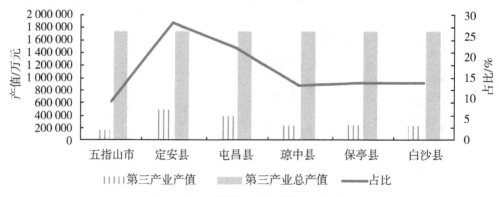

图 5-16　中部第三产业产值及其占比

表 5-14　中部第三产业产值

地区	产值	
	第三产业/万元	第三产业总产值/万元
五指山市	161 386	
定安县	491 423	
屯昌县	386 608	1 743 634
琼中县	228 356	
保亭县	238 950	
白沙县	236 911	

　　总体上看，中部地区发展落后于东部地区，中部三大产业结构比为 1：0.4：1.4，如图 5-17 所示，第三产业发展略高于第一产业，第二产业发展缓慢。定安县为中部地区发展最好的市县，三大产业产值均居中部市县首位，见表 5-15。

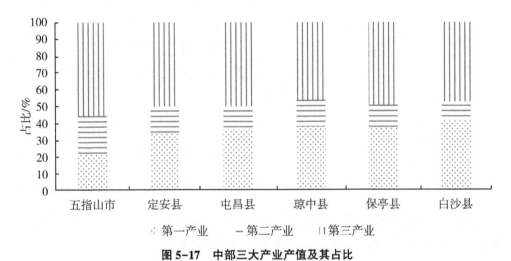

图 5-17　中部三大产业产值及其占比

表 5-15　中部三大产业产值

地区	产值		
	第一产业/万元	第二产业/万元	第三产业/万元
五指山市	64 218	64 905	161 386
定安县	333 977	159 697	491 423
屯昌县	282 382	104 989	386 608
琼中县	187 412	79 181	228 356
保亭县	178 776	68 599	238 950
白沙县	208 828	56 432	236 911

3. 西部地区

第一产业方面，儋州市、临高县第一产业发展居西部各市县前列，第一产业产值占东部第一产业总产值的27.0%、24.7%，昌江县第一产业发展为西部地区最低，见图5-18、表5-16。

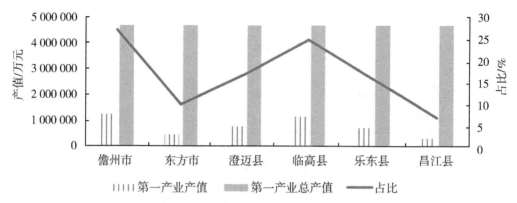

图5-18　西部第一产业产值及其占比

表5-16　西部第一产业产值

地区	产值	
	第一产业/万元	第一产业总产值/万元
儋州市	1 260 597	
东方市	449 445	
澄迈县	776 900	
临高县	1 152 662	4 674 056
乐东县	728 149	
昌江县	306 303	

第二产业方面，儋州市第二产业发展居西部各市县前列，第二产业产值占西部第二产业总产值的42.8%，临高县第二产业发展为西部地区最低，见图5-19、表5-17。

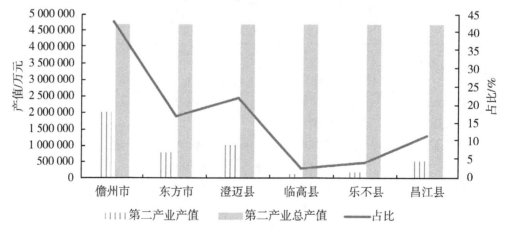

图5-19　西部第二产业产值及其占比

表 5-17　西部第二产业产值

地区	产值	
	第二产业/万元	第二产业总产值/万元
儋州市	2 006 411	
东方市	789 145	
澄迈县	1 025 446	
临高县	122 523	4 682 677
乐东县	196 129	
昌江县	543 023	

第三产业方面，儋州市第三产业发展居中部各市县前列，第三产业产值占西部第三产业总产值的 44.3%，乐东县第三产业发展为西部地区最低，见图 5-20、表 5-18。

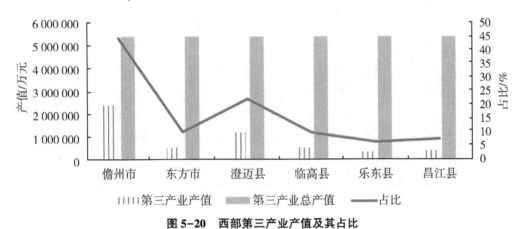

图 5-20　西部第三产业产值及其占比

表 5-18　西部第三产业产值

地区	产值	
	第三产业/万元	第三产业总产值/万元
儋州市	2 395 995	
东方市	540 482	
澄迈县	1 193 166	
临高县	528 967	5 408 853
乐东县	345 465	
昌江县	404 778	

总体上看，西部地区发展落后于东部地区，高于中部地区，西部三大产业结构比为

1∶1∶1.2，如图 5-21 所示，西部地区三大产业发展均衡。儋州市为西部地区发展最好的市县，三大产业产值均居西部市县首位，见表 5-19。

表 5-19　西部三大产业产值

地区	产值		
	第一产业/万元	第二产业/万元	第三产业/万元
儋州市	1 260 597	2 006 411	2 395 995
东方市	449 445	789 145	540 482
澄迈县	776 900	1 025 446	1 193 166
临高县	1 152 662	122 523	528 967
乐东县	728 149	196 129	345 465
昌江县	306 303	543 023	404 778

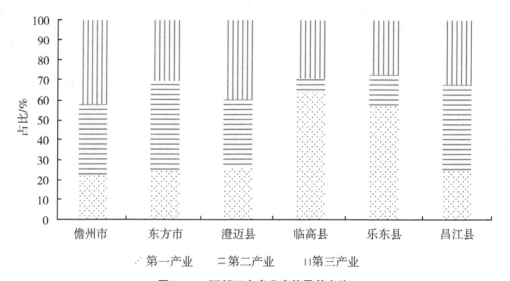

图 5-21　西部三大产业产值及其占比

（三）海南县域重点产业发展布局现状与展望

1. 海南省重点产业基本情况

（1）旅游产业

旅游产业是海南省支柱产业，近 10 年来海南的旅游收入和旅游人数均保持两位数增长，2018 年全省共接待国内外游客 7 627.39 万人次。

（2）热带特色高效农业

热带特色高效农业是实现我国乡村振兴的产业基础，本节第（四）部分将进行详细分析，不再详述。

（3）互联网产业

海南结合自身环境优势，大力发展互联网产业，投资建设一批互联网小镇，互联网相关企业多达 4 000 家，有效促进互联网与实体经济融合发展。

（4）医疗健康产业

海南医疗健康产业依照高起点、高标准发展，充分利用 9 条先行区特殊政策，落实 18 条支持社会办医政策，加快开放医疗健康服务市场。鼓励社会资本投资建设医疗机构，着力打造高端人才聚集地，逐步建立形式丰富、全周期覆盖、结构良好的医疗健康产业体系。

（5）现代金融服务业

自 2009 年建设海南国际旅游岛开始到 2018 年建设自由贸易港纳入国家战略后，海南现代金融服务业得到快速发展。2017 年海南第三产业增加值增长 10.2%，增加值达 2 486.07 亿元。其中，2017 年海南金融业实现增加值增长 11.2%，增加值达 318.21 亿元，占海南省 GDP 和第三产业比重分别为 7.13% 和 12.8%。2017 年末，海南金融机构本外币存款余额 10 096.38 亿元，比上年末增长 10.7%，本外币贷款余额 8 459.27 亿元，比上年末增长 10.0%。

（6）会展业

随着海南国际旅游岛和自由贸易港的建设，海南会展业发展速度较快，尤其是会展业的硬件设施建设。全岛主要会展场址包括展览总面积 11.9 万平方米的海南国际会展中心、总占地面积 5.1 万平方米的海口会展中心、总面积 3.7 万平方米的博鳌亚洲论坛永久会址——国际会议中心、建筑面积 1.3 万平方米的三亚美丽之冠文化会展中心，为会展业的发展提供了基本的设施保障。

（7）现代物流业

海南作为 21 世纪海上丝绸之路的战略支点，发展海空运输区位优势明显。物流基础设施进一步完善，全世界首条环岛高铁全线贯通多年，"田"字形为主框架的高速公路网基本形成。以"南北东西、两干两支"为布局的机场建设加快推进。全省港口生产用泊位 120 个、万吨级泊位 50 个，国际海运航线通达 20 多个国家和地区。京东海口仓、林安物流交易信息中心近期投入运营。2016 年全省社会物流总费用 638 亿元，全省现代物流业实现增加值 171 亿元，全省社会物流成本费用从 2014 年的 18% 下降到 15.8%。

（8）油气产业

海南管辖的海域蕴藏着丰富的油气资源。近年来，依托洋浦经济开发区、东方工业园区，以海南炼化、中海化学、东方石化为龙头，初步形成比较完备的石油化工、天然气化工和精细化工产业链。

（9）医药产业

海南医药资源丰富，其中四大南药产量占全国 90% 以上。近年来，海南医药产业已初具规模，打造了"海口药谷"产业聚集区，培育了"养生堂""快克""康芝"等中国驰名商标。

（10）低碳制造业

海南大力发展污染环境较少、消耗资源低的低碳制造业，以医药行业、汽车装备行业以及轻功食品行业为主的产业体系已初步建立。

2019 年，海南省重点产业对经济增长的贡献达 67.3%。重点产业完成增加值

3 339.27 亿元，同比增长 6.0%，比前三季度提高 0.3 个百分点，高于同期 GDP 增速 0.2 个百分点，对 GDP 增长贡献率为 67.4%。增加值为 2 841.41 亿元，同比增长 7.2%，高于同期 GDP 增速 1.4 个百分点。从分产业看，根据海南省 2019 年统计年鉴统计，有 5 个产业的增加值保持两位数增长，分别是互联网产业增长 18.1%、现代物流业增长 13.4%、医疗健康产业增长 10.3%、会展业增长 10.3%、旅游产业增长 10.2%；医药产业、教育文化体育产业等继续加快发展，增加值增速均为 6.8%，高于同期 GDP 增速 1.0 个百分点。

2. 重点产业空间布局

（1）旅游产业

海南省旅游业主要分布在三亚、海口、保亭、陵水、万宁等东部地区，全省 6 个 5A 级景区均分布三亚、陵水、保亭，上述 5 个城市景区数占全省的 61%。同时，三亚、海口均设有大型免税店，为其旅游产业发展提供良好的基础设施。

（2）热带特色高效农业

热带特色高效农业是实现我国乡村振兴的产业基础，本节第（四）部分将进行详细分析，不再详述。

（3）互联网产业

海南省按照"多规合一"要求和"产城融合"模式积极打造互联网产业，形成了琼北地区以海南生态软件园、海口国家高新区为核心的琼北高新技术产业基地，琼南地区以三亚创意产业园、海南清水湾国际信息产业园为核心的创新创意产业基地以创新创业基地。通过"两极多点"互联网产业布局，形成了互联网产业小镇、众创空间等创新创业平台，培育了天涯、易建、酷秀、新道等一批本土互联网企业，促进了产业集群发展。

（4）医疗健康产业

海南省持续推进产业集聚，构建"一核两极三区"的健康产业发展格局。产业重点分布在琼海博鳌、三亚地区，以博鳌乐成国际医疗旅游先行区为健康产业核心，逐步打造以海澄文一体化经济圈和大三亚旅游经济圈为基础的产业增长极的医疗健康产业。

（5）现代金融服务产业

海南省金融服务产业主要分布在海口、三亚、儋州，2018 年金融机构存款余额、贷款余额、保险保费位居海南省前 3 位。

（6）会展业

2018 年，海南省各类会展服务企业共 9 160 家，新增 1 713 家，同比增长 23%。目前，海南省会展业主要分布在海口市、三亚市、琼海市、儋州市，逐步形成"两主三副"的会展业总体格局。"两主"，形成以海口和三亚两个会展主要节点城市，引领全省会展业发展。其中，海口（含海澄文一体化综合经济圈）为展览主要节点城市，三亚（含大三亚旅游经济圈）为会议主要节点城市。"三副"，形成以琼海（博鳌）、儋州（海花岛）、三沙为会展次要节点城市，发挥节点支撑作用。其中，琼海（博鳌）打造以小型高端会议为特色的次要会展节点城市，儋州（海花岛）打造以大型派对型会议为特色的次要会展节点城市，三沙打造以高端会奖旅游为特色的次要会议节点城市。

（7）现代物流业

2019年，海南省实现社会物流总额7 885.32亿元，同比增加4.24%。其中，全省农产品物流总额1 689.79亿元，同比增长1.67%，占物流总额的21.43%，同比下降0.43个百分点；工业品物流总额2 259.29亿元，同比增长4.5%，占物流总额的28.65%，同比上升0.07个百分点；进口货物物流总额562.15亿元，同比增长1.97%，占物流总额的7.13%，同比减少0.16个百分点；外省流入物品物流总额3 348.72亿元，同比增长5.74%，占物流总额的42.47%，同比上升0.6个百分点；单位与居民物品物流总额25.37亿元，同比增长15.32%。海南省物流业主要分布在海口、三亚、儋州，依托海口港、海口美兰机场、三亚凤凰机场、儋州洋浦港发展海南省现代物流业。

（8）油气产业

2018年，海南全省油气产业规模以上工业产值占全省规模以上工业产值的45.2%，增长22.7%；实现增加值219.3亿元，占全省GDP的4.5%；实现税收101.2亿元，占全省税收的8.7%。油气产业重点分布在儋州市和东方市，主要为洋浦经济开发区和东方工业园区。

（9）医药产业

2018年，海南省医药产业增加值219.32亿元，产业重点分布在海口市，逐步形成了以"海口药谷"为核心区发展海南省医药产业。

（10）低碳制造业

2018年，海南省低碳制造产业增加值179.4亿元，产业将继续在海口、儋州、澄迈等7个开发区和高新区，围绕支柱产业的上下游领域延伸产业链，强化园区产业集约化发展，发挥园区辐射效应，进一步扩大发展低碳制造业。

3. 重点产业发展趋势

（1）旅游产业

海南旅游产业将继续依托"一岛、两圈、四组团、多节点"的空间格局发展，围绕国际旅游岛建设任务、国家"一带一路"战略要求与海南省旅游产业的优势特点，重点发展以海洋旅游、康养旅游、购物旅游、森林旅游等为主的旅游产品，特色化发展会展旅游、产业旅游、城镇旅游和专项旅游。构筑若干条精品旅游线路，突出休闲度假、医疗养生、民俗风情等特色主题，塑造"蓝绿互动"、具有海南特色的旅游品牌和旅游产品体系。

（2）热带特色高效农业

热带特色高效农业是实现我国乡村振兴的产业基础，本节第（四）部分将进行详细分析，在此不再详述。

（3）互联网产业

当前，以互联网技术、应用、模式为代表的新一轮信息技术变革不断加速，互联网经济已成为全球创新最活跃、带动性最强、渗透性最广、成长最迅速的新兴产业，被誉为经济增长的"倍增器"、发展方式的"转换器"和产业升级的"助推器"，成为全球经济新的增长点。海南省将重点引进与培育热带高效农业、旅游各要素、离岛免税等方面的电子商务；游戏动漫制作及配套；VR、AR及其产业链；软件研发、文化创意、数字设计等；大数据开发应用；软件和信息服务外包；卫星导航、卫星通信等民用空间基础设施应用；传感智能硬件、物联网示范应用等方面的互联网产业。将以互联网为代表的信息技术与产业深度融合，推动技术进步、效率提升和组织变革，拓展服务业、新型工业、热带农业的增值空间，从而形成更广泛的以互联网为基础设施和创新要素的经济发展方式，带动海南省经济转型和产业升级。

（4）医疗健康产业

随着海南省健康产业41个重点项目开工建设，全省医疗健康产业增加值将大幅上升。通过结合海南资源禀赋和发展潜力，第一产业发展重点为以南药、绿色健康食品、保健食品种植养殖等为主的健康农业，第二产业重点发展海洋生物药和制剂、医疗器械、新型辅料耗材等轻工业，第三产业重点发展医疗服务业、健康旅游、气候治疗、疗养、健康保险以及以康复、特殊疗法、健身休闲等健康服务业。

（5）现代金融服务业

海南省将进一步加强各类金融机构建设，构建产品丰富、创新活跃、竞争有序、监管适度、功能完善的现代金融市场体系，把金融业打造成为海南重要的支柱产业，全面提升金融服务国际旅游岛建设的能力和水平。

（6）会展业

海南省会展业将围绕海南自由贸易港的建设目标，发挥"生态立省、经济特区、国际旅游岛"三大优势，积极融入"一带一路"国家战略，着力创建"企业主体、市场运作、政府推动"的会展发展模式。构建以海口、三亚、琼海（博鳌）为中心，科学规划，统筹推进，澄迈、陵水等市县特色化、差异化发展的空间格局。进一步优化海南会展业发展环境，坚持以会议、会展发展为主，创新体制机制，给予政策扶持。结合旅游业发展，积极举办国际性会议、大型展馆、大型会议、品牌展览、特色节庆、国际文体赛事等大型活动。会同省其他重点产业培育一批国际化、专业化和品牌化的展会，着力提升海南会展国际化水平。

（7）现代物流业

海南省将继续建设以海口、洋浦为双核心枢纽，以三亚、东方、琼中为次枢纽，以海口、三亚、洋浦、东方、琼中为物流集聚区，形成物流园区、市县物流中心、乡镇货运站辐射末端的全省三级物流设施体系。规划整合全省港口资源，推进海口美安、澄迈金马、洋浦、三亚、东方、琼中六大物流园区建设，借助建设海南自由贸易港的机遇，大力发展保税物流、跨境电商物流、中转物流，将海南打造成为连接我国内陆与东南亚地区和大洋洲的区域航运枢纽和物流中心。

（8）油气产业

油气产业将继续坚持"立足近海、加快深水、以近养远、远近结合"的开发路线，多举措、多方式进行开发。严格按照我国环保和资源有效开发利用的要求，推动南海油气开发。继续丰富全省天然气管网，以海口—三亚、万宁—洋浦为起止点，构建全省天然气"一张网"。加强白沙、五指山等中部市县的天然气管道建设，提升全省天然气普及率。同时，进一批拓展油气应用领域，支持研发化工新材料，推动生物化工战略新型产业的发展，对业态形成新的经济增长点。

（9）医药产业

海南省将通过集群集约建设，加快建设海口医药产业集聚区，辐射带动海口周边市县区域协同发展。依托现有产业基础，借助建设海南自由贸易港的政策优势，加快国内外高水平医疗团队、高新医疗技术、产业资本的引入，引领带动全省现代医学的发展。同时，在白沙、五指山、定安等市县充分利用区域资源，发展黎药、南药等中医药的种植、加工，在海口国家高新技术产业开发区等科技园区建设大型中医药材物流基地，加快中医药健康产业的研发，积极建成集产学研一体的中医药科技园区。

（10）低碳制造业

海南省将继续围绕热带农产品加工、新能源汽车制造、新材料、海洋装备制造、特色农产品加工等重点产业，加强谋划一批重大项目落地海南。在绿色农产品加工方面，针对消费者日益注重食品安全的需求，坚持以绿色、生态为发展方向、健康为基本要求，加快海南省食品加工业的发展。同时，充分利用现代信息技术，建设食品安全追溯体系，保障农产品食用安全。在新能源新材料方面，紧扣绿色环保的发展主线，坚持以市场为导向，重点发展生物资源、可再生能源等。完善新能源基础设施建设，支持新能源生产企业进入相关配套服务产业，通过结构性改革、招商引资等方式，提高生产效益、扩大生产规模。

（四）海南县域农业产业布局

海南省地处我国最南端，属热带海洋季风气候，光温充足，光合潜力大，物种资源十分丰富。全省的土地总面积353.54万公顷，占全国热带和亚热带土地面积的42.5%，其中耕地面积43.9万公顷，占全省陆地总面积的12.4%。光温水条件独特，具备优越的生态环境和独具特色的农业资源，已建成全国重要的冬季瓜菜、热带水果生产基地、天然橡胶生产基地、南繁育制种基地、无规定动物疫病区和海洋渔业基地。在海南建设自由贸易港，实行更加开放、更具活力的政策下，海南区位优势更加凸显，为发展热带特色高效农业创造了新优势。

1. 海南省农业产业区域布局现状

优化农业区域布局，促进农业协调发展是当前海南农业供给侧改革的重要措施。经过多年发展，海南形成了以热带经济作物和热带水果和为主导、渔业及农业种养结构协调性不断增强的热带特色高效农业区域布局。

（1）热带经济作物

海南省热带经济作物主要包括天然橡胶、槟榔、胡椒、咖啡、椰子等。以儋州市种植规模最大，其次为琼中，第三为白沙，如图5-22所示。

1）天然橡胶。海南省是我国第二大天然橡胶产区，按照"稳定产能、提高单产、提升综合效益"的思路，推广新品种、新技术，建设840万亩天然橡胶生产基地，完成了天然橡胶保育区划定。发展林苗、林花、林药、林菌、林鸡、林畜、林蜂、林驯（野生动物繁殖驯养）、林产品采集加工、林下旅游等林下经济。2018年天然橡胶种植面积792.53万亩，干胶产量35.07万吨。全省18个市县均有分布，主产区前3位为儋州、白沙、琼中，均位于植胶优势区，这三者种植面积占全省总面积的38.80%。

2）槟榔。海南省是我国最大、也是唯一商品化种植槟榔的产区，其种植规模保持

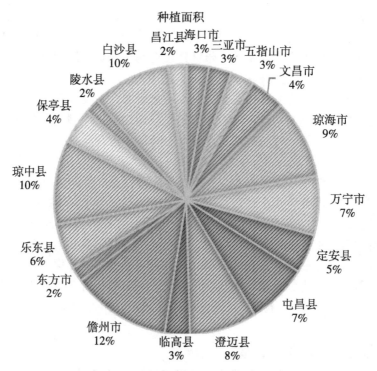

图 5-22　2018 年热带经济作物在海南省分布

稳定。2018 年，槟榔种植面积为 164.93 万亩。全省 18 个市县均有分布，主产区前 3 位为万宁、琼海、屯昌，这 3 者种植面积占全省种植面积的 43.80%。

3）胡椒。海南省是我国胡椒最大产区，其种植面积占全国总量的 84.83%。目前，海南省胡椒种植面积持续保持稳定且小幅攀升态势。2018 年的种植面积分别达到 33.48 万亩。全省有 8 个市县种植胡椒，主产区为文昌、海口、琼海，占全省种植面积的 77.38%。

4）椰子。海南省是椰子最大产区，其种植面积占全国总量的 99.9%。当前，海南省将通过加快高产、早产和多抗椰子杂交新品种的培育研究，改造低产椰子园，做强做大椰子产业。2018 年，椰子种植面积 51.59。全省 18 个市县均有椰子种植，主产区居前 3 位的为文昌、琼海、陵水，占全省总量的 71.49%。

5）经济作物。为调整、优化海南热带作物产业结构，有必要适度发展咖啡、香料、可可、腰果、茶等热带作物，优化咖啡、腰果产业布局，推进万宁、澄迈、琼中、白沙等市县咖啡种植和乐东腰果种植；同时，充分利用全省"华夏第一早春茶"等自然资源优势，扩大茶园种植规模，研发具有海南特色热带茶树品种，打造海南茶品牌，目前，全省有 8 个市县生产茶叶，共 2.92 万亩，主产区为白沙、五指山、澄迈、琼中、定安，占全省总量的 95.54%。

（2）热带水果

"十三五"以来，海南省按照"扩面积、优布局、提质量"的思路，稳定了香蕉、荔枝杧果、菠萝等传统水果品种，加快发展如菠萝蜜、山竹子、莲雾、红毛丹、红心蜜

柚、火龙果等特色热带水果品种。目前海南已初步优化热带水果区域布局，逐步建成香
蕉种植带（从三亚崖城沿海平原地区到澄迈的北部、海口西部的琼西南、西部）、杧果
种植带（从陵水的西南部到昌江北部的平原及低丘坡地）、早中熟荔枝种植带（琼东
北、西部、西北部和琼中）。据农业部统计数据及海南省统计年鉴 2018 年数据，海南省
热带水果种植面积为 256.08 万亩，种植规模最大的市县是三亚，其次依次为东方、乐
东，如图 5-23 所示。其中，种植规模最大的果树是杧果，其次依次为香蕉、荔枝，总
产值居前 3 位的水果依次为香蕉、杧果和荔枝。

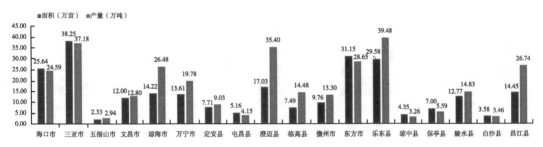

图 5-23　2018 年热带水果在海南省分布

（3）冬季瓜菜

海南省通过推进瓜菜产业向标准化、规模化、产业化发展，大力推进瓜菜产品向高
品质、高效益转型升级，做大做精做优冬季瓜菜产业，增加农民收入。近年来，海南省
合理调整瓜菜区域布局，优化品种结构，坚持以"减椒增瓜增豆"为瓜菜产业发展基
本原则，减少辣椒种植面积，增加瓜类、豆类品种种植面积，适当发展鲜食玉米等产
业。2018 年，海南瓜菜种植面积达 435.57 万亩，产量为 675.06 万吨，冬季瓜菜种植面
积稳定在 300 万亩左右，总产量 495 万吨，出岛量 357 万吨，增长 0.28%。海南省瓜菜
种植规模居前 3 的市县是乐东县、澄迈县、海口市，如图 5-24 所示。

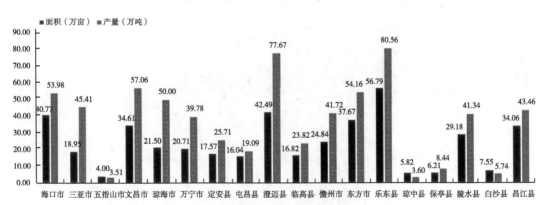

图 5-24　2018 年瓜菜在海南省分布情况

（4）畜牧业

海南热带特色高效农业发展规划（2018—2020 年）中提出，以满足岛内消费为目
标，稳定生猪养殖规模，根据环境容量和生态保护红线区规划，优化区域布局；优化肉

牛肉羊养殖布局，重点在西部、东部市县发展肉牛肉羊，适当兼顾中部市县；促进肉禽产业发展，兼顾蛋鸡产业发展，发展文昌鸡、白莲鹅、嘉积鸭、咸水鸭、海鸭、山鸡等特色禽业。当前，海南在保护生态环境的同时，也在稳步优化生猪和肉牛区域布局和区域品种结构，2018 年，海南生猪养殖规模居前三位的市县是儋州市、澄迈县和海口市，牛养殖规模居前 3 位的市县是乐东、定安、澄迈，家禽养殖规模居前 3 位的市县是文昌、琼海、澄迈，如图 5-25、图 5-26、图 5-27 所示。

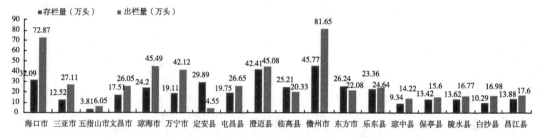

图 5-25　2018 年生猪在海南省各市县分布

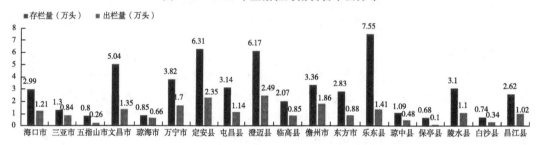

图 5-26　2018 年牛在海南省各市县分布

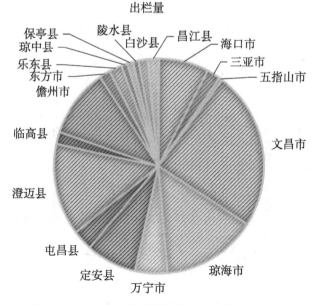

图 5-27　2018 年家禽在海南省各市县分布（万只）

（5）渔业

海南省不断优化渔业产业结构，设置了水产种苗产业带和水产养殖区。水产种苗产业带：在东部万宁、琼海、文昌等沿岸市县重点发展设施化养殖和繁育水产经济动物苗种；在西南部乐东、东方、昌江等市县发展暖水性水产种苗产业带。水产养殖区：在海南的西北部地区，以临高后水湾的深水网箱养殖基地为中心发展深水网箱养殖业；在海南东北部地区的澄迈、定安、文昌等市县主要发展海水鱼和对虾池塘健康养殖；在海南的中部地区主要是罗非鱼养殖。2018 年，海水养殖面积达 32.06 万亩，主要分布于 13 个市县，养殖规模居前三位是文昌市、海口市、儋州市；淡水养殖面积达 46.20 万亩，全省均有分布，养殖规模居前 3 位是文昌、澄迈、海口，如图 5-28 所示。

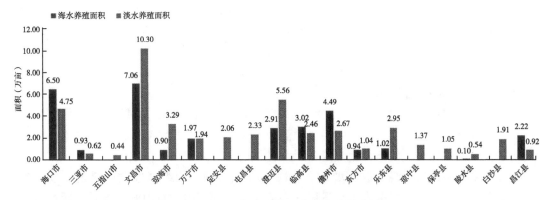

图 5-28　2018 年渔业养殖在海南省分布情况

2. 海南省县域农业产业区域布局现状

根据目前海南省的农业发展基本情况和农业资源分布现状，海南省的农业产业区域布局可大致划分为琼北区、琼南区、琼中区、琼东区和琼西区。

——琼北区。即海口、定安、澄迈、临高，此区域属半湿润区，气温相对温和，社会资源充足，农业信息化程度高，优质农产品需求量大，槟榔、胡椒等加工业相对发达。该区域主要建设有冬季瓜菜种植基地和热带水果种植基地，畜牧业以发展生猪、文昌鸡、鹅、肉牛、奶牛等规模化养殖为主，建设椰子、胡椒等农产品加工基地，兼顾休闲农业发展，构成复合型农业区。

——琼南区。即三亚、乐东、保亭、陵水，该区域属于半干旱半湿润区，常年气温高于 10℃。科研力量强，旅游人口多，休闲农业发展较快。该区域利用国家南繁育种科研基地的重要作用，加强水稻、瓜菜等种子种苗培育，建设有龙眼、菠萝蜜、杧果等热带特色水果种植基地和加工基地，推进山猪、山鸡、什玲鸡、蛋鸡等特色养殖，结合特色农业种养基地发展休闲观光农业。

——琼中区。即五指山、屯昌、琼中、白沙，该区域是海南省的生态绿心，也是海南林业和生物多样性保护重点区。此区域生态环境比较脆弱，资源环境承载力有限，农业基础设施也相对薄弱。该区域立足资源环境禀赋，以发展生态保育型农业为主攻方向适度挖掘潜力、集约节约、有序利用，提高资源利用率，主要发展橙柚、荔枝、龙眼、红毛丹等水果种植，发展鹅、肉羊、山鸡等林下养殖。推进天然橡胶向中西部集中种植，建设核心胶园。

——琼东区。即琼海、文昌、万宁，此区域属湿润区，农业基础条件相对较好、发展潜力大，但对生态环境要求高（因博鳌论坛在琼海）。该区域形成种养结合农业区，主要发展生态绿色的热带水果基地，建设生态绿色的热带水果、冬季瓜菜生产基地，发展胡椒、槟榔等热带作物种植和加工，适度调减生猪、肉牛、肉羊等养殖。

——琼西区。即昌江、东方、儋州（含洋浦开发区），此区域属半干旱区，是海南省重要的蔬、果、肉蛋生产集中区。该区域农业基础条件好，农业产业化程度较高，重点发展标准化热带水果种植，稳定天然橡胶产业发展。

（1）琼北部地区县域产业区域布局现状

琼北区即海口、定安、澄迈、临高，此区域属半湿润区，气温相对温和，社会资源充足，农业信息化程度高，优质农产品需求量大，槟榔、胡椒等加工业相对发达。该区域主要建设有冬季瓜菜种植基地和荔枝、莲雾等热带水果种植基地，发展生猪、文昌鸡、鹅、肉牛、奶牛等规模化养殖，建设椰子、胡椒等农产品加工基地，兼顾休闲农业发展，构成复合型农业区。

1）海口市农业产业区域布局现状。海口市地处海南北部，是海南省农业生产强市，现有常年耕地面积7.9万公顷，气温温和，全年无霜，光照充足，雨量充沛，且雨热同季，优越的地理气候条件使其成为果蔬种植的理想之地。

近年来，海口市围绕"农业增效、农民增收"主题，持续推进农业科技创新，不断调整农业产业结构，特别是着力发展永兴荔枝、云龙淮山、石山壅羊等具有区域特色和优势的农产品生产，有力地促进了海口市农民收入的持续提高和农业经济的稳定发展。海口市主要农业产业有热带水果、热带花卉、畜禽、水产4个优势特色产业。

——热带水果产业布局。热带特色水果是海口市支柱性产业之一，也是本地农民的主要经济来源。海口市盛产荔枝、黄皮、莲雾、蜜柚等热带水果，占海口热带水果总面积的44.31%。"十三五"期间，海口市政府将这4个作物作为调整热作产业结构，发展优新高效农业的主要推广品种。海口为荔枝原产地之一，目前主要分布于永兴、三门坡、三江、大致坡、石山等镇和红明农场。经过近几年的发展，不断试种改良，荔枝已发展成为海口主推的十大品牌农产品之一，永兴荔枝获得中国地理标志保护产品认证，种植的主要品种为妃子笑、紫娘喜、大丁香、南岛无核，种植面积达到28 080亩。海口为黄皮原产地之一，目前主要分布于永兴、石山、云龙等镇。海口市永兴镇利用得天独厚的生态资源条件，以黄皮为主导产业种植黄皮优良嫁接品种，面积达8 655亩；建立了标准化生产示范基地，以标准化推进产业生产，已建成标准化生产基地400亩以上，产量比往年增加了3倍。经过近几年的发展，不断试种改良，黄皮已发展成为海口主推的十大品牌农产品之一，永兴黄皮获得中国地理标志保护产品认证，目前种植的品种有23个（野生品种12个，栽培种植品种11个），种植面积达到13 900亩，年总产量4 000吨。海口市莲雾种植基地主要集中在三江、云龙、红旗等镇。海口莲雾曾获得"海南省无公害产品产地认证""国家农业部热作标准化生产示范园"及"中国良好农业规范A级认证"等多项荣誉。莲雾产业已成为海口市发展热带特色水果产业的名片之一。经过近几年的发展，全市已建立起优新莲雾品种种植基地约5 000亩，年总产量

5 000 吨。海口市于 21 世纪初引种蜜柚，主要分布于大坡、三门坡、红旗、旧州等镇。近年来，蜜柚产业已成为海口市调整农业产业结构的重要抓手，重点从规模化、标准化、品牌化等方面推动蜜柚产业发展，建立标准化基地建设，通过"公司+农户""合作社+农户"等形式，带动农民发展蜜柚种植，从种植、施肥、除虫、包装、运输、销售等环节严格控制，制定标准，以保证产品质量安全可靠。经过近几年的发展，海口蜜柚已发展成为海口主推的十大品牌农产品之一，目前种植的主要品种为红肉蜜柚、三红蜜柚、泰国蜜柚，种植面积近万亩，年总产量 2 775 吨。

——蔬菜产业布局。海口市有比较悠久的瓜菜种植历史，种植户生产管理水平比较高。2018 年，全市蔬菜、瓜类种植面积达到 40.77 万亩，其中秀英区蔬菜种植面积最大，其次为琼山和美兰区，龙华区种植面积最小。长期以来，海口市已成为海南的重要冬季瓜菜生产基地。同时，海口市加强"三品一标"认证，培育农产品品牌。品牌化的精品优质果蔬的发展促进了海口市高效农业的跨越发展。全市冬季瓜菜种植面积达 34.56 万亩，产量达 6.37 万吨，辣椒（尖椒和甜椒）是海南省冬季种植的主要蔬菜作物之一，播种面积居首位。冬季蔬菜主要集中在龙华区的五一田洋、群益田洋等，美兰区的美桐田洋、美兰肚田洋、官厅田洋等，琼山区的后昌洋、加平肚田洋、旧沟田洋、云龙北庄洋、红旗云雁洋、北林洋等，秀英区的马坡洋等。2018 年，全市常年蔬菜种植面积 6.21 万亩，常年蔬菜主要集中在城西、海秀、三江、三门坡、红旗、新坡、东山等地。海口为海南淮山最大产区，目前主要分布于云龙镇、红旗镇等。云龙淮山已发展成为海口主推的十大品牌农产品之一，并获得中国地理标志保护产品认证。目前，海口淮山种植面积达到 6 000 亩以上，年总产量 1.5 万吨。目前，海口市面上的食用菌品种有十来种。食用菌主要集中在红云龙、红旗、三江、甲子等镇。

——海口市花卉产业布局。海口市为全省鲜切叶主产区，鲜切叶种植面积占全省鲜切叶总面积约 90%，达到 1.2 万亩，占全国鲜切叶 80% 的市场份额。2018 年，海口市花卉种植面积达 7.0 万亩，占海南省花卉种植面积的 50.7%，新增花卉苗木种植面积约 1 300 亩，花卉总产值约 10.87 亿元，同比增长 5.9%。海口市切叶（切枝）植物，约占全市花卉面积的 25%，品种以富贵竹、巴西铁、龟背竹、散尾葵等为主，主要集中在美兰区的灵山、演丰、三江、大致坡，琼山区的府城、龙塘、旧州、云龙、红旗、三门坡、甲子等乡镇。海口市的观赏苗木和观赏草坪占全省花卉种植面积的 64% 以上，树种以乡土树种、珍稀观赏树种、棕榈科和引进优良树种为主，主要集中在美兰区的灵山、演丰、三江、大致坡，琼山区的府城、龙塘、旧州、云龙、红旗、三门坡、甲子，秀英区的西秀、海秀、长流、石山、永兴、东山等乡镇。海口是海南最重要的热带花卉产区，主要集中在美兰区的灵山、演丰、三江、大致坡，琼山区的府城、龙塘、旧州、云龙、红旗、三门坡、甲子，秀英区的西秀、海秀、长流、石山、永兴、东山等乡镇。热带鲜切花仅占全市花卉面积的 4% 左右，品种有文心兰、红掌、鹤蕉、鹤望兰、切花菊、非洲菊、姜花等。海口盆栽植物约占全市花卉面积的 5%，品种以红掌、观赏凤梨、蝴蝶兰、一品红、马拉巴瓜栗、龙血树，平安树等为主，主要集中在美兰区的灵山、演丰、三江、大致坡，龙华区的城西、新坡、遵谭、龙桥、龙泉等乡镇。

海口市羊山地区独特的自然环境有其他地方不可比拟的发展优势，该地区土地面积有 1 000 多平方千米，适合野外种植石斛的"火山岩石"面积有 20 万亩以上，亩产在 300 千克左右，理论产量在 6 万吨以上。近年来，石斛的市场认知度和价格迅速攀升，抓住机遇，发挥优势，大力发展石斛种植、加工以及相关联的旅游、养生等产业，不仅能加快该地区农民致富奔小康步伐，而且能够形成羊山地区独特的竞争力，促进琼北地区城乡统筹发展。2018 年，火山石斛种植面积达 2 000 多亩，主要集中在新坡、石山、永兴等乡镇。

——海口市畜禽、水产产业布局。海口市地处海南省农产品出岛、出口的大门，随着海南"无疫区、健康岛"建设和农业产业化的飞速发展，为海口建设全省农产品加工中心提供了有利条件。海口市畜禽、水产业总产值在全市农业总产值中贡献率居于第二位。到"十三五"末，优势产业生猪、牛肉、羊肉、肉禽和特种养殖产品产量分别占全市比重达到 90%、80%、70%、80% 和 65%。生猪产业已成为海口市农业和农村经济的支柱产业之一。2018 年，海口市全年生猪养殖 104.96 万头，其中出栏 72.87 万头，产值在 14 亿元以上，占畜牧业产值 66%。生猪养殖主要集中在琼山区、美兰区、龙华区等乡镇。海口市 2018 年牛存栏 2.99 万头，其中黄牛 1.47 万头，水牛 1.52 万头，主要集中在石山、永兴、东山、红旗、旧州、甲子等乡镇。石山壅羊，生长在海口市火山口群附近的石山镇，获得国家地理标志证明商标认证，主要集中石山、永兴、东山、甲子、大坡等镇。秀英区石山镇共有壅羊公社等 20 多个壅羊养殖基，年出栏量达到两万多只，最大的养殖基地火山壅羊公社养殖基地存栏量约有 9 000 余只，其中母羊约 4 600 只，一年出栏量预计达 1.3 万~1.5 万只。海口作为文昌鸡的主产地之一，已成为琼北文昌鸡交易集散中心之一。2018 年，全市文昌鸡的出栏量在 1 000 万只以上，产值超过 5 亿元。海口市文昌鸡饲养主要集中在云龙、红旗、大坡、龙泉、大致坡、三江、东山、石山等乡镇。

海口市水产养殖主要集中在红旗、三江、演丰、云龙、三门坡、甲子等镇。据海口市海洋与渔业"十三五"发展规划发展目标，预计到 2020 年全市渔业总产值达到 23.8 亿元、渔业总产量为 7.7 万吨，全市水产品加工量和加工产值规划目标分别为 4.4 万吨和 9.0 亿元。

2）定安县农业产业区域布局现状。定安县位于海南岛的中部偏东北，东临文昌市，西接澄迈县，东南与琼海市毗邻，西南与屯昌县接壤，北隔南渡江与海口市琼山区相望；东西宽 45.50 千米，南北长 68 千米，疆界长 251.50 千米，全县面积 1 177.70 平方千米。境内地势南高北低，热带季风海洋性气候，阳光充足，雨量充沛，年均气温 24℃，年均日照 1 880 小时，年均降水 1 953 毫米。

定安县主要农业优势产业有蔬菜产业和水果产业 2 个优势特色产业。

——定安县蔬菜产业布局。定安作为"全国绿色农业示范县"，近年来，立足本地资源优势，坚持调优、调精、调高的原则，不断优化和调整农业生产结构，蔬菜产业产值稳步增长。2018 年全县蔬菜播种面积 17.57 万亩，总产量 25.71 万吨。定安县一直致力于发展"季节差、名优特、无公害"的瓜菜产业，着力打造富有特色的蔬菜品种，如岭口富硒冬季瓜菜、新竹香芋、连堆水芹、龙湖蘑菇、定城圣女果等。定安县蔬菜产业近年来呈由北向南快速发展趋势，除北部传统种植区继续充实扩大外，南部岭口、龙门镇等乡镇也逐步形成了新生产基地规模。目前定安县主要蔬菜品类有瓜菜、食用菌、芋头等，分布在定城镇、龙湖镇、雷鸣镇、新竹镇、富文镇、黄竹镇等乡镇。

——定安县水果产业布局。定安立足本地资源优势，抓好优势农产品和特色农产品发展，调整粗放低效农产品结构，重点种植荔枝、菠萝、菠萝蜜、莲雾、蜜柚、黄皮、槟榔、椰子等水果，主要分布在龙门镇、黄竹镇、龙湖镇、定城镇、富文镇等乡镇。近年来，定安县打造村庄果园，全县共打造出"一园一特色"的省级热作标准化生产示范园 6 个，分别为定安县龙门荔枝标准化生产示范园、德丰荔枝标准化生产示范园、富文蜜柚标准化生产示范园、定安黄竹莲雾标准化生产示范园和龙湖菠萝蜜标准化生产示范园等，其中，龙门荔枝和德丰荔枝标准化生产示范园被农业部认定为部级热作标准化生产示范园。2018 年，全县水果收获面积 7.71 万亩，同比增长 32.02%，收获产量 9.03 万吨，同比增长 16.37%。

3）澄迈县农业产业区域布局现状。澄迈县位于海南岛的西北部，毗邻海口市，东与定安县接壤，南与琼中县、屯昌县相连，西与临高县、儋州市相连，北临琼州海峡。陆地总面积 2 067.6 平方千米，海域面积 1 100 平方千米。光、热、水等条件优越，十分适宜种植热带作物、冬季瓜菜和发展牧业。

澄迈县是海南省的农业大县，是国家现代农业示范区，也是国家级出口食品农产品质量安全示范区和海峡两岸农业合作试验区示范基地。近年来澄迈县不断坚持巩固和加强农业基础地位，大力发展热带特色现代农业，调整优化种养结构，大幅调减甘蔗等低效作物种植面积，推进种养殖标准化、品牌化、产业化、信息化。继续巩固传统产业发展。2018 年累计种植瓜菜 25 194.2 亩，种植香蕉 29 072 亩，种植福橙 14 466 亩，种植橡胶 116 403 亩，种植咖啡 5 452 亩，农业经济继续保持良好发展势头。澄迈的土壤富含硒元素，种植的瓜果蔬菜口感好且绿色健康。因此，澄迈县依托富硒资源优势，发展热带富硒特色农业，打造长寿品牌。澄迈建设无核荔枝、澄迈福橙等生产基地 103 个。三鸟出栏 193.8 万只，白莲鹅年出栏 81.67 万只。澄迈县结合禁养区修订情况，调整优化养殖区域布局，北部地区适量控制养殖规模，适度发展生猪生产，南部地区发展规模生猪生产。重点发展黑猪产业，打造加乐、文儒、瑞溪、永发、仁兴、中兴镇黑猪产业带。

4）临高县农业产业区域布局现状。临高县位于海南岛的西北部，东邻澄迈县，西南与儋州市相连，西北濒临北部湾，北濒琼州海峡。临高县属热带季风气候，光照充足，高温多雨，年平均气温 23 ~ 24℃，年平均雨日为 135.9 天，降水量为 1 417.8 毫米。

临高县大部分土地多为红壤上和沙质土，土层深厚，含有机质多，土壤肥力好，非常适宜发展热带高效农业。临高县耕地面积 47.7 万亩，农业区分为 4 个类型：东部台地区发展热带作物、水果；中部平原台地区发展粮食作物、水果和瓜菜生产；南部丘陵台地区橡胶、胡椒等热带经济作物和水果；北部沿海平原地区发展粮食作物和瓜菜生产、水产养殖。

临高作为传统的渔业大县和农业大县，农民最主要的生产劳作是捕鱼和种植水稻，近年来，临高将以乡村振兴战略作为主要抓手，优化种植业结构，推进退蔗改种，着力推动冬季瓜菜、水稻制种等传统优势产业的改造升级，重塑临高鱼米之乡这个品牌，实现临高从农业大县向农业强县的转变。

——种植业产业布局。近年来，临高县持续优化种植业结构，有序调减糖蔗种植面积，深入推进农业供给侧结构性改革，做强做精做优热带特色农业。着力推动冬季瓜菜、水稻制种等传统优势产业的改造升级，继续扩大凤梨、凤梨释迦、蜜柚、百香果等新兴产业规模。确保冬季瓜菜、香蕉、水稻制种、红心蜜柚、凤梨、荔枝和龙眼、种桑养蚕等特色高效农产品的规模化产业化经营，种植面积分别稳定在 17.1 万亩、8 万亩、2.8 万亩、1.7 万亩、1.1 万亩、1.5 万亩和 2 100 亩。临高自 2018 年创建了"临高田品"农业公用品牌后，迅速确立了以"五光十色"种植业产业为重点的发展方向。而"十色"正是指的红心蜜柚、凤梨、凤梨释迦、莲雾、百香果、香蕉、荔枝、蜜枣、菠萝蜜、橙子共十大临高主产的特色热带水果。

——畜牧业产业布局。临高县畜牧业主要有饲养猪、牛、羊、兔和家禽，其中名优特产有临高乳猪、东江玉兔、南宝鸭等。近年来，临高县建立专业户、专业村和引进规模企业入驻的模式，推动畜牧业生产逐步由传统粗放型向现代规模化、产业化方向迈进。在 2018 年全县畜牧业产值达 10.75 亿元，肉类总产量达 3.22 万吨，规模养殖场达 69 家的基础上继续扩大养殖规模。

——渔业产业布局。临高县海岸线长 71 千米，海域面积 376 平方千米，海滩涂 19 万亩，内陆海域 5.66 万亩，可利用浅海滩涂 4 万亩，海洋渔业资源极其丰富，是海南省最大的海洋渔业县，盛产马鲛鱼、墨鱼、鱿鱼、对虾、螃蟹等 600 多种。全县渔业生产总量约 44.81 万吨，其中海洋捕捞产量 41.86 万吨（含南沙捕捞生产总量 0.86 万吨）；海水养殖产量 2.5 万吨，淡水养殖产量 0.41 万吨，淡水捕捞产量 0.043 万吨。全县渔业经济增加值约 93.2 亿元，渔业生产总值约 127 亿元占全县 GDP 的 53%以上，渔民人均收入 12 200 元。渔业生产总量连续 21 年位居全省首位。

（2）琼南区县域产业区域布局现状

琼南区，包括三亚、陵水、保亭、乐东，该区域属于半干旱半湿润区，常年气温高于 10℃。科研力量强，旅游人口多，休闲农业发展较快。该区域利用国家南繁育种科研基地的重要作用，加强水稻、瓜菜等种子种苗培育，建设有龙眼、菠萝蜜、杧果等热带特色水果种植基地和加工基地，推进山猪、山鸡、什玲鸡、蛋鸡等特色养殖，发展壮大休闲观光农业。

1）三亚市农业产业区域布局现状。三亚又称"鹿城"，位于海南岛南端，东邻陵水县，西接乐东县，北毗保亭县，南临南海。全市辖海棠、吉阳、天涯、崖州 4 个行政区，陆地总面积 1 921 平方千米，海域面积 3 226 平方千米，共有居委会 57 个，村委会 92 个，自然村 491 个。

三亚市农业发展坚持以建设热带高效特色农业为主线，按照"抓特色、兴产业、强规模、树品牌、保质量"的发展思路，结合实际，充分发挥地理自然条件优势，不断优化农业产业结构和区域布局，着力发展南繁育种、冬季瓜菜、热带水果、热带作物、热带花卉、畜禽养殖等产业，促进农业提质增效，生产效益显著提高。

——南繁产业。三亚是我国重要的作物南繁育制种基地之一，现已按照国家南繁规划和相关政策，划定南繁保护区，提高南繁用地的稳定性；重点保护1.5万亩核心区，南繁科研育种保护区10万亩。国家南繁科研育种核心区主要分布在崖州区、天涯区、吉阳区、海棠区、南滨农场、南田农场和海南南繁种子基地有限公司等地。国家南繁科研育种保护区，主要分布在崖州区、天涯、吉阳区、海棠区、育才生态区、南滨农场、南田农场和海南南繁种子基地有限公司等地。

——瓜菜产业。三亚市是我国重要的冬种北运瓜菜基地，其瓜菜产业得到稳定较快发展。目前三亚瓜菜生产已基本形成规模化、基地化。吉阳、天涯、海棠、崖州各区瓜菜播种面积均在万亩以上。2018年，三亚市瓜菜播种面积17.78万亩，总产量45.41万吨。其中，蔬菜产量42.34万吨，瓜类产量3.07万吨。

三亚市瓜菜产业分为冬季瓜菜生产区和常年蔬菜生产区，冬季瓜菜生产区：主要布局在三亚南部滨海平原和中部河流台地阶地的集中连片的田洋，形成沿G98高速公路两侧分布为主的瓜菜产业带；常年蔬菜生产区：主要布局在冬季瓜菜分布区的毗邻区域。

——热带水果。三亚市地处北纬18°的黄金纬度，因其得天独厚的地理位置，生产的热带水果备受消费者青睐，农业部授予三亚"中国杧果之乡"称号。三亚市热带水果种植以杧果为主，其次为香蕉、莲雾、荔枝、龙眼和木瓜等，其中最具优势的水果品种为杧果、莲雾和杨桃（甜蜜）。2018年，热带水果收获面积35.35万亩，总产量37.18万吨。其中，杧果收获面积33.94万亩，总产量34.80万吨。三亚市热带水果产业主要分布在三亚市东部、中部和西部的山地、丘陵地带，布局在崖州区、海棠区、天涯区、吉阳区以及南滨农场、南田农场。

——热带花卉。近年来，三亚市高度重视花卉产业发展，把花卉产业发展尤其是兰花、玫瑰产业作为三亚调整农业产业结构的重要举措。三亚市花卉产业已初具规模，初步确立省内领先地位。截至2018年，花卉种植面积约15 000亩，花卉苗木品种达1 000多种。三亚市的花卉生产区域分为中部优势区和西部优势区。中部优势区主要包括吉阳区。区内主要种植玫瑰花、热带兰花以及其他园林苗木。西部优势区主要包括天涯区和崖州区两个区。区内主要种植热带兰花和其他园林苗木为主。

——热带作物。三亚市热带作物主要以橡胶、椰子、槟榔等为主，2018年末，三亚市热带作物种植总面积为29.01万亩。其中，橡胶种植面积18.38万亩，总产量0.54万吨；椰子种植面积1.91万亩，总产量1 378万个；槟榔种植面积8.72万亩，总产量2.47万吨。天然橡胶主要分布在天涯区、吉阳区和育才生态区等地。椰子主要分布在为天涯区、海棠区和吉阳区等地。槟榔主要分布在天涯区、崖州区、吉阳区和育才生态区等地。

——养殖业。三亚市以稳定生猪和肉牛养殖规模，扩大家禽养殖规模，促进肉羊产业发展为发展重点，畜牧产业结构不断优化，生产经营方式逐步转变，综合生产能力不断提高，畜牧业生产呈现稳定增长趋势，为三亚市市民及游客日常生活提供保障。2018年，三亚市畜牧业总产值9.24亿元，肉类总产量2.83万吨。

——渔业。丰富的海洋资源和良好的港湾环境，为三亚市海洋渔业发展提供了有利条件。目前，海洋捕捞业是三亚市海洋渔业的支柱，2018年全市水产品总产量5.37万吨，总产值 18.85 亿元。三亚市渔业主要分布在天涯区。

2）陵水黎族自治县农业产业区域布局现状。陵水黎族自治县（下简称"陵水县"）位于海南岛东南部，东濒南海，南与三亚市毗邻，西与保亭县交界，北与万宁市、琼中县接壤，是海南省重要的热带农业生产基地。陵水县全县陆地面积 1 127 平方千米，其中耕地面积 42.75 万亩。陵水县属热带季风气候，光照充足，雨量充沛，冬无霜雪，素有"天然大温室"之美誉。全年平均气温 24.7℃，年平均日照时数为 2 479.3 小时，年平均降雨量为 1 500~2 500 毫米。

陵水得天独厚的自然条件非常适合发展热带高效农业，近年来，陵水县以农业供给侧结构性改革为主线，做强、做精、做优热带特色高效农业，加大农业品牌创建力度，是全国重要的冬季瓜菜、热带特色水果生产基地和国家南繁育种基地。

——南繁育种。陵水南繁育种产业主要以粮食（水稻、玉米、等）为主。近年来，陵水南繁基地面积总体稳定在 2 万亩左右，与冬季瓜菜、常年瓜菜合理进行轮作；其中，南繁科研育种面积 3 000~4 000 亩。陵水县南繁基地发展具有以下特点。一是科研育种基地布局集中。南繁科研育种基地集中在椰林、新村、光坡、英州四个镇。二是科研用地需求越来越大。南繁用地需求已由 20 世纪 80 年代的 1 000 亩增加到目前的近 4 000 亩。进行南繁科研育种的单位来自全国 12 个省（区、市），科研育种单位增加到 150 余家，南繁科研人员 2 000 多人。三是南繁作物种类越来越多。近年来，南繁作物种类从玉米、棉花等少数作物拓展到了多种作物，包括水稻、玉米、大豆等近 30 种。

——热带水果产业。陵水热带水果得益于得天独厚的高温多雨、积温高的气候条件，具备早熟、品质好的特点，经过多年的生产实践和产业结构调整，陵水县热带水果种植逐步稳定，亩均万元产值的杧果园、荔枝园、哈密瓜园越来越多，给果农带来较好的收入。2018 年，全县水果种植面积 12.77 万亩，总产量 14.83 万吨。种植作物主要包括杧果、荔枝、哈密瓜、百香果等，主要分布在西北部和中部的山地、丘陵地区，包括群英乡、隆广镇、文罗镇、英州镇以及本号镇等。

——瓜菜产业。陵水黎族自治县是传统农业大县，北纬 18°的阳光赋予了陵水得天独厚的农业资源，素有"天然大温室"之美誉，是海南反季节冬季瓜菜的发源地之一，也是海南目前冬种瓜菜生产和瓜果菜农产品产地加工物流的重要基地之一。陵水大力发展"季节差、名特优、无公害"瓜菜产业，瓜菜出岛量超过 20 万吨。2018 年，蔬菜、瓜果类播种面积 29.18 万亩，总产量 41.34 万吨。经过不断调整种植结构和引进良种良苗，陵水县瓜菜种植结构基本稳定，良种覆盖率较高，主要种植圣女果、长豆角、尖椒、苦瓜、毛节、冬瓜等，主要分布在光坡、本号、椰林、三才等镇。

3）保亭黎族苗族自治县农业产业区域布局现状。保亭黎族苗族自治县位于海南省南部内陆五指山南麓，南接三亚市（76 千米），北连五指山市（39 千米）。行政区域总面积 1 153.24 平方千米，占海南省陆地面积的 3.4%，是海南省"大三亚"旅游经济圈市县。全县森林面积 145.38 万亩，森林蓄积量保持在 630 万立方米以上，森林覆盖率保持在 84%以上，拥有益智、砂仁、沉香、降香等 148 种南药，是我国重要的南药种质资源地。保亭地处北纬 18°，属热带季风气候区，长夏无冬，年平均气温 20.7~24.5℃，年降水量达 1 800~2 300 毫米，为发展热带高效农业提供优越的自然条件。水果产业、蔬菜产业（冬季蔬菜等）、中药材产业 3 个产业作为保亭县农业优势特色产业。

——热带水果产业。近年，保亭县充分发挥得天独厚的气候条件和资源优势，大力发展红毛丹、山竹、榴莲、百香果、榴莲等热带特色水果，加快对红毛丹水果改良换冠技术推广工作，提高红毛丹的品质和产量。2018 年，全县水果总面积 7.00 万亩，收获面积 6.14 万亩，产量 5.59 万吨，其中红毛丹 2.5 万亩，百香果 5 500 亩。保亭县热带水果的种植结构逐渐走向均衡，品质逐渐提升，品牌效应逐渐显现。海南省保亭红毛丹被评为 2018 年第一批农产品地理标志登记产品，获得农业部颁发中华人民共和国农产品地理标志登记证书。保亭县热带水果主要分布在毛感乡、响水镇、新政镇、加茂镇、保城镇、什玲镇等。

——蔬菜。保亭以山地蔬菜产业带为主，特别是豆角、苦瓜、西甜瓜等产业在冬春季生产中具有明显的优势。2018 年，全县瓜菜种植面积 6.21 万亩，产量 8.44 万吨，冬季瓜菜种植面积 4.51 万亩，产量 6.64 万吨，产值 4.23 亿元；北运量 5.98 万吨，北运总产值 3.8 亿元。主要分布在新政镇、毛感乡、响水镇、保城镇、加茂镇、六弓乡等。

——中药材产业。保亭是南药的宝库，也是我国重要的南药种植基地，拥有益智、槟榔、沉香、降香、萝芋芙、大血藤、砂仁等 148 种南药品种，南药种植面积达 7 万多亩。近年保亭县大力发展林下种植南药，取得了较好成果。目前保亭县南药发展主要是在橡胶和槟榔林下种植南药益智，保亭县是海南省益智的主产区，2018 年益智种植面积 3.6 万亩。主要分布在南林乡、新政镇的橡胶林地等，保城镇、南林乡、新政镇、毛感乡、什玲镇的橡胶林地等。

4）乐东黎族自治县农业产业区域布局现状。乐东靠山临海，陆地面积 2 765.5 平方千米，其中耕地面积 477.94 平方千米；海域面积 1 726.8 平方千米，海岸线 84.3 千米。乐东县属热带海洋季风气候，年降水量 1 000~1 800 毫米，常年气温 23~26℃，年日照时数达 2 100~2 600 小时。乐东县是海南土地面积最大、人口最多的少数民族自治县。

农业是乐东县的重点产业，乐东持续加大农业方面投入，打造热带特色高效农业"王牌"。近年来，乐东县热带特色产业不断发展壮大。扶持提高蜜瓜、火龙果、金菠萝、毛豆、花卉等优势产业种植效益，着力解决橡胶、槟榔、椰子等传统农业产量低、价格低、效益低的问题；稳定全县冬季瓜菜种植 40 万亩、热带水果种植 30 万亩、常年"菜篮子"基地 4 000 亩；恢复生猪养殖，引资建设 30 万头生猪养殖场，促进畜牧业转型升级。

2018 年，全县瓜菜种植面积 56.78 万亩，产量 80.56 万吨，占全省总面积的 13.04%。热带水果收获面积 28.14 万亩，产量 39.48 万吨，占全省总面积的 12.47%。热带作物年末面积 58.06 万亩，占全省总面积的 5.54%。乐东畜牧业较为发达，其中牛的养殖规模居全省之首。

（3）琼中区县域产业区域布局现状

琼中区，包括五指山、琼中、白沙、屯昌，是海南省重要的水源地和生态绿心，是海南林业和生物多样性保护重点区。但该区域生态环境脆弱，贫困人口集中，资源环境承载力有限，农业基础设施相对薄弱。该区域立足资源环境禀赋，以发展生态保育型农业为主攻方向适度挖掘潜力、集约节约、有序利用，提高资源利用率，主要发展橙柚、荔枝、龙眼、红毛丹等水果种植，发展鹅、肉羊、山鸡等林下养殖。推进天然橡胶向中西部集中种植，建设核心胶园。

1）五指山市农业产业区域布局现状。五指山市位于海南岛中南部五指山腹地，下辖通什镇、南圣镇、毛阳镇、番阳镇、水满乡、畅好乡和毛道乡 7 个乡镇，总人口10.6 万。东南邻保亭县，西接乐东县，北连白沙县和琼中县，是海南岛中部地区的中心城市和交通枢纽。全市面积 1 169 平方千米，市区海拔 328.5 米，是海南岛海拔最高的山城，有"天然别墅"和"翡翠城"之称。茶产业、畜禽产业和中药材产业 3 个产业为五指山市农业优势特色产业。

——茶产业。五指山茶叶发展历史悠久，茶叶产区属典型的低纬度、高海拔的热带海洋季风气候，平均海拔 600 多米，最高海拔 1 260 米，全市茶叶现有种植面积7 000 亩，种植品种有海南大叶茶、金萱系列、紫鹃茶等，其中农民及合作社种植茶叶6 000 亩，茶企业共种植茶叶 1 000 亩，五指山市获得有机茶认证的茶叶种植面积 203亩。根据五指山市茶叶种植分布现状及特点，茶叶种植布局分为 3 个区域，形成以水满乡为重点核心区域，自东向西辐射扩大产业种植的区域布局。主要分布在水满乡、南圣镇、通什镇、畅好乡、毛道乡 5 个乡镇。

——畜禽产业。五指山畜禽业以养猪业为主，已基本形成以养猪、养鸡、养牛为主，以养鹅、养鸽、养鸭为辅的产业结构，并挖掘"五指山小黄牛""五指山五脚猪""五指山鸡"等本土特色品种进行养殖，充分发挥资源优势，打造特色品牌，推进特色产业的发展。五指山五脚猪虽然是五指山市一大特色，但尚未形成品牌，产品仍局限于活猪直接销售到市场为主，屠宰及加工环节仍很薄弱。目前，五指山市正以美丽乡村建设、打造全域旅游度假城市为契机，推动五指山五脚猪产业发展，拓宽产品销售渠道，力争将其打造成为五指山市一特色品牌。2018 年，生猪出栏 6.05 万头，养猪业所占比重过大，总体上严重依赖养猪业。为促进养猪业从分散经营向着规模化、专业化转变，五指山市重点在毛阳、南圣、番阳 3 个乡镇建设五脚猪生产基地。在通什、南圣、畅好、毛道等乡镇，重点发展五指山鸡产业，形成南部五指山鸡产业带。

——中药材产业。五指山市环境清洁无污染，土壤以红土壤为主，富含相当多的矿物质，为中药材生产提供了天然的优良条件，优越的自然条件造就了品质优良的中药材。其次，政府通过加强农资市场监管、农药残留检测、推广病虫害绿色防控技术等措施，将中药材生产全部纳入监测范围，农药残留检测合格率达 99.9%以上，保证了中药材产品的优质安全。五指山市可人工种植的植物药材 30 种，优质地产药材 10 余种，大宗的中药材品种主要有益智、槟榔、砂仁、灵芝、牛大力等，长期供应海南省的制药企业，是传统中药材种植基地；地道中药材品种的数量占海南半壁江山，在全国也有较强优势。近年来，在五指山市政府的大力扶持下，鼓励农民种植忧遁草，同时，将其成功申报成为新食品原料，目前全市种植面积 650 亩以上。另外，海南虎纹捕鸟蛛和敬钊缨毛蛛的毒液和活体本身开发价值极大，五指山毒蜘蛛多肽制药和保健品开发的前景十分乐观。

五指山市以市场需求为导向，经过不断调整种植结构和引进良种良苗，全市中药材种植结构基本稳定，良种覆盖率较高，主要种植忧遁草、裸花紫珠、益智、牛大力等，主要位布局于毛阳、南圣、番阳、通什、畅好等乡镇。

2）琼中黎族苗族自治县农业产业区域布局现状。琼中黎族苗族自治县（以下简称"琼中县"）地处海南岛中部，五指山北麓，全境面积 2 704.66 平方千米，其中耕地面积 16.76 万亩，林地面积 22.76 万亩。境内有五指山、黎母山、鹦歌岭、吊罗山等国家级、省级自然保护区，是海南三大河流——南渡江、昌化江、万泉河的发源地，被誉为"大山之乡，江河之源"，森林覆盖率达 83.74%，素有"海南绿肺""天然氧吧""黎苗之乡"等美称。琼中县属于热带海洋季风气候，雨水充沛，气候温和，四周群山环抱，山区气候独特，年平均温度为 22℃，年平均日照时间 1 600~2 000 小时，年有效积温 8 500℃，年平均相对湿度为 80%~85%，年平均降水量为 2 200~2 444 毫米。得天独厚的自然资源和气候条件为发展热带特色农业奠定了良好的基础。逐步形成优势突出、特色鲜明的水果产业、畜禽产业、林特产业主导产业，为推进琼中县农业产业化的调整和发展，为农业农村经济发展提供强有力的支撑。

——水果产业。琼中县地处海南省中部生态核心区，是海南万泉河、南渡江、昌化江的三江之源。属于热带季风性气候，雨水充沛，气候温和，独特的山区气候特点利于作物生长，为琼中水果产业的发展提供了有利条件。琼中县是海南省柑橘橙的主地，热带水果主要有绿橙、香蕉、龙眼、荔枝、香蕉、菠萝等。据统计，2018 年，琼中县（含农垦）水果种植面积达 4.35 万亩，总产量为 3.26 万吨，主要分布于营根镇、湾岭镇、长征镇、和平镇、上安乡、红毛镇、中平镇等乡镇。作为琼中重点发展品牌的绿橙种植面积最大，达 16 624 亩。近几年，琼中县充分发挥区位优势和自然优势，重点扶持发展琼中绿橙，注重品牌打造，扩大了绿橙知名度，受到了广大消费者青睐，在岛内外享有盛名，取得了良好的经济效益和社会效益。

——畜禽产业。琼中开始通过引进知名白鹅养殖企业，积极开创"荒山种树、树下种草、草上养鹅"的规模化生态养鹅，拓宽农民增收致富路。据统计，截至 2018 年底，琼中白鹅养殖户有 5 000 多户，琼中共扶持约 200 户农户建设 216 间鹅舍；当前琼中采取规模养鹅的农户有 162 户，农民每批次的养殖量在 1 500 只左右，主要在营根镇、湾岭镇、和平镇、红毛镇、长征镇、吊罗山乡、中平镇、上安乡等乡镇进行规模养殖。

琼中县大力支持和引导养殖户开拓销售新途径，鼓励和帮助农户通过网上电子商务平台销售山鸡蛋或山鸡，取得了极好的效益，带动了大批农户发展山鸡养殖。2016 年10 月，琼中山鸡获得畜牧业商标，其中"农乡牧"野山鸡发展较好。琼中"农乡牧"野山鸡是琼中农乡牧山鸡养殖专业合作社注册的地方特色商标。2017 年，"琼中山鸡"获得农产品地理标志登记保护。种山鸡现存栏 1.5 万套，琼中山鸡规模养殖户约 20 户，每户每批次养殖山鸡 2 000 只以上，主要分布在和平镇、上安乡、红毛镇、湾岭镇、什运乡、中平镇、黎母山镇、长征镇等乡镇。

琼中利用自然资源优势，大力推广和发展养蜂业，把养蜂业作为精准扶贫的一项重要特色农业产业来抓，养殖规模逐渐扩大，琼中蜂蜜的口碑也越来越响。2010年，"琼中蜂蜜"获得了"国家地理标志集体商标"。近年来，琼中县养蜂产业日益红火，养蜂投入劳力少，低投高产，是促农增收和政府扶贫的重要产业。全县10个乡镇共创建养蜂示范村42个，养蜂农户达4 000多户，累计养蜂达6.1万箱，产量91.5万斤，产值3 660万元。目前，共有农民自行组建的规模以上养蜂合作社19个，农民养蜂大户1 000多家。主要分布在湾岭镇、吊罗山乡、黎母山镇、红毛镇。琼中全县已打造3个县级养蜂科普（扶贫）示范基地、15个乡镇级养蜂科普（扶贫）示范基地。

——林特产业。近年来，琼中按照"打绿色牌，走特色路"的发展思路，利用天然林地、橡胶林地、水果林地大力发展林下种植业。种桑养蚕、南药等现已成为琼中新兴的特色农业产品，特色产业"百村百社、千人万户"创业致富计划深入实施，成功打造了一批特色农产品品牌，桑蚕、南药等优势特色农业基地及产业带正逐步形成。

目前，种桑养蚕已成为琼中县大力发展的支柱产业之一，也是琼中县发展速度最快、促进农民增收的主导产业之一，养蚕业养殖规模逐年递增，成为琼中县重要的新兴产业。截至2018年，存有桑园面积2万多亩，用于养蚕的桑园1.54万亩，产茧量达160万斤，全年桑蚕产业收入近4 000万元。此外，琼中县大力发展林下种植南药，取得了较好成果。目前琼中县南药发展主要是在天然残次林、橡胶和槟榔林下种植益智，琼中是南药的宝库，也是我国重要的南药种植基地，琼中县是海南省益智第一大产区，全县益智种植面积与产量均位居全省第一，该产业已形成一定的规模。2018年，全县（含农垦）益智种植面积达5.5万亩，产量2 211吨。种植益智的乡镇主要有：营根镇、和平镇、长征镇、红毛镇、吊罗山乡和上安乡等。琼中是南药的宝库，是海南槟榔的主要产区，槟榔是当地的支柱产业之一，已成为当地农民收入的主要来源。琼中县的槟榔种植面积很大，2016年，全县（含农垦）槟榔种植面积达19.36万亩，产量24 118吨。种植槟榔的乡镇主要有：湾岭镇、中平镇、长征镇、上安乡、和平镇、红毛镇、营根镇、吊罗山乡等。琼中县地处五指山脉，气候、土壤以及山高雾大等自然条件非常有利茶树生长。乌石农场和加钗农场是琼中县的主要茶叶生产基地。乌石农场精心研制的"白马岭"系列茶产品享誉全国，"白马骏红"成为中国高端红茶产品的标杆，"白马岭"已成为海南茶叶市场的一张名片，已获海南省著名商标品牌称号，曾两次荣获国家农业部优质产品一等奖。加钗农场新伟分场的茶叶曾经在华南地区小有名气，曾被有关专家誉为"南国佳茗"。目前，乌石农场白马岭茶叶种植面积达3 000多亩，加钗农场茶业种植规模达到1 200亩左右。

3）白沙黎族自治县农业产业区域布局现状。白沙黎族自治县（以下简称"白沙县"）位于海南岛中部偏西，东邻琼中、南接乐东、西连昌江、北抵儋州，总面积2 117.2平方千米。总人口19.5万人，其中黎苗族人口12.41万人，是一个以黎族为主的少数民族聚居山区县，也是革命老区县、国家重点扶贫县和海南唯一的深度贫困县。白沙以生态良好著称，有"山的世界、水的源头、林的海洋、云的故乡"的美誉。它不仅是海南生态核心功能区，也是南渡江、珠碧江、石碌河三大河流的发源地，松涛水库80%的集水面。白沙黎族自治县山高云雾多，山区气候特点突出，境内地形复杂，东南部多雨，西北部少雨，年平均降水量1 725毫米，日照时数比岛内大部分县少些。

白沙开始实施农业"品牌工程",奋起直追。一方面,挖掘黎族文化特色产业,调优产业结构,构建产业带,形成"一乡一品""一镇一特色"的产业格局。另一方面,独特的自然资源和气候条件形成优势突出、特色鲜明的茶产业、中药材产业、水果产业等主导产业,为推进白沙县农业产业化的调整和发展,为农业农村经济发展提供强有力的支撑。

——茶产业。"白沙绿茶"具有海南地方特色的"海南特产",是海南省白沙县的国营白沙农场茶厂生产的海南省名牌产品,是中国国家地理标志产品。因海南中部适宜的气候条件和白沙陨石坑地区独特的土壤条件,使得白沙的绿茶品质优良,营养成分高,其市场反映良好,远销国内外。白沙绿茶,是白沙县国营白沙农场的支柱产业之一,在白沙县政府的扶持下,每年的茶树种植面积以及茶叶产量也在稳步提高。白沙绿茶茶园分布在白沙陨石坑及其周围,这里气候宜人,雨量充沛,土质肥沃,常年雾气缭绕;这里的土壤矿物质丰富,造就了白沙绿茶得天独厚的特点。白沙的绿茶品种主要有海南和云南大叶、福鼎、水仙、奇兰、福云6号等。白沙绿茶文化系统核心区绿茶种植基地主要位于陨石坑周边的白沙农场和牙叉镇、细水乡、元门乡3个乡镇,总面积超过7万亩,已种茶面积约1万亩。主要分布于牙叉镇、细水乡、元门乡等乡镇。

——中药材产业。海南岛气候极佳,生态优良,是我国南药的主产区。位于海南岛生态核心区白沙县,药材资源也十分丰富,槟榔、益智、灵芝、巴戟天、裸花紫珠等,都是白沙比较常见的中药材。白沙县2018年累计种植南药5.01万亩,在白沙县邦溪镇已建成年产500吨裸花紫珠初加工厂,具有产业加工优势。近年来,白沙因地制宜、突出特色,结合扶贫攻坚工作,大力推动药材种植,打造南药加工基地。青松乡是白沙最偏远、最贫困的乡镇之一,目前,该乡利用林下套种益智3万余亩,年产值近2000万元,已成为当地农民脱贫致富的重要产业。白沙全县槟榔和益智种植面积均达约3万余亩,南药种植已初具规模。中药材产业主要布局于青松乡、细水乡、南开乡、邦溪镇、荣邦乡等乡镇。

——水果产业。白沙红心橙是近年来白沙县继白沙绿茶、白沙咖啡、白沙姜茶后,新涌现出来的地方特产,因含糖量高达18%至21%,被当地人称为"最甜的橙"。白沙红心橙从出生到长大,一直种植在白沙万年陨石坑的富硒土壤当中,果实富含丰富的矿物质和微量元素。白沙红心橙都来自白沙特有的纯正红心橙优良一级品种,并非杂交或者转基因,从出生就带着良好的基因。目前,白沙红心橙种植面积2000多亩,2018年海南百香果总种植面积达3000亩,水果产业主要布局于七坊镇、金波乡、打安镇、阜龙乡等乡镇。

4)屯昌县农业产业区域布局现状。屯昌县位于琼北部平原和琼中部山区结合部,是全省唯一的丘陵地带,东与定安县、琼海市交界、南与琼中县接壤,西北与澄迈县毗邻、素有"海南中部门户"之称。屯昌土地以冲积砂壤土和红壤土为主,平均海拔100~200米之间,属热带季风气候,年均气温23℃,年均日照时数1900~2100小时,年均降水量1900~2400毫米,自然水网密集交错、涓溪纵横,山塘湖泽遍布,集水面积100平方千米以上的河流有6条。

近年来,屯昌县全力推动乡村产业高质量发展,屯昌县先后出台多个惠民政策,安排资金助推农业产业化发展，主要发展南药、热带作物等主导产业，重点发展黑猪、养鸡、南药、百香果等屯昌特色生态农产品。

屯昌地处海南中部，受台风灾害气候影响较小，森林覆盖率高，适宜大宗和特色南药的发展，特别是地处屯昌县乌坡镇的海南省药材场气候更为宜人，位于北纬19°南药产业轴心，土壤肥沃，土层深厚，非常适宜南药种植。屯昌拥有全国最大的南药生产基地，全省最大的乡土树种栽培种植基地、沉香育苗基地，白木香、母生、坡垒、花梨等热带珍稀树种多大800多种。屯昌县在重点发展南药特色产业方面，具有得天独厚的优势，将南药发展作为全县域循环农业发展的主要推动力，精心打造南药精深加工。屯昌南药种植的历史较长，南药种植具有一定规模，品类较为齐全。根据《屯昌县志》记载早在20世纪50—60年代屯昌县就开始了槟榔和胡椒的规模化生产。屯昌野生南药资源极其丰富，1959年海南药材公司在屯昌乌坡镇建立药材场，引种国外及国内南药品种3 400余种，其中比较著名的药材有丁香、胖大海、清花桂、泰国大枫子等，1960年国家选址在海南建立中国医学科学院海南药用植物试验站，引种栽培南药20余种。根据第四次全国中药资源普查结果，屯昌目前野生南药物种共590多种，实现大面积栽培的南药不足10种，总面积不足20万亩，主要为槟榔等5大特色药材，槟榔种植面积达到全省第二。据初步统计，全县现种植槟榔12.5万亩，2014年产鲜果约2.8万吨；种植益智1 500亩，2014年产鲜果60吨；种植牛大力约3 000亩，可产牛大力鲜品约3 000吨；种植沉香3万亩；种植花梨2 000多亩。其他南药品种也有少量种植，如辣木、胡椒、海南地不容、裸花紫珠等。

近年来屯昌县积极发展"三棵树"特色产业，扩大金椰子、槟榔等种植面积。2018年橡胶种植面积55.69万亩，椰子8 550亩。丰富养殖品种，增加牛、羊、禽类饲养量，支持猪肉加工、槟榔加工等农副产品加工企业。积极引导农民"扩种、增养、务工"，对撂荒地进行复耕，扩大粮食种植面积，确保土地增效、农民增收。

(4) 琼东区县域产业区域布局现状

琼东区即琼海、文昌、万宁，此区域属湿润区，农业基础条件相对较好、发展潜力大，但对生态环境要求高（因博鳌论坛在琼海）。该区域形成种养结合农业区，主要发展生态绿色的热带水果基地，建设生态绿色的热带水果、冬季瓜菜生产基地，发展胡椒、槟榔等热带作物种植和加工，适度调减生猪、肉牛、肉羊等养殖。

1) 文昌市农业产业区域布局现状。文昌位于海南岛东北部，东、南、北三面临海，与海口市、定安县、琼海市接壤。文昌市地处热带北缘沿海地带，具有热带和亚热带的气候特点，属于典型的热带季风岛屿型气候，全年无霜冻，四季分明，光、温、水条件优越。根据文昌市现有农业发展现状，其主要优势主导产业有文昌鸡产业、椰子及深加工产业、水产养殖及育苗产业。

——文昌鸡产业。文昌鸡是文昌市政府重点打造的特色品牌农产品之一，文昌鸡产业是文昌市农业的优势产业，是海南省唯一的地方优良肉鸡品种，在文昌市农村经济中占有重要地位。近年来，在农业部和海南省委、省政府等有关部门的重视和支持下，文昌市坚持以市场为导向，以科技为依托，大力打造文昌鸡品牌。近年来文昌鸡的饲养量逐年增加，规模养殖场的数量也在逐年增多，养殖标准不断提高，文昌鸡产业已成为农民脱贫致富和发展文昌市农业和农村经济的支柱产业。2018年全市文昌鸡饲养量超6 000万只，出栏近5 000万只，产值约20亿元，约占全市农业总产值的15%，畜牧业总产值的55%，文昌鸡产业从业人员达到2.6万人，人均纯收入达18 200元。文昌鸡获评"2017年海南农产品十佳区域公用品牌"。文昌鸡养殖带以锦山、抱罗、潭牛为主，文昌鸡种苗孵化基地主要集中在锦山镇、潭牛镇、文城镇、东路镇；牧养基地主要集中在锦山镇、铺前镇、冯坡镇、翁田镇、昌洒镇、抱罗镇、公坡镇、潭牛镇、东路镇；文昌鸡产品加工基地主要集中在东路镇约亭工业园。

——椰子产业。海南文昌是著名的"椰子之乡"。椰子具有很高的开发利用价值，拥有广阔的市场。椰子产业是文昌市最具优势的传统经济支柱产业，目前全市椰子种植面积26万亩，年产椰果1.3亿个，椰子果效益10亿元。椰子种植主要分布于东郊、龙楼、文教、会文、文城、清澜、迈号和重兴等滨海地带，尤以东郊镇种植面积最大。椰子种植应扩大沿海及内陆宜种椰子地区椰子的种植面积，利用除基本农田、耕地外的各种类型的撂荒地大面积种植椰子。椰子种植品种主要以本地高种为主，占种植面积的90%以上，其他如文椰2号、文椰3号、文椰4号和香水椰等品种约占5%。椰子种植主要分布于东郊、龙楼、文教、会文、文城、清澜、迈号和重兴等滨海地带，尤以东郊镇种植面积最大，东郊全镇范围内共有6.8万亩200万株椰子树，其中东郊椰林就有50多万株。

文昌的椰子产业从种植、综合利用（深加工）到销售基本形成了一个产业链。文昌市拥有椰子加工企业（含家庭作坊）200多家，椰子加工企业已形成以文昌市为中心，龙楼镇和东郊镇为重点的椰子产业发展布局，在龙楼建立椰子加工园。目前，文城镇有5个省级企业和1个市级企业。

——水产养殖产业。文昌市位于海南岛东北部，地处亚热带，海岸线长289.82千米，海域面积5 245平方千米，沿海水质基本达到国家I类水质，在发展水产养殖上具有得天独厚的自然条件。琼海市水产养殖规模位于全省首位，是我国著名的对虾苗种生产基地和全省最大的罗非鱼养殖基地。水产养殖对增加农民收入，带动地方经济发展和保障国家粮食安全起到了重要的作用。2018年文昌市渔业总产值33.72亿元，占农林牧渔总产值的27.56%。全市水产养殖面积18.2万亩，其中海水养殖面积7.6万亩，淡水养殖面积10.6万亩。主要养殖鱼类、虾蟹、贝类和藻类，品种有南美白对虾、石斑鱼和东风螺等。其中南美白对虾养殖面积4.6万亩，年产量3.35万吨，养殖区主要集中在东郊镇、翁田镇和铺前镇。石斑鱼养殖面积2.1万亩，年产量2.35万吨。石斑鱼养殖主要集中在会文镇、铺前镇、昌洒镇。东风螺养殖水体50万立方米，年产量0.6万吨，养殖区集中在冯坡镇、翁田镇和铺前镇。

文昌市根据不同区域的水质及渔业资源现状、水产养殖发展优势及趋势，围绕水产苗种产业带和现代苗种产业园区建设，培育具有区域特色的水产苗种繁育体系。热带海水虾类苗种产业带包括东郊镇、翁田镇、铺前镇，主导品种为南美白对虾和斑节对虾等；热带海水鱼类苗种产业带包括会文镇、铺前镇、昌洒镇，主导品种为石斑鱼、军曹鱼等；热带海水贝类苗种产业带包括翁田镇、龙楼镇、会文镇、冯坡镇，主导品种为方斑东风螺、鲉等。

2）琼海市农业产业区域布局现状。琼海市位于海南省东部沿海，东临南海，东北依文昌市，南与万宁市接壤，西南与琼中县、屯昌毗邻，西北与定安县交界。陆地面积 1 710 平方千米，海域面积 1 530.8 平方千米。根据琼海市现有农业发展现状，已形成特色水果产业（莲雾、火龙果、珍珠番石榴、榴莲蜜、油茶等）、畜禽养殖产业（文昌鸡、五指山黑猪、长白猪、嘉积鸭和温泉鹅等）等主导产业。

——种植业。琼海是"中国胡椒之乡、中国珍珠番石榴之乡、中国火龙果之乡、中国莲雾之乡和中国油茶之乡"，现已建成国家现代农业示范区和全省规模最大、影响最广的珍珠番石榴、莲雾、火龙果、柠檬等热带水果基地，在发展热带农业上具备较好的基础。

琼海市是海南省的农业大市，盛产莲雾、火龙果、榴莲蜜、珍珠番石榴、油茶等热带作物，境内热作种植面积达 111.1 万亩，是仅次于儋州的海南第二大热作市县。热带特色水果是琼海市农业的支柱产业，也是本地农民的主要经济来源。近几年来，莲雾、火龙果、榴莲蜜、珍珠番石榴、油茶等 5 个作物市场表现良好，产品销路广、卖价高，农民种植积极性高，种植面积占琼海热作总面积的 1.6%。同时这 5 个作物也是琼海市政府作为"十三五"期间调整热作产业结构、发展优新高效农业的主要推广品种。特色水果主要分布在大路镇、塔洋镇、嘉积镇、中原镇。

——畜禽养殖产业。琼海市以新的理念，用新的举措，探索畜禽业产业发展新路子，成功引进广东温氏集团和河北大午牧业集团进驻。依据地域的特点与优势，因地制宜，推行公司提供种苗、饲养、防疫、药苗；农户提供场地、栏舍、人工的"公司+基地+农户"合作模式，形成了西部的万泉、南部中原、北部塔洋三足鼎立的养鸡、养猪、鸭鹅产业基地。2018 年，畜禽业总产值 24.90 亿元。琼海作为文昌鸡的主产地之一，养殖量仅次于文昌市，位居全省第二，琼海已成为琼东北文昌鸡交易集散中心之一。琼海市文昌鸡饲养主要集中在长坡、塔洋、嘉积镇一带。2015—2018 年，全市文昌鸡的饲养量均在 2 000 万只以上，出栏达到 1 000 多万只，产值超过 5 亿元。生猪产业已成为琼海市农业和农村经济的支柱产业之一。近年来，琼海市委、市政府始终把生猪产业作为该市的特色农业，不断加大发展力度。2015—2018 年，肉猪出栏由 43 万头增长 45.49 万头，产值将近 10 亿元，占畜牧业产值 40%。琼海市肉猪养殖主要集中在阳江、大路、塔洋、长坡等镇。嘉积鸭、温泉鹅为琼海传统优势产业，据统计，近年全市嘉积鸭出栏量达到 200 万只左右，产值 2 亿元，嘉积鸭产业从业人员达到 5 000 人，人均纯收入达到 4 000 元。嘉积鸭和温泉鹅产业布局主要集中在产业的聚集区域嘉积镇，并向周边乡镇辐射。

3）万宁市农业产业区域布局现状。万宁市位于海南岛东南部沿海，陆地面积 1 883.5 平方千米，其中山地约占一半、丘陵和平原各占 1/4。海域面积 2 550.1 平方千米，海岸线长 109 千米。万宁属热带海洋性季风气候，气候宜人，生态优良。光热条件十分优越，日照时间长，年平均气温 24.8℃，年平均降水量 2 400 毫米左右。万宁市山地广阔、土地肥沃，是我国不可多得的热带作物宜种区，得天独厚的自然条件非常适合发展热带高效农业，以热作产业和名特优养殖产业为农业主导产业。

——种植业。万宁市是海南的农业大市，是热带作物的主产区和优势种植区，热作产业是万宁市农业的支柱产业，也是本地农民的主要经济来源。根据万宁市热带特色作物种植产业现状，立足于万宁资源优势，以优势市场为导向，以槟榔、咖啡、菠萝、金椰子、诺丽等5种热带特色作物为重点发展产业，突出万宁特色抓好槟榔、橡胶、椰子"三棵树"产业发展。近年来，万宁市通过系列政策扶持和产业化引导，推动了槟榔产业发展，加快槟榔产业转型升级。万宁槟榔的种植面积达到53.2万亩，约占海南省的一半，槟榔种植人数超过30万人。万宁菠萝品质优良，风味独特，万宁市菠萝种植面积4.5万亩，产量8.2万吨，有巴厘菠萝、牛奶菠萝等各类优良品种，年出岛量占全省的2/3。万宁兴隆咖啡是驰名国内外的历史名品。万宁市大力扶持咖啡种植和加工产业发展，组织建设兴隆咖啡标准化示范种植基地。槟榔产业布局以槟榔加工龙头企业辐射区域为主，主要在东澳镇、后安镇、长丰镇等乡镇；咖啡产业布局在兴隆咖啡地理保护种植区域范围内，包括兴隆、南桥、礼纪、三更罗镇等乡镇；菠萝产业布局在龙滚镇、山根镇等乡镇；金椰子产业主要布局在"沿海传统低产沙地"区域，以及山区用以替代"槟榔黄化病"区域，主要在东澳镇、长丰镇、兴隆等乡镇；诺丽产业布局在长丰、大茂、万城和龙滚等乡镇。

——名特优养殖产业。随着改革开放和国际旅游岛建设，海南省畜禽消费量不断提高，东山羊、和乐蟹被列入海南"四大名菜"中，发源于万宁本地、得名于万宁，品牌影响力和市场规模不断增加。未来，随着城乡居民收入水平的提高和人口增长，城乡居民对肉类消费将不断增加，名特优养殖产业市场前景巨大。以万宁市市委、市政府关于促进名特优养殖产业经济发展的一系列决定和扶持措施，以地方品牌东山羊、和乐蟹、山鸡、鱼虾养殖为突破口，以发展标准化养殖业为方向，以富农强农为目标，积极引进标准化管理手段，使万宁市养殖的产业化、规模化发展能力不断增强。万宁特色养殖产业尤以东山羊、和乐蟹、山鸡等为代表，产业不断发展壮大，品牌效应明显，产业的特色与优势积极发展林下经济，带动牛、羊、鸡、鸭、鹅的养殖，东山羊（黑山羊）产业主要布局在万城镇、大茂镇、礼纪镇、长丰镇、南桥镇、北大镇等乡镇；和乐蟹产业主要布局在和乐镇、后安镇、万城镇等乡镇；山鸡等禽类产业：主要布局在北大镇、三更罗镇、长丰镇等乡镇。

（5）琼西区县域产业区域布局现状

琼西区，包括儋州（含洋浦开发区）、昌江、东方，该区域属半干旱区，农业基础好，产业化程度较高，又是全省重要的蔬、果、肉蛋生产集中区。该区域重点发展标准化热带水果种植，稳定天然橡胶产业发展。

1）儋州市农业产业区域布局现状。儋州市位于海南岛的西北部，是海南西部的经济、交通、通信和文化中心。濒临北部湾，陆地面积3 400平方千米，丘陵占76.5%，滨海平原占23.13%，山地占0.37%，可耕地面积206.20万亩，全市人口为103万。儋州市管辖16个镇，境内有10个国有农场，其中4个市属农场，3个工业园区。儋州市属热带湿润季风气候，光热充足，常年平均气温为23.5℃，夏无酷暑，冬无严寒。水资源丰富，多年平均降水量为1 815毫米，建设有松涛水库（库容量高达33.4亿立方米，全国十大水库之一）等众多水库。全境海岸线长225千米，且曲折多海湾，海产鱼类资源丰富。

儋州市以促进产业升级、打造热带特色高效农业基地为目标，强化农业特色化、品牌化、现代化建设，着力促进产业增效、农民增收。已形成种植业、禽类养殖产业和水产产业为儋州市主导产业。

——种植业。儋州位于琼西北、濒临北部湾，日照充足，雨水丰富，土层深厚，气温、水源、土壤等都非常适合热带作物的生长。种植业是儋州市传统优势产业，是儋州现代农业发展的重要支撑，主要包括粮油糖、瓜菜、热带水果和热带经济作物四大产业。2018年，儋州市种植业总产值51.96亿元，同比增加1.20%，位居全省第七；农作物总播种面积89.32万亩，位居全省第四。

2018年，儋州市粮食作物播种面积39.67万亩，占全市农作物总播种面积44.41%，产量14.49万吨，位居全省前列，水稻主要种植在那大、东成、和庆等乡镇，番薯主要种植在海头、白马井、新州等乡镇。油料作物全部为花生，主要种植在新州、白马井、中和等乡镇，甘蔗主要种植在雅星、峨蔓、海头等乡镇。儋州市瓜菜播种面积24.84万亩，其中，蔬菜播种面积23.99万亩，产量39.21万吨，主要种植在那大、东成、海头、王五等乡镇；瓜类播种面积8 520亩，产量2.51万吨，主要种植在海头、木棠、排浦、光村等乡镇。儋州市盛产蜜柚、黄皮、荔枝、香蕉、龙眼、杜果、百香果、木瓜等热带水果作物。2018年全市水果年末实有种植面积9.76万亩，总产量13.3万吨，分布在全市16个乡镇地区。其中，菠萝年末实有0.28万亩，主要分布在白马井、海头、东成镇；荔枝1.095万亩，主要分布在兰洋、东成、南丰镇；香蕉3.58万亩，主要分布在海头、雅星、那大、大成、东成、木棠镇；龙眼0.60万亩，主要分布在各农场及南丰、兰洋镇；杜果0.35万亩，主要分布在海头、雅星镇；椰子0.25万亩，主要分布在光村、海头镇。此外，儋州还种植有山柚0.4万亩，水晶蜜柚0.5万亩，百香果0.3万亩，黄皮0.5万亩，番荔枝0.1万亩，榴莲蜜0.1万亩等。儋州市主要热带经济作物有天然橡胶、椰子、槟榔、胡椒等。2018年，全市热带作物年末面积为127.63万亩，位居全省第一。其中天然橡胶为最大宗经济作物，年末面积和产量分别为126.22万亩、6.97万吨，均位居全省第一，主要分布在雅星、兰洋、和庆等乡镇；其他经济作物份额均很小，槟榔主要分布在南丰、兰洋、东成等乡镇；椰子主要分布在光村、海头、白马井等乡镇；胡椒主要分布在南丰、和庆等乡镇。

——畜禽养殖产业。儋州市充分利用海南省建设国家无规定动物疫病示范区的机遇，大力发展畜牧业，促进畜牧业发展步伐加快。2018年儋州市畜牧业总产值29.39亿元，占全省畜牧业总产值的11.98%，总产值全省排名第一。儋州市已连续11年获国务院生猪调出大县奖励，被评为第九批国家生猪养殖综合标准化示范区。生猪养殖业已成为儋州市一大特色主导产业，目前儋州全市形成了以那大、兰洋、和庆为中心的生猪主产区。此外，儋州市的特色养殖业也发展迅速，已形成了儋州鸡、豪猪、肉牛、黑山羊、山鸡、跑海鸭、竹狸等特色产业。养鸡场主要分布在那大镇及各农场；养鸭主要集中在东成、那大、和庆镇；养鹅主要集中在东成、那大镇。

——水产产业。儋州市全境海岸线长225千米，且曲折多海湾。主要海湾有后水湾、儋州湾和洋浦港等，主要港口有白马井、新英、海头、排浦、峨蔓、英沙、顿积、洋浦、干冲、神充等。海产鱼类资源主要有红鱼、石斑鱼、马鲛鱼等600多种，海产品主要有红鱼、石斑鱼、马鲛鱼、对虾、青蟹、贝类等，捕捞海区在南海的北部湾海域为主。海洋捕捞为儋州市渔业的支柱产业，2018 年全市渔业完成增加值 83.09 亿元，水产品总产量 35.11 万吨。海水产品总产量 32.60 万吨，其中海洋捕捞 27.80 万吨，海水养殖面积 4.49 万亩，海水养殖 4.80 万吨，淡水养殖面积 2.67 万亩，淡水产品总产量 2.52 万吨。主要分布在白马井镇及新州镇。

2) 昌江黎族自治县农业产业区域布局现状。昌江黎族自治县（以下简称昌江县）在海南西北部，处海口与三亚的最中点，比邻儋州西部机场，处于北部湾中心点，靠近南海国际主航道。土地面积 1 620 平方千米，辖 8 个乡镇，91 个村（居）委会，184 个自然村。全县常住人口 23.2 万人（户籍人口 25.45 万人），其中，黎族人口 10.28 万人，占人口总数 40.39%。昌江县属典型的热带季风气候，土地肥沃，光照和水分充足，全县空气质量优良率达 100%，森林、海洋、河流、湿地等各资源要素兼具。

昌江县属典型的热带季风气候，年平均气温 24.3℃，全年无冬，日照充足，年均日照 2 000 至 6 000 小时，年平均降水量为 1 676 毫；在土地面积方面，昌江土地面积 243 万亩，耕地面积 56.6 万亩，土地肥沃且开发利用潜力很大。昌江县在发展热带特色高效农业方面具有得天独厚的自然优势，在海南自贸港建设中，昌江充分发挥资源优势，持续优化农业结构，调减甘蔗、桉树等低效产业，改种冬季瓜菜、热带水果等高效热带特色作物，突出热带农业产业，特色产业渐成规模、效益明显提升。2018 年累计调减低效经济作物 14.50 万亩，实现农业增加值 31.50 亿元，增长 5.00%。在加快传统畜禽养殖标准化建设基础上，昌江还结合产业扶贫，大力发展霸王岭山鸡、乌烈乳羊、奶牛、特种山猪等特色养殖业，进一步促进了农民增收，特色产业稳步发展。

2018 年，昌江县瓜菜播种面积 34.06 万亩，产量 43.46 万吨，位居全省中游水平，全县均有分布；冬季瓜菜 14.5 万亩。昌江县有"中国毛豆之乡"美誉，毛豆种植面积约 8.8 万亩，主要分布在昌化、七叉、乌烈、海尾等乡镇。

昌江县主要热带水果有香蕉、杧果、菠萝、龙眼、荔枝、圣女果等，有"中国圣女果之乡"之美誉，"昌江杧果"还创成国家地理标志产品。2018 年，昌江县热带水果年末面积 14.45 万亩，产量 26.74 万吨，位居全省中游水平，全县均有分布。其中，香蕉占热带水果年末面积的 54.37%，全县均有分布；杧果占 25.67%，全县均有分布。菠萝占 5.40%，主要分布在十月田、石碌镇、海尾镇；荔枝主要分布石碌镇；龙眼主要分布在石碌、十月田、昌化等乡镇；此外，昌江海尾镇还有火龙果种植基地，种植面积 1 000 余亩；姜园圣女果种植基地位于昌江县十月田镇姜园村，目前种植面积达 2 万亩，主要分布在十月田镇和石碌镇。

3) 东方市农业产业区域布局现状。东方市地处海南省西南部，陆地面积 2 272 平方千米，海域面积 1 823 平方千米，134 千米海岸线八港七湾，滩涂湿地居原生态之冠。阳光、海水、沙滩、江湖、温泉、热带雨林资源稀有独特。辖 10 个乡镇、195 个村（居）委会，全市常住人口 45.48 万人。东方属热带季风海洋性气候，日照充足，年平均气温 25℃。

近年来，东方市依托百万亩感恩平原独特的自然资源优势，立足东方实际，积极推进农业供给侧结构性改革，大力发展特色产业，着力打造以优质热带水果、热带花卉、冬季瓜菜等为主导的热带高效特色农业产业体系，重点发展火龙果、杧果、百香果、水果玉米、花卉、圣女果、香薯。为了做大做强热带特色高效农业，东方致力打造农业品牌，走出一条特色发展之路。现已打造东方火龙果、东方香（甘）薯、东方哈密瓜、东方凤梨、东方黄花梨、东方绿萝、东方菊花、东方乳猪、东方黑山羊、东方铁甲鱼干10大农业知名品牌。

——热带水果产业。近年来，东方市充分发挥资源优势，大力发展热带特色农产品，香蕉、红柚、花卉、台湾凤梨、火龙果等特色产业不断壮大。2018年东方市热带水果种植面积30.8万亩。火龙果是东方近年来重点发展的特色农业产业，是东方主导的水果品牌，也是热带高效特色农业的典型代表。北纬18°独特的土壤环境和气候条件，使得东方火龙果品质优良。东方市是国内红心火龙果的重要产区之一，主要分布大田镇、大田镇、三家镇、八所镇等乡镇。目前东方火龙企业约有20多家，火龙果种植面积达3.7万亩，全年均可生产上市，平均亩产量3 000千克以上，产品远销北京、上海、广州、深圳以及东北等多个省市和地区。如今，火龙果已成为东方火龙果已成为东方农业形象的代表，已发展成为"东方十大农业品牌"之一，并注册了国家地理标志证明商标。目前，东方市是海南省种植面积最大的火龙果基地，东方火龙果标准化、规范化、原生态、绿色环保的种植提出了更高的要求和标准，促进东方火龙果产业走向一个更加现代化、环保绿色、集约化、规模化、品牌化生产的发展前景。东方火龙果已建立"天猫专属合作基地"，绿色环保种植技术获国内市场认可。进绿橙和水果玉米是东方不断调整农业产业结构的重要举措之一。东方独特的气候、充足的光照等资源优势非常适合种植绿橙。气候条件非常适合（种绿橙），亩产高，亩产种得好的时候大约有3 000~4 000千克。目前，绿橙种植面积有300余亩，亩产达3 000千克以上。绿橙主要分布在大田镇、四更镇。水果玉米是东方市近年来引进的特色品种。东方日照时间长，不仅可以提高产量还可以增加甜度，种植甜玉米前景好。三家镇"水果玉米"试种成功，2018年是示范面积580亩，是目前全省最大的甜玉米种植基地。

——热带花卉。东方市打造特色花卉基地，做强花卉产业，以绿萝、兰花、神马白菊、红掌等花卉为发展重点，大力建设切花、切叶、盆栽花卉和观赏苗木基地。近年来，东方市充分利用当地的气候优势、资源优势，结合市场需求，大力调整花卉品种结构，从东南亚等地引进了石斛兰、沙漠玫瑰、积水凤梨等花卉品种，不断做大做强花卉产业。如今，东方菊花、绿萝、兰花等热带花卉种植面积达1.3万亩。东方已建成全国冬季最大的菊花出口基地和全省最大的石斛兰生产基地、绿萝生产基地。板桥镇打造花卉特色产业小镇以上彩绿萝基地建设为中心，辐射带动周边村庄连片打造特色花卉种植产业。目前板桥镇绿萝基地种植面积3 000亩。

——冬季瓜菜产业。目前，东方现种植冬季瓜菜26万亩，重点在大田镇、东河镇和天安乡贫困村庄的东部山区丘陵、山坡地、台地垦荒种植冬季瓜菜；对板桥镇、感城镇等沿海平原乡镇的坡园地、稻田（主要是旱田）进行改种。

（五）海南片区乡村产业布局和协调发展评价指标体系

近年来，随着海南农村经济制度改革、农业科技进步和城乡一体化发展，从根本上改变了我省农村社会经济面貌，尤其是海南流通及市场体系逐步成熟，海南热带农业现代化进程加速。在海南县域经济不断加快发展形势下，新业态、新动能在农业中不断涌现，初步形成现代多功能农业，而生态环境保护也是时代要求，如何兼顾农业、区域经济和生态环境三大系统，已成为目前研究与生产实践的重点。

海南省作为全球最大的自由贸易港及国家生态文明试验区，鲜少见研究农业与生态环境、县域经济三大系统的相关性及其综合发展水平，尤其是在发展生态经济对现代农业、区域经济、区域协调发展方面的影响程度研究不足，且研究方法和研究视角较单一。现有研究主要聚焦于区域农业与区域经济、生态环境与区域农业或区域经济与生态环境，分析两两子系统间耦合协调关系。葛娟娟等以新疆博乐市为例，利用遥感生态指数（RSEI）分别检测和评估了该市2000年、2010年和2017年生态环境，同时采用耦合模型分析了2000—2018年经济与生态的耦合协调关系，结合遥感生态环境质量监测图，综合分析得出两者之间的时空变化规律。王振熙的生态资源富足区生态建设与农业产业化耦合扶贫理论，也是通过构建耦合模型获得的。也有学者综合利用耦合协调模型与空间经济学，在分析系统间耦合协调水平的基础上，进一步分析了其空间相关性，如路宽应用基于熵值法的发展指数评价公式评价了江苏省乡村社会、经济、人口等各子系统及其综合发展指数，梳理了江苏省农村区域协调发展水平，利用空间经济学对其乡村耦合协调水平的空间分异规律进行了系统分析。江苏省乡村人口、经济、社会各子系统以及综合发展指数进行了评价，根据评价结果站对江苏省乡村发展水平进行详细分析，并应用空间自相关分析法结合江苏省整体发展水平状态对耦合协调水平进行了空间分异分析。海南县域间社会经济发展水平、自然资源与环境、市场化发展水平有显著差异，其18个市县经济、生态和农业三大系统的耦合协调综合发展水平如何，时空分异特征是怎样的，在自贸港建设背景下急需进行梳理和探讨。基于上述分析，作者以空间经济理论、区域经济理论和可持续发展理论出发，将海南县域农业与生态环境、经济发展三大系统统筹考虑，借用耦合协调度模型，测算海南上述三者的耦合与协调度，见图5-29。

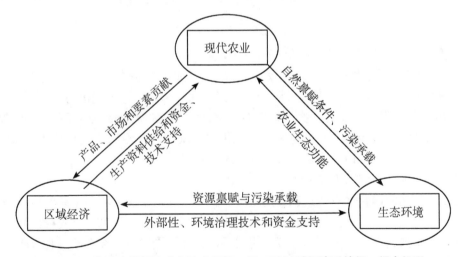

图5-29　海南省热带农业与生态环境、县（区）域经济系统间·耦合机理

1. 指标筛选

坚持可操作性、代表性、真实性等原则，选取可获得性数据，同时参考现有的分别

评价经济、生态及农业发展三大系统的指标体系，采用目标层、准则层、指标层三级指标法，筛选 27 个指标，构建海南农业、区域经济与生态环境耦合协调发展评价指标体系，利用德尔菲法评估其指标权重，见表 5-20。利用耦合协调函数法等方法评判其产业协调度。

2. 研究方法

（1）熵值赋权法及德尔菲法

确定权重的常用方法主要是熵值赋权法和德尔菲法（也称专家调查法），即客观与主观相结合。首先采用熵值赋权法，遵循"差异驱动"原理，客观反映指标信息熵值效应，凸显单个指标在多个指标中的局部差异性。笔者首先采集 27（指标个数）＊18（市县）共 486 项指标，标准化处理上述指标，通过极差标准化方法消除因指标单位差异而引发的量纲效应。

指标属性为正向：

$$X_{ij} = (x_{ij} - \min x_j) / (\max x_j - \min x_j)$$

指标属性为负向：

$$X_{ij} = (\max x_j - x_{ij}) / (\max x_j - \min x_j)$$

其中，X_{ij} 为第 i 个市（县）的第 j 项指标的标准化值，x_{ij} 为第 i 个市（县）的第 j 项指标的实际值，$\min x_j$、$\max x_j$ 分别表示第 j 项指标的最小值、最大值。

归一化处理各项指标后，测算熵值赋权及三个子系统发展水平：

$$指标同度量化：Y_{ij} = x_{ij} / \sum_{i=1}^{m} x_{ij};$$

$$求解指标信息熵：e_j = -k \sum_{i=1}^{m} Y_{ij} \ln Y_{ij} \quad (k = 1/\ln m)$$

$$求解指标熵权：g_j = (1 - e_j) / \sum_{i=1}^{n} (-e_j)$$

$$求解市（县）子系统发展水平得分：G_j = \sum_{i=1}^{n} (g_j \times X_{ij})$$

求解三个子系统综合评价指数：$T = \alpha G_1 + \beta G_2 + \gamma G_3$

（注：因 3 个子系统同等重要，故其 α、β、γ 3 个系数各为 1/3。）

之后应用德尔菲法（也称专家调查法）进行进一步验证。德尔菲法是由美国兰德公司于 1946 年研发，实质是一类反馈匿名函询法，是通过咨询专家对所要预测的问题的意见之后，统计、梳理、总结专家意见，再匿名反馈给各专家，又再征求专家意见，再次整理、总结意见反馈回专家，最后获得统一意见。

（2）耦合度与协调发展度模型

各子系统间的耦合水平通过耦合度模型测算后，其结果能够将各系统的协调和失调度表现出来，评估其系统间协调发展度。测算耦合度与耦合协调度，首先要计算协调发展综合评价指数，以 G_1、G_2、G_3、T 分别表示三大子系统即区域经济、生态环境、农业的评价函数及综合评价指数。同时，引入耦合协调度，耦合协调度综合了一个地区的社会经济情况、生态保护水平及农业发展水平及其耦合水平，并测算及清晰显示了三大子系统的协同发展情况。

参考路宽等的耦合协调度模型，构建了 18 个市（县）的农业、区域经济及生态环境发展耦合度与协调发展度模型，公式为：

$$D_i = \sqrt{G_i \times T}$$

$$C_i = \sqrt[3]{\frac{G_1 + G_2 + G_3}{\sqrt[3]{(G_1 + G_2 + G_3)/3}}}$$

其中，D_i 为第 i 个市（县）的农业、区域经济及生态环境协调发展度，G_i 为第 i 个市（县）的农业、区域经济及生态环境发展耦合度，G_{ia}、G_{ib}、G_{ic} 分别为第 i 个市（县）的农业、县域经济及生态环境耦合发展水平；T 为第 i 个市（县）的协调发展综合指数。

表 5-20　海南热带农业与生态系统、县域经济协调耦合评价指标体系及权重

目标层	准则层	指标层	单位	指标	信息熵性质	冗余度	指标熵权
农业子系统	农业投入	农业机械总动力	万千瓦	正	0.883	0.117	0.005
		有效灌溉面积	千公顷	正	0.907	0.099	0.004
		化肥施用量	万吨	正	0.917	0.093	0.004
		农村用电	亿千瓦·小时	正	0.754	0.234	0.011
	农业产出	农林牧渔业总产值	亿元	正	0.920	0.071	0.003
		农村居民人均纯收入	元	正	0.913	0.093	0.004
		农村居民消费水平	元	正	0.955	0.031	0.002
		城镇化水平	%	正	0.900	0.098	0.004
	农村社会	农村常住人口	万人	正	0.917	0.093	0.004
		农村家庭平均每百户计算机拥有量	台	正	0.636	0.255	0.016
县域经济子系统	经济发展	地区生产总值	亿元	正	0.768	0.239	0.010
		经济增长速度	%	正	0.962	0.015	0.002
		人均 GDP	元	正	0.904	0.098	0.004
		地区财政收入	亿元	正	0.834	0.155	0.007
		地区财政支出	亿元	正	0.689	0.276	0.013
	经济结构	第一产业占 GDP 比重	%	正	0.950	0.049	0.002
		第二产业占 GDP 比重	%	正	0.917	0.093	0.004
		第三产业占 GDP 比重	%	正	0.917	0.093	0.004
	对外开放水平	进出口总额	亿美元	正	0.377	0.151	0.027
		实际利用外资	亿美元	正	0.599	0.240	0.017
生态环境子系统	环境污染	工业废水排放量	万吨	负	0.945	0.055	0.002
		工业二氧化硫排放量	万吨	负	0.979	0.027	0.001
		工业烟尘排放量	万吨	负	0.979	0.027	0.001
	环境治理	节能环保投入	万元	正	0.879	0.134	0.005
		植树造林	公顷	正	0.913	0.076	0.004
	环境保护	森林覆盖率	%	正	0.929	0.072	0.003
		自然保护区面积	万公顷	正	0.833	0.156	0.007

同时，参考相关学者的耦合协调阶段划分的方法，将 18 个市（县）协调阶段划分

为低度协调、中度协调、高度协调、极度协调，见表5-21。

表5-21 耦合协调度分类

协调程度	耦合协调度	耦合协调类型
低度协调	0.01~0.05	不协调类
中度协调	0.06~0.10	勉强调和协调类
	0.11~0.15	调和协调类
高度协调	0.16~0.20	良好耦合协调类
极度协调	0.21以上	优质耦合协调类

3. 研究结果

利用上述公式计算结果见表5-22。

表5-22 海南省各市县农业、区域经济、生态环境三大系统耦合度和耦合协调度

市县	U_1	U_2	U_3	$U_1+U_2+U_3$	T	耦合度	耦合协调度
海口	0.0431	0.0835	0.0095	0.1361	0.0454	0.7253	0.1814
三亚	0.0347	0.1106	0.0127	0.1580	0.0527	0.7497	0.1987
五指山	0.0049	0.0033	0.0140	0.0222	0.0074	0.4849	0.0600
文昌	0.0344	0.0125	0.0062	0.0531	0.0177	0.5885	0.1020
琼海	0.0340	0.0191	0.0085	0.0616	0.0205	0.6083	0.1118
万宁	0.0239	0.0135	0.0128	0.0502	0.0167	0.5813	0.0985
定安	0.0131	0.0111	0.0052	0.0294	0.0098	0.5160	0.0714
屯昌	0.0068	0.0058	0.0094	0.0220	0.0073	0.4840	0.0592
澄迈	0.0229	0.0148	0.0067	0.0444	0.0148	0.5656	0.0917
临高	0.0150	0.0069	0.0084	0.0303	0.0101	0.5194	0.0721
儋州	0.0296	0.0296	0.0126	0.0718	0.0239	0.6294	0.1225
东方	0.0145	0.0108	0.0113	0.0366	0.0122	0.5418	0.0812
乐东	0.0242	0.0061	0.0091	0.0394	0.0131	0.5509	0.0849
琼中	0.0090	0.0056	0.0149	0.0295	0.0098	0.5166	0.0714
保亭	0.0060	0.0056	0.0091	0.0207	0.0069	0.4772	0.0574
陵水	0.0091	0.0175	0.0073	0.0339	0.0113	0.5326	0.0775
白沙	0.0070	0.0062	0.0161	0.0293	0.0098	0.5154	0.0714
昌江	0.0123	0.0102	0.0071	0.0296	0.0099	0.5166	0.0714

通过以表5-22相对照，良好耦合协调类市县为：三亚、海口，调和协调类市县为：儋州、琼海，勉强调和协调类市县为：文昌、万宁、澄迈、乐东、东方、陵水、临高、琼中、白沙、昌江、定安、五指山；不协调类市县为：屯昌、保亭。而受各种因素影响，海南没有优质协调耦合类市县。

(1) 三大系统综合发展水平

三亚、海口、儋州、琼海、文昌三大系统协调耦合发展水平位居海南前五位。三亚充分发挥政府、企业、农民与村集体等主体作用，通过顶层设计促进农业、经济与生态环境协调发展，同时约束各子系统的发展速度，有效推动农业可持续发展，同时优化经济与生态环境结构与布局，经济发展与环境质量大幅攀升；海口充分利用省会城市优势，以促进海南自贸港中心城市建设为目标，加大在农业机械、农田水利设施、电力设施等基础条件建设，改革完善农业产业体制机制，强化都市农业发展，转变农村经济发展方式，通过数字乡村、农业大数据等支撑三大子系统的绿色发展，同时以海口高新技术开发区、桂林洋国家农业公园作为示范，契合了三大系统发展的总体基调；三亚、海口两市通过完善农业农村基础设施与条件建设，提高了三大子系统的协调发展水平，优化与提升了两市的农业农村整体布局与产业结构。高耗能、低效率的产业被淘汰，并尽可能保障农民收入和农村居民生活消费水平，保障城乡经济一体化发展。儋州、琼海、文昌在"海南省国民经济和社会发展第十三个五年规划""海南省现代农业'十三五'发展规划"等规划引领下，围绕低效产业占比较高、土地利用率不高、生态环境仍时有遭到破坏、农业主导产业投入不足等问题，加强体制机制创新，通过智慧农业、美丽乡村建设、农业产业结构调整优化等，推动了这些市县的农业与生态环境、社会经济协同发展。而屯昌、保亭农业发展存在低效产业占比较大，产业特色不突出，产业效益不高等问题，拖累了两县县域经济的发展，三大系统存在不能协调发展的现象。

(2) 三大系统综合发展水平的空间分异

从海南省空间分布来看，南北向三大系统综合发展水平差异不大，而东西向三大系统综合发展水平则变化幅度较大，呈现由东向西较大幅度下降，以及由北南端向中部略有上升态势。从空间分布来看，整体而言，东部地区的农业、经济、生态三大系统耦合协调发展水平均高于西部地区。其中，海口—琼海—三亚贯穿的东部沿海条带状区域的三大系统耦合协调发展水平最高，其次是儋州市的农业、生态、社会经济子系统的协调发展水平较高，而三亚、海口、儋州、琼海、文昌等市县的农业、生态、社会经济三大子系统综合发展水平值在 18 个市县中处于高位。

(3) 三大系统耦合协调发展程度及阶段划分

省会城市与地级城市的三大系统耦合度与协调发展度强于其他县级市，而市县尺度的耦合水平排序与协调发展度的一致，位居三大系统耦合度前 5 位和协调发展度前 5 位的地区分别为三亚、海口、儋州、琼海、文昌，存在一致性。研究发现，协调发展度的市县排序与综合发展水平的市县排序呈一定吻合，二者存在一定的正相关，三大系统耦合度与协调发展度位居前列的这些市县首先区位优势好，是海南经济发展较好的地区，这些地区的人、财、物等各类资源要素是全省最丰富的，也可以快速、便捷及最大程度地享受到各级政府有关农业发展、生态环境保护、社会经济发展等方面优惠政策和措施，同时也是农业科技创新、农村体制机制改革、农业农村经济发展转型升级的策源地，主要以热带农业为支柱产业，开展了全产业链的初步分工，形成了较合理的农业空间布局，并积极探索有利于三大子系统协调发展的新业态、新动能，促进了土地、生态、交通、人才、教育、社会等各要素的有效结合和其作用的充分发挥。

（4）三大系统耦合协调发展程度空间分异

从空间分布来看，海南省南北向、东西向耦合度变化幅度差异水平要大于协调发展度的，18个市县的耦合度最大值与最小值之差为0.2725，而协调发展度0.1413最大值与最小值之差为0.1413。耦合度南北向呈现北部向中部先递减、中部向南部后递增的趋势，呈现正"U"形分布格局，且北部向中部递减的斜率要小于中部向南部递增的斜率，东西向呈现自西部向东部整体提升的态势，且南北向的耦合度峰值点强度也大于东西向的。协调发展度空间走向与耦合度保持一致，呈现由西向东的略有上升及由中部向北、南部略有上升态势，同时难了协调发展度与耦合度存在一定的正相关关系。

4. 结论

（1）在海南省18个市（县）中，三亚、海口、儋州、琼海、文昌三大系统协调发展水平位居全省前五位。

（2）海南省三大系统协调发展水平空间布局趋势呈现由东向西、由北、南端向中部的略有上升态势。

（3）海南三大系统耦合协调综合发展水平有待进一步提高，部分区域的农业发展与生态环境、社会经济子系统协调发展水平较高，而中部的失调水平较为严重。三亚与海口的三大系统处于良好耦合协调发展状态，儋州、琼海为调和协调类，比重为66.7%的市县处于勉强调和协调类，11.1%的市县为不协调类。而受各种因素影响，海南没有优质协调耦合类市县。省会城市与地市级城市的耦合协调发展度强于其他的县级市，且协调发展度高的市（县）排序与耦合度高的市（县）排序呈一定吻合，呈现正相关关系。

（4）海南省南北向、东西向耦合度变化幅度差异水平要大于协调发展度的。耦合度南北向呈现北部向中部先递减、中部向南部后递增的趋势，呈现正"U"形分布格局，东西向呈现自西部向东部整体提升的态势，且南北向的耦合度峰值点强度也大于东西向的。协调发展度空间走向与耦合度保持一致，呈现由西向东的略有上升及由中部向北、南部略有上升态势。

第三节　海南县域经济发展高、中、低三类发展类型农村典型案例分析

党的十九大以来，全国各地把实施乡村振兴战略摆在优先位置，以实干促振兴，积极通过创新思维践行中央对乡村振兴的统一部署。海南省为了更好地推进乡村振兴工作，省委向全省所有乡镇和行政村派出乡村振兴工作队，做到工作队全省镇村全覆盖。以下对海南省中东西部地区乡村振兴典型案例进行分析。

一、海南省经济发展水平较高地区（东部）乡村振兴典型案例分析——以海口市秀英区石山镇三卿村乡村振兴规划布局为例

海口市秀英区石山镇三卿村在保持原有建筑风格的基础上，根据当地资源特点，通

过对村庄进行统一规划提高农民收入，达到乡村振兴的目标。

1. 石山镇基本情况

石山镇位于海口市的西北侧，距海口市中心区约 15 千米，距海口火车站和美兰国际机场分为约为 10 千米和 30 千米。海南省环岛西线高速公路从石山镇内横穿而过，在该村域范围内有两个立交互通口，方便石山镇的对外交通联系。三卿、儒宗等为道堂行政村所辖自然村。

2. 规划建筑风格

延续传统民居建筑形式，采用坡屋顶、路门—院落—正屋—横屋的组合形式，建筑层数不得超过三层，一层建筑檐口高度控制在 3.5 米以内，建筑屋脊高度控制在 5 米以内；二层建筑檐口高度控制在 6.5 米以内，建筑屋脊高度控制在 8 米以内，三层建筑檐口高度控制在 9.5 米以内，建筑屋脊高度控制在 11 米以内。

新建住宅中融入传统民居硬山顶形式，屋面采用灰色陶土瓦或水泥瓦，墙面局部采用火山石贴面，檐口、屋脊的处理可采用传统模式。

3. 规划内容

村庄规划包括原村庄修护类建筑、修缮类和改善类建筑、保留类建筑、整治改造类建筑、拆除类建筑和规划新建类建筑。规划图详见图 5-30。

图 5-30　建筑分类保护规划示意

（1）原村庄修护类建筑

保护措施：历史建筑和建议历史建筑进行外貌特征的保护性修复，整理院落环境，配备市政设施和现代生活设施。

布局：禁止更改原有的建筑布局、朝向及建筑的开门和庭院位置和大小，应尽可能恢复原有制式。

建筑方式：用传统材料和工艺修护受损的内外主体结构和围护构件，同时对地面、门窗、雕刻等细部构件进行修缮。

功能：按原有建筑形式，维修受损的墙体、墙面、屋面、地面、门窗、雕刻等，可以对建筑内部的设施进行改善。

铺装：庭院及其周边地面铺装，严禁采用水泥和大理石等，应采用火山岩、条石等能保持当地风貌的材料。

景观：在不破坏景观风貌的前提下，可增加旅游标识系统，并适当配置当地植物，丰富景观层次。

（2）原村庄整治改造类建筑

保护措施：建筑上，对建筑外立面进行整治、改造等措施，使其符合传统风貌要求。环境上，采用火山岩铺设路面，整理宅旁和道路周边环境，种植当地植物进行绿化美化。

墙体：改造新建建筑，采用与村庄风貌相符的贴面，严禁采用黄色、红色等与传统风貌不符的明亮色系。

屋顶：禁止使用玻璃瓦等破坏风貌的屋顶样式，平屋顶建筑加盖坡屋顶，统一整体风貌。

门窗：新建建筑禁止采用铝合金门窗，原有建筑建议在现状基础上增加窗框和门框来美化建筑，统一村庄风貌。

路面：村庄内部道路，建议就地取材采用条石或者火山岩，保留原生态特色，新村道路采用水泥路面。

景观：古村内部，在植物配置上，应尽可能多的采用本地植物，新村可适当引入新品种。

（3）规划新建项目

风貌：规划新建居住建筑形式必须与传统风貌协调，建筑外观严禁使用瓷砖、铝合金门窗等现代材料，并符合建筑设计规范，改善居住环境质量，满足居民生活需要。

高度：新建住宅层数及对应层数建筑高度均应严格控制，建筑层数高度控制在 5 米以内；二层建筑檐口高度控制在 6.5 米以内，建筑屋脊高度控制在 8 米以内，三层建筑檐口高度控制在 9.5 米以内，建筑屋脊高度控制在 11 米以内。

路面：车行道路中间采用水泥路面，道路两侧铺设适当宽度火山石路面勾边；人行道路建议采用火山石铺筑。

景观：以地方树种为主，庭院内鼓励种植荔枝、黄皮、龙眼等果树发展庭院经济。

4. 村庄整治内容

（1）道路整治

梳理旧村落内部的街巷空间，保留村落原有的街巷格局与古朴、素雅的街巷形象，将现状水泥化的巷道恢复为原有风貌，整理巷道两侧杂乱的生活空间，清理垃圾，整治沿巷道的荒地、废弃房屋基础，提高村巷景观环境。

（2）空间整治

规划对村内重要空间节点进行环境整治与建设引导，主要包括游客服务中心、村民公共服务中心、入口广场、庙宇宗祠周边、古井古树等公共环境周边空间等。

（3）设施整治

环境设施主要包括铺装、围墙、坐凳、树池、垃圾桶、指示牌等，尽量采用具有乡土气息和符合传统风貌的要元素与符号，体现地方特色。

（4）保护体系

区域自然景观保护、村落选址保护、村落整体格局保护、传统街巷保护、建筑风貌保护、人文历史资源保护。保护规划如图5-31所示。

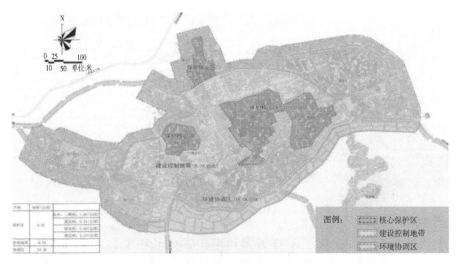

图5-31　村庄保护分区规划示意

（5）旅游发展规划

1）区域旅游发展规划。以三卿村为基础，对旅游线路进行空间整合，并在各旅游节点配套必要的游客服务设施，形成系统、完善的游览片区。旅游功能分布如图5-32所示。

2）村庄旅游发展规划。一是游览功能分区及线路组织。结合区域功能空间分布，形成四大主题游览片区。在四大片区内合理组织相应的主题游览线路，并以沿主要道路设置的电瓶车道进行串联，形成完整的观光旅游区。二是旅游项目策划及设施配套。以村落资源要素为基础，策划古村游览、文化展示、休闲度假、生态观光、参与体验等五类旅游项目，形成访古、寻根、考察、休闲、体验等多元互补、特色鲜明的旅游产品体系。

二、海南省经济发展水平中等地区（西部）乡村振兴典型案例分析——以儋州市大成镇新风村乡村振兴为例

儋州市通过成立乡村振兴投资开发公司，整合人才、资金、资源，发展特色产业园，带动乡村产业的蓬勃兴起。以儋州市大成镇新风村为例，儋州乡村振兴投资开发公司通过引入途远装配式建筑产品及创新商业模式，成功在大成镇新风村落地途远驿站，盘活乡村闲置土地资源，建造特色民宿，导入专业化运营，打造儋州美丽乡村建设创新样板示范项目。

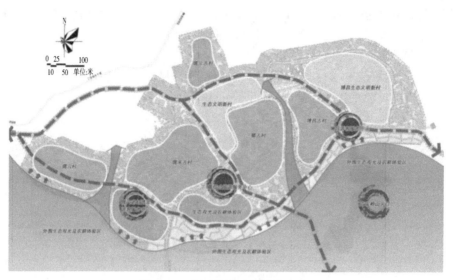

图 5-32　村庄旅游功能分布示意

1. 基本情况

儋州市大成镇新风村位于海南省儋州市中部，地理坐标为北纬 19°31′，东经 109°33′。地处丘陵地带，平均海拔 101 米。属热带季风气候，光温条件优越，雨水充足。年平均降水量 1 639.6 毫米，年平均气温 23℃。

新风村曾是建档立卡深度贫困村，政府通过多项措施大力推进产业扶贫，发展美丽乡村。现在的新风村由特色民宿、爱心书屋、共享小站所组成的途远驿站，紧邻新风村村委会。作为当地首批试点民宿旅游项目，在途远原有商业模式基础上，创新性地采用"政府+合作社+投资企业+建造+运营"的模式，充分发挥多方优势，以民宿产业为核心，同时开放资源吸引更多绿色优质产业进村，打造复合型乡村文旅。

2. 建设模式

儋州市政府提供水、电、道路、污物处理、景观改造等美丽乡村基础设施建设；村民以合作社的形式加入到项目开发中，将村庄的闲置土地集中起来，有偿提供给企业进行商业运作；儋州乡村振兴投资开发公司负责招投资和土地归整；途远负责商业模式导入及装配式建筑产品的建造；亚洲地区专注于不动产管理的知名企业——斯维登集团负责流量导入及民宿运营。

3. 美丽乡村建设成效

通过建设美丽乡村，儋州市大成镇新风村充分盘活了闲置的农村居民的农房或宅基地等，为需要建设用地的第三产业如乡村旅游等提供了各类建设用地资源，而且本地村民还通过参加美丽乡村建设获得了大量就业机会，促进了农村增富和农民增收，顺利实现全面脱贫和可持续增收路径，打造了儋州市乡村振兴成功案例。

三、海南省经济发展水平较低地区（中部）乡村振兴典型案例分析——以海南省白沙县芭蕉村乡村发展为例

1. 基本情况

白沙县芭蕉村是一个传统的黎族村寨，位于白沙邦溪镇西北角，离镇墟 3.2 千米，交通便捷，四季如春，并且有大量的原始生态林，能够释放大量的天然负氧离子。

美丽乡村建设前芭蕉岭全村 119 户 493 人，全村仅有一户平房，其余的都是年代较久的低矮瓦房或茅草房，村民主要经济收入依靠零散种植的甘蔗、木薯和水稻等低效作物，产业层次偏低，结构不优，农民人均收入远低于镇里的平均水平，全村有 42 户是贫困户，是当时远近有名的贫困村、"光棍村""垃圾村"。

2013 年，芭蕉村美丽乡村建设正式启动。该村采用多元投资主体（政府、银行、集体经济、企业和村民个人）的方式，募集 3 000 多万元进行整村打造，为每户村民建设了楼房（共 58 栋，每栋二层 143 平方米）。同时对村里的道路进行了改造，形成整洁有序的村间道路，树立了白沙县美丽乡村建设的成功典范。

2. 乡村发展规划内容

（1）乡村旅游计划

依托芭蕉村的区位和生态优势，2014 年，芭蕉村启动了乡村旅游发展计划，村民以资金、劳动力和土地等作为股份组建休闲观光农业合作社，充分利用当地的自然资源和民族文化资源，筹划并实施了民宿、观光采摘果园、南班水库游等系列配套乡村游项目。同时，多方筹集 1 480 万元资金，建设娱乐游等为一体的休闲农业综合体。

（2）特色养殖产业

除了旅游产业，芭蕉村还重点发展特色养殖业。目前，建成特色种养殖基地 3 个，养殖五脚猪 158 头、山鸡 2 000 多只，种植红心橙 12 亩，推动农业由低效转向高效，有力促进了农民增收。

3. 乡村发展计划带来的成效

在乡村发展计划的建设下，现如今走进芭蕉村，生态环境与农村人居环境得到大幅度改善，村庄景色宜人，村民别墅式住宅错落有序，各类乡村游设施如休闲小道、客栈等配套齐全。芭蕉村生产生活条件发生了嬗变，农民收入大幅提高。村民人均可支配收入从 2011 年的 4 106 元增加到 2016 年的 10 825 元，2016 年就实现了整村脱贫，为乡村振兴工作提供了更好的样板。

第四节　存在问题

一、农产品区域发展不平衡、不充分

与其他省区热带农业相较，海南热带农业有其资源环境优越、热带农产品品种繁

多、水域面积辽阔而渔业生产潜力大、产品地域性强而特色突出、产品效益高等优势，而存在区域分布分散而规模小、出口竞争力弱、全球化指数低等劣势，需要进一步补足劣势，找准定位，实现与其他产区优势互补、合作共赢。

二、三大系统区域耦合协调发展水平欠佳

海南农业、区域经济、生态环境三大系统耦合协调综合发展水平有待提高，屯昌、保亭的失调发展状况尤为严重，归因于这两县的农业发展特色不突出，没有特色产业，区域经济和农业系统未能与生态环境系统同步发展起来。有必要在不破坏生态环境的前提下，找准特色主导农业产业，促进农业增效和县域经济的发展。

三、乡村中人才问题突出，"三农"带头人亟待培养

其一，海南省农村人口普遍出现老龄化现象。在 18 个市（县），本村总人口占比超过 10% 的村民均为 59 岁以上，标志进入了老龄化社会。其二，农村劳动力受教育水平低。拥有高中学历的占 15% 左右。其三，农村女性与男性比例为 1：1.17，男女比例失调。

乡村"三农"带头人数量和能力不足。其一，基层党员人数较少，占总人口比例较低，各市县平均农村党员占村总人口的 2% 左右。其二，村干部受教育水平虽然较前几年有所提高，但是学历水平仍然较低。海南各市县村干部大多数为初中、高中文化程度，大专及以上的仅占 7% 左右。其三，村干部多数为本地村民，出外学习工作的机会不多，缺乏带动本村致富的资源，而且不擅长管理和经营。其四，新型经营组织发展质量不高，后劲不足。组建的农民合作社管理不规范，合作社的章程、制度等流于形式，形同虚设，另外，农业合作社的主体是农民，农民自身经济基础弱，经济实力差，严重制约了部分合作社的发展。

四、土地流转难度大，农业规模化产业化发展水平低

海南土地经营碎片化和小农户分散经营多，加之部分地区属于丘陵，生产道路标准低，土地整理投入较高，流转难度较大。导致其一，农业产业规模不大，产业发展不足，与二三产业融合程度低、层次浅，产业链条短，产品附加值低；其二，新型职业农民培育力度不足，现有生产经营主体创新动力不足，未能充分激活新动能、新业态，具地域特色的农业新产品缺乏；其三，对本地农产品品牌打造不够重视，少量的农产品品牌知名度不高，产业链、供应链不完整。

五、建设资金缺乏，乡村基础设施不完善

城乡一体化发展的目标是实现城乡公共服务和基础条件建设的均等化发展，而海南农村的基础条件建设因投入不足仍落后于城市。海南省目前存在村集体收入较少，而过分依赖政府资金的支持，有些地方虽然引进了与公司合作的模式投入一部分资金，但尚未充分利用起市场的流动资金，没有充分发挥市场作用，导致建设资金短缺，进度缓慢，建设标准较低。多项农村设施的不完善直接影响到农村人民生活的基本需求和幸福感。

六、一二三产业布局不尽合理

目前，一些地域特色鲜明的主导性产品还未能形成与之相配套的产业化规模，产业聚集效应不明显，难以和"长三角、珠三角"等发达地区相比。岛内各县市产业发展不平衡，两极分化严重，产业布局设计没有进行科学统筹和规划安排，存在协调不够、各自为政和条块分割等问题。

七、产业关联度低

区域内产业关联度低、上下游产业联系不紧密是海南省现阶段产业布局的主要问题。区域内由于政策、要素禀赋优势等因素，海南东部、中部、西部地区优势产业逐步形成。但是优势产业区域辐射作用小，不能有效带动地区间关联产业发展。

八、农村产业结构单一

合理丰富的产业结构是一个地区发展的重要因素，能够促进农村各项事业的发展和资源的优化配置。而当前农村产业结构单一化，缺乏龙头企业做支撑。乡村要振兴，产业是支撑。目前在海南的农村，多数农民由于知识技术等方面的问题，主要还是从事第一产业，产业结构单一化问题突出，缺乏第二、第三产业的带动和活力。与此同时，由于海南农民思想保守、村庄基础设施不完善，营商环境差，龙头企业不愿意投资，即使个别村庄有龙头企业投资项目，但这些项目多数未能带动本村发展，导致村民与投资者双方矛盾丛生，形成恶性循环，加剧了企业在农村的生态环境的恶化。

九、农业供给侧改革力度不足

海南许多农产品品种结构、品质不能满足需求侧的需要，供给和需求的矛盾以及数量与品质的矛盾突出，贱价伤农的现象时有发生，而且农业生产效率较低，产业效益不高。在自贸港背景下，如果不深化农业供给侧结构性改革，这些低效产业必将被淘汰。

十、农业产业结构与资源禀赋不匹配

当前，海南农业已步入高投入产出、高污染的高效农业阶段。由于早期的农业规划未将合理开发利用农业资源作为发展生产的基础，同时未实现多规合一，农业生产未能充分整合与有效利用生产要素，农业产业结构与现行生产方式与当地资源禀赋不匹配，导致农业生产与环境保护的矛盾突出，农业产业布局与当地的主体功能布局不匹配。资源约束日趋加剧。农业产业结构与劳动力、土地、水资源的整合问题比较严重。从21世纪初，海南农业的土地、劳动力和资本三大要素不断流出农村，农村普遍存在空心化、老龄化现象，缺乏有专业技能的适龄劳务力。"谁来种地"已成为地方的突出矛盾；耕地质量下降问题较为突出，全省耕地复种指数平均200%，远高于全国150%的平均水平；林业、生态、建设用地比重较大，海南耕地已锐减近一半，被占用耕地的土壤耕作层资源浪费严重，适合发展热带特色高效农业的土地资源不多，人地矛盾突出；水资源消耗总量大。农田亩均用水量 921 立方米，是全国平均水平的 2.3 倍。此外，粗放型水产养殖业的发展对沿岸海域的生态环境带来负面影响。城镇化还在继续推进，还要占用一部分耕地和水资源。

十一、一二三产业联结不够紧密

由于在目前的农业产业规划设计中未考虑到与第二、第三产业规划相衔接，导致在实际生产中，农业产业结构与布局未能和第二、第三产业有效融合，即使是勉强结合，也是生硬的凑到一起，未能形成合力。

十二、区域统筹仍存在体制性障碍

目前，海南省省级及市县级政府均制定了省级农业发展规划与县域农业发展规划，但是，省级农业发展规划与县域农业发展规划未能按层次真正将全省及各市县的农业生产布局统筹起来综合考虑发展，体制机制性障碍仍然存在，导致现有农业产业小而散问题突出。

十三、农业经营主体未能形成生产合力

海南现有各类农业经营主体如种养大户、小农户、家庭农场、农民专业合作社、农业企业等，这些农业经营主体未能清晰认识到各自的定位和作用，未能很好地配合起来发展农业生产经营，阻碍了现代农业的发展。

十四、区域灾害防范任务艰巨

一方面，自然灾害频发。台风、暴雨、季节性干旱、冬春季节局部低温阴雨、干热风和西部地区缺水等自然灾害多发，尤其是东部易受台风、暴雨、冬春季节局部低温阴雨等的影响。而目前农业保险特别是大灾风险分散机制尚不健全。另一方面，区域性病虫草害风险高。以椰心叶甲、槟榔黄化病、香蕉枯萎病、柑橘黄龙病、薇甘菊、金钟藤和红火蚁为代表的重大病虫草害在不同地区大面积发生，防控形势十分严峻。

第五节 对策建议

一、以规划为先导，提升区域耦合协调发展综合水平

依据中国（海南）自由贸易港政策优势，综合考虑农业、区域经济、生态环境三大系统的协调发展，编制海南农业区域布局优化与产业结构调整升级规划（方案），重点发展能科学利用资源、又有高附加值的生态循环农业、三产融合产业等。

二、充分利用政策与区位优势促进区域产业合作与发展

充分利用中国（海南）自由贸易港涉及的原料产品及贸易政策有关规定，找准定位。一方面，与国外热带农产品主产国加强沟通与协作，实行"引进来""走出去"，将国外物美价廉的原料产品引进来，进行加工后免税进入国内市场，同时利用金融、贸易优惠政策"走出去"，在适合的国家或地区建设自己的原料生产和加工基地；另一方面，加强与国内其他产区合作，实现与其他产区优势互补、合作共赢。

三、优化一二三产业布局

海南地理环境和生态优势突出，借助建设海南自由贸易港的政策优势，结合海南的产业发展布局，可形成东部以旅游业为主、西部以工业为主、中部以农业为主的产业布局。形成以海口—三亚市为主的东线旅游休闲产业，形成以儋州—东方为主的工业产业，形成以定安—乐东为主的中部热带农业产业，以三大区域布局相互带动，推动海南省一二三产业融合发展。

四、重视乡土人才的带头作用

提高思想意识，消除性别歧视，加大农村教育投资，提高农村文化程度；各乡村争取培育较多的"三农"带头人，在项目、资金等方面为乡村提供必要的支持；劳动力较少的地区可以以农地流转的形式，提高土地的利用率，同时可以激发有能力的新型经营主体规模化、标准化生产；选优配强村级班子，注重把政治上靠得住、作风上过硬、致富本领和带动能力强的各类人才选进村级领导。

五、结合本地优势资源，适当发展本地特色产业

一个产业的快速发展离不开好的市场主体，在乡村要鼓励和支持新型经营主体的发展；支持市场主体积极经营乡村特色产业，并在产业发展、项目申报等方面提供政策支持，特色产业的发展为解决当地劳动力的就业问题和促进乡村经济的发展有着重要意义。

六、调整农业结构，优化产业布局

充分发挥海南省的自然条件优势及热带农产品资源优势，通过规划引领，科学布局，特色化差异化发展，调整农业结构，优化热带农业区域划分，选取区域性较强的热带农产品品牌进行重点打造，形成区域特色产业。结合国家的主体功能区规划制定海南省农业功能区划，划分海南农业产业优势区域，通过调整优化农业产业布局，促进各类农业区域协调发展。

七、推动产业融合发展

以深入推进农业供给侧结构性改革为主线，以提高质量效益和竞争力为中心，紧紧围绕发展生态高效、经济高效的现代农业，多举措推动农村一二三产业融合发展，构建乡村产业体系。通过产业链的延伸、产业范围的拓展和产业功能的转型以及农业发展方式的转变，全方位、多元化推进产业融合发展。同时，积极发挥农村各种新型经营主体的作用，吸引各个产业的经营主体参与到产业融合发展，使农业产业化更有生机和活力。

八、加强区域发展政策保障

做好政策顶层设计，优化农业区域布局的政策体系。各级部门要科学合理地制定农业相关政策规划和具体实施方案，注意衔接不同层次的农业政策和不同类别的相关规划，分类有序推进农业区域布局的优化发展。

参考文献

葛娟娟，杨胜天，孜比布拉·司马义，等，2020. 基于耦合的经济与生态系统演变分析——以新疆博乐市为例 [J]. 环境保护科学 (6)：48-54.

李雪涛，吴清扬，2020. 新型城镇化测度及其协调发展的空间差异分析 [J]. 统计与决策 (8)：67-71.

刘建玲，2019. 热作产业形势分析报告集 (2018 年) [M]. 北京：中国农业科学技术出版社.

路宽，2019. 江苏省乡村人口—经济—社会耦合协调发展空间分异研究 [D]. 苏州：苏州科技大学.

杨剩富，胡守庚，叶菁，等，2014. 中部地区新型城镇化发展协调度时空变化及形成机制 [J]. 经济地理，34 (11)：23-29.